上海市建筑施工特种作业培训教材

建筑焊割作业人员安全技术

（第2版）

上海市住房和城乡建设管理委员会人才开发评价中心　编

上海科学技术出版社

图书在版编目（CIP）数据

建筑焊割作业人员安全技术 / 上海市住房和城乡建设管理委员会人才开发评价中心编. -- 2版. -- 上海 : 上海科学技术出版社, 2023.7

上海市建筑施工特种作业培训教材

ISBN 978-7-5478-6229-2

Ⅰ. ①建… Ⅱ. ①上… Ⅲ. ①建筑安装－金属材料－焊接－安全技术－技术培训－教材②建筑安装－金属材料－切割－安全技术－技术培训－教材 Ⅳ. ①TU758.11

中国国家版本馆CIP数据核字(2023)第109116号

建筑焊割作业人员安全技术

上海市住房和城乡建设管理委员会人才开发评价中心　编

上海世纪出版(集团)有限公司
上 海 科 学 技 术 出 版 社　出版、发行

(上海市闵行区号景路 159 弄 A 座 9F - 10F)

邮政编码 201101　www.sstp.cn

江阴金马印刷有限公司印刷

开本 890×1240　1/32　印张 9.375

字数 168 千字

2016 年 10 月第 1 版

2023 年 7 月第 2 版　2023 年 7 月第 1 次印刷

ISBN 978 - 7 - 5478 - 6229 - 2/TU・335

定价：29.00 元

内容提要

本书为建筑施工特种作业人员安全技术培训教材，教材编写是以《建筑施工特种作业人员管理规定》(建质〔2008〕75号)文件《建筑焊割作业安全技术考核大纲》及《建筑焊割作业安全操作技能考核标准》为依据，并结合建筑施工现场的实际。书中详细介绍了电工基础知识，金属材料及热处理基础知识，建筑焊割基础知识，常用电弧焊安全操作技术，气焊与热切割安全操作技术，建筑焊割作业现场安全用电，建筑焊割现场作业及防火技术，建筑焊割常见事故原因分析、预防及事故案例。本教材针对焊割工的特点，本着科学、实用、适用的原则，内容深入浅出，语言通俗易懂，形式图文并茂，以新的安全技术培训理念和绿色、环保、安全为培训目标，是建筑施工特种作业人员进行安全技术培训的专用教材，也是指导建筑焊割工从事施工安全作业的用书。

上海市建筑施工特种作业培训教材
编写组

组 长

邵 巍 陈海军

副组长

阮 洪 朱 杰 虞亦正 张宇东

主 编

陈海军

编写组组员

管 卉 肖公海 彭水林 史 旻 陈 斐 张 勇

张赟赟 张 政 陈 晨 顾晶晶 宋志凌

Foreword | 前言

为开展上海市建筑施工特种作业人员的培训需要，贯彻建筑施工特种作业人员管理规定，依据《建筑焊割作业安全操作技能考核标准》和《建筑焊割作业安全技术考核大纲》，编写了上海市建筑施工特种作业《建筑焊割作业人员安全技术》培训教材。本书结合新颁布的安全生产法、新规范、新标准进行编写，对建筑焊割工必须掌握的安全技术知识和相关技能进行了全面梳理，旨在进一步规范建筑施工特种作业人员安全施工，帮助广大建筑施工特种作业人员更好地理解和掌握建筑安全技术理论和实际操作安全技能，切实提高建筑施工特种作业人员的安全技术水平和自我保护能力、事故隐患识别能力和应急排故能力，提升建筑焊割作业人员的职业水平。

全书共分八章，主要包括电工基础知识，金属材料及热处理基础知识，建筑焊割基础知识，常用电弧焊安全操作技术，气焊与热切割安全操作技术，建筑焊割作业现场安全用电，建筑焊割现场作业及防火技术，建筑焊割常见事故原因分析、预防及事故案例。本书针对建筑焊割工职业安全作业的特点，本着科学、实用、适用的原则，内容深入浅出，语言通俗易懂，形式图文并茂。

本教材由上海市住房和城乡建设管理委员会人才开发评价中心组织专家进行编写，由高级工程师、电焊工高级技师陈海军担任主编。在编写过程中，得到了上海安装工程职业技术培训中心的大力支持和帮助，在此表示感谢！

由于时间紧，书中难免存在欠妥之处，希望读者在使用本教材时提出宝贵意见和改进建议，以便进一步修正、完善。

上海市住房和城乡建设管理委员会人才开发评价中心

2023 年 5 月

Contents | 目录

第一章
电工基础知识

第一节　电的基本概念

一、电与用电安全的重要性

众所周知,电能具有生产、输送与转换速度快、使用方便等特点。随着我国经济的高速发展,我们整个生活、生产乃至社会将进入电气化的新时代,电能已成为工业、农业、交通运输、国防科技及人民生活等各方面不可缺少的能源。电力工业的发展水平,是一个国家经济发达程度的重要标志。电能的开发和应用给人类的生产和生活带来了巨大的变革,如通过电能的转换实现了云数据、机器人等的应用,大大促进了科技的发展和社会的进步。

电能的利用能促进经济的发展、改善人们的生活,但使用中若不注意安全,就会导致事故的发生,严重的可能造成人身伤亡和财产损失。

电能事故具有危害大、危险直观识别难、隐患涉及领域广、防护综合性强等特点,对于电气操作人员来讲,注意用电安全具有重要的现实意义。

二、电路组成及有关物理量

(一) 电路的组成

电路是电流流通路径,由电源、负载、控制与保护电器、连接导

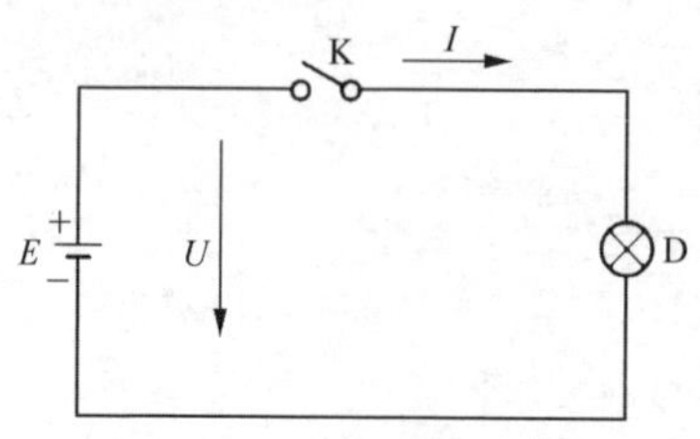

图1-1 简单的直流电路

线等组成。用电路元件符号表示电路连接的图,叫作电路图。简单的直流电路如图1-1所示。

1. 电源

电源是一种将非电能转换成电能的装置。如常用的干电池、蓄电池可将化学能转换成电能。我们在生活中所用的电也是如此,是将水的落差、煤的燃烧、风力、核能等通过一定的形式推动发电机组运行产生的电。

2. 负载

负载是将电能转换为其他形式能量的装置。如照明灯、电炉和电动机是将电能分别转换为光能、热能和机械能。在电路中,负载是取用及消耗电能的装置,也就是用电设备。图1-1中的图形符号⊗为照明灯,文字符号用D表示。

3. 控制与保护电器

控制电器是控制用电设备,使其达到预定工作状态的电器,如各种接触器、继电器和照明开关等,用以在电路中接通和断开电路,起着控制、分配和保护电能的作用。图1-1中的图形符号为照明开关,文字符号用K表示。

4. 连接导线

导线是用铜、铝等良导体制成,在电路中将电源、负载及控制电器等连接成一个整体,构成电路,起着传输电能的作用。

在实际的照明电路中,为了防止电路由于短路、过载、漏电等引起事故,还应装设熔断器、漏电保护器等保护电器。

根据电路中通过电流的性质,电路可分为直流电路和交流电路。

(二)电路的主要物理量

1. 电流

电荷有规则地定向移动就形成了电流。所以电流既有大小又有方向。电流的方向规定为正电荷定向移动的方向，与电子的定向移动方向相反。

电流的大小用电流强度来表示，单位为 A(安培，简称“安”)，电流单位有 kA(千安)、mA(毫安)和 μA(微安)；它们之间的换算关系为：1 kA＝1 000 A，1 A＝1 000 mA(毫安)，1 mA＝1 000 μA(微安)。

2. 电位

电位也称为电势。电路中某点电位的高低与参考点(即零电位点)的选择有关，在工作电路中，常以机壳或大地作为参考点。比参考点电位高则是正电位，比参考点电位低则为负电位。电位的符号为 φ，单位是 V(伏特，简称“伏”)。

通过图 1－2 来说明，(a)中选择 O 点为参考点时，a、b 两点的电位分别是 $\varphi_a=6$ V，$\varphi_b=-6$ V；(b)中选择 b 点为参考点时，a、b 两点的电位 $\varphi_a=12$ V，$\varphi_b=0$ V。可见，参考点改变时，电路中各点的电位也随之发生改变。

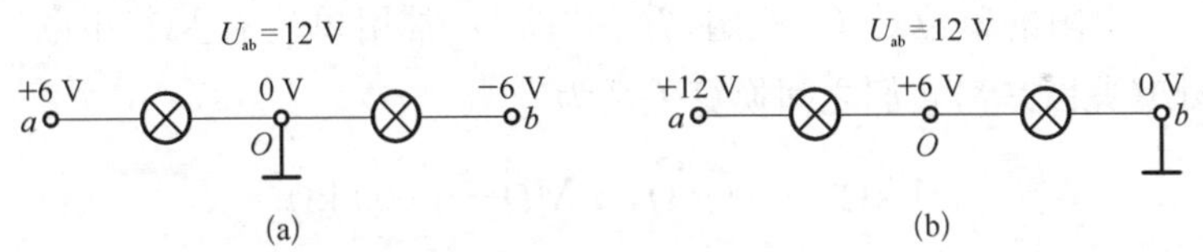

图 1－2 电位、电压与参考点的关系

(a) 选择 a 点为参考点；(b) 选择 b 点为参考点

3. 电压

电压也称为电位差。水往低处流是因为有水位差。同理，导体中的电流形成条件是在导体两端有电位差即电压。电压用符号 U 表示，单位为 V(伏)。

电压既有大小又有方向，电压的方向规定为高电位点指向低电位点，与外电路中的电流方向一致。电压与电位是有区别的，电压的数值与参考点的选择无关。通过图 1－2 来说明，(a)、(b)中参考点变化时，a、b 两点间电压 $U_{ab}=12$ V 不变。

4. 电动势

衡量电源能量转换本领的物理量称为电动势。直流电源电动势用 E 表示,单位为 V(伏)。在电源内部(即内电路),电动势与电流方向相同,始终由低电位指向高电位,因而与外电路的电流方向相反。

电位、电压和电动势常用的单位有 kV(千伏)、V(伏)等,它们之间的换算关系为:

$$1\ \text{kV}=1\ 000\ \text{V}$$

5. 电阻

导体对电流的阻碍作用,称为电阻,用符号 R 表示。在温度一定(20℃)时,导体的电阻 R 与导体的电阻率 ρ 和长度 L 成正比,与导体的横截面积 S 成反比。表达式如下:

$$R=\rho\frac{L}{S}$$

电阻的单位是 Ω(欧姆,简称"欧"),常用单位有 kΩ(千欧)、MΩ(兆欧)等,它们之间换算关系为:

$$1\ \text{k}\Omega=1\ 000\ \Omega,\ 1\ \text{M}\Omega=1\ 000\ \text{k}\Omega$$

导体的电阻随温度的改变而改变,当温度升高时,一般金属导体如铜、铝、铁等的电阻也随之增大;而碳、石墨(导体)等的电阻随之减小。另外,康铜、锰铜等某些合金导体在温度变化时,电阻几乎没有变化。

第二节　直 流 电 路

电流的方向不随时间的改变的电简称为"直流电",若大小和方向都不随时间改变的电称为"恒直流电"。

一、欧姆定律

(一) 部分电路的欧姆定律

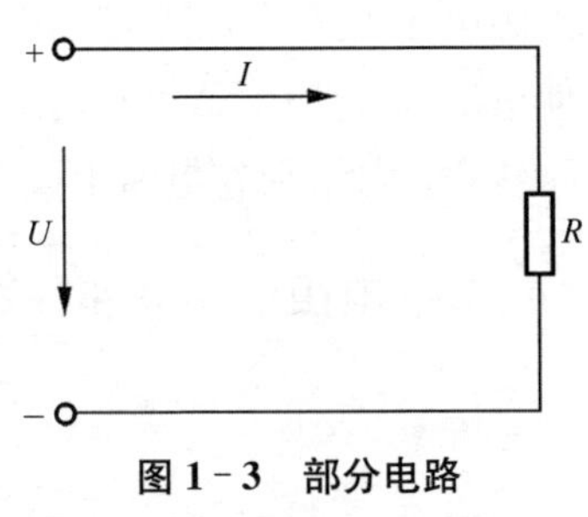

图 1-3　部分电路

在如图 1-3 所示的部分电路中，流过电阻的电流(I)与电阻两端的电压(U)成正比，与电阻(R)的阻值成反比，这就是部分电路的欧姆定律，即

$$I = U/R$$

(二) 全电路欧姆定律

全电路是指含有电源的闭合回路，如图 1-4 所示是最简单的全电路。图中 E 表示电源的电动势，r_0 表示电源的内阻。通常把电源内部的电路称为内电路，电源外部的电路称为外电路。

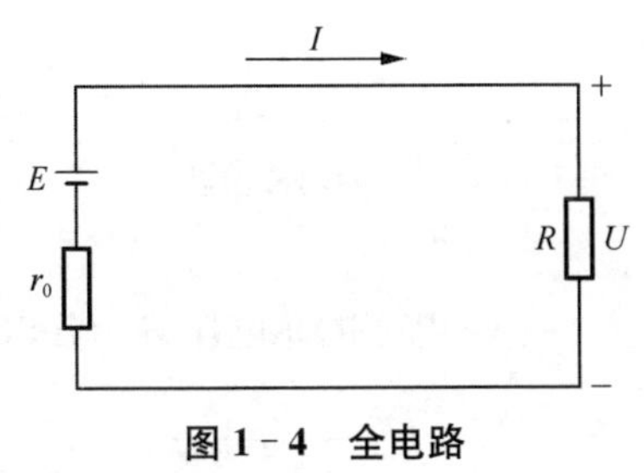

图 1-4　全电路

全电路欧姆定律是指流过闭合电路的电流与电源的电动势成正比，与内、外电路的电阻之和成反比，即

$$I = E/(R + r_0) \text{ 或 } E = I(R + r_0) = U + Ir_0 \quad U = E - Ir_0$$

由于电动势与内阻是常数，由 $U = E - Ir_0$ 可知，电源两端电压 U 随着负载电流 I 的增大而下降。

(三) 电路状态

电路可有三种状态：通路、断路和短路。通路，也称闭合回路，指处处连通的电路，即电路正常的工作状态。断路，也称开路，指电路中某处断开、没成通路的电路,电路中无电流流过。短路指电源电流不经过负载,即两端直接相连的状态。因此,电流过大会使电源或线路烧毁,严重时会引起火灾事故。在工作中必防止短路状态,因此,要在电路中设有短路保护措施,如安装熔断器等。

二、电阻的串联和并联

(一) 电阻的串联电路

将两个或两个以上电阻的首尾依次相连,形成一条通路的电路称为电阻的串联电路(简称"串联电路"),如图1-5所示。

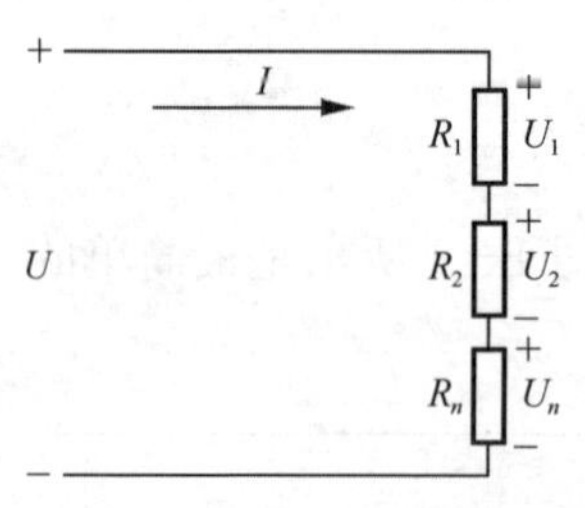

图1-5 电阻的串联电路

电阻串联电路的特点是:

(1) 流过各电阻的电流相同,即

$$I = I_1 = I_2 = \cdots = I_n$$

(2) 电路的总电阻(等效电阻)等于各电阻之和,即

$$R = R_1 + R_2 + \cdots + R_n$$

(3) 电路的总电压等于各电阻上电压之和,即

$$U = U_1 + U_2 + \cdots + U_n = I_1R_1 + I_2R_2 + \cdots + I_nR_n$$

由上式可知,电压的分配与电阻成正比,即电阻越大,分电压越大。利用串联电阻分压的特点,可扩大电压表测量电压的量程。

(二) 电阻的并联电路

将两个或两个以上电阻的两端分别接在电路的相同两节点上,形成几条电流通道的电路称为电阻的并联电路(简称"并联电路"),如图1-6所示。

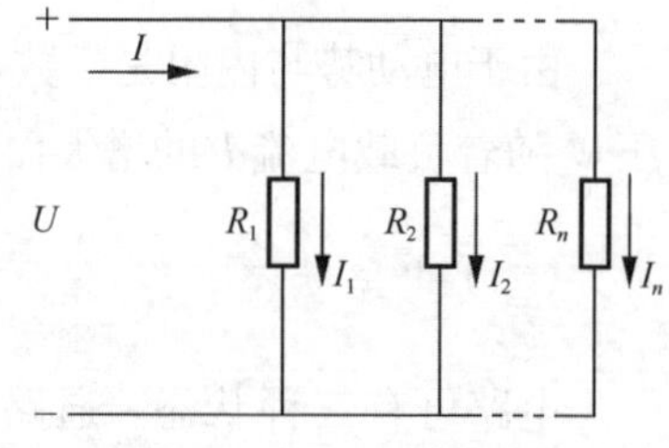

图1-6 电阻的并联电路

电阻并联电路的特点是：

(1) 各电阻两端为同一电压，即

$$U = U_1 = U_2 = \cdots = U_n$$

(2) 电路中的总电流等于流过各电阻的电流之和，即

$$I = I_1 + I_2 + \cdots + I_n$$

(3) 电路中的总电阻(等效电阻)的倒数等于各并联电阻的倒数之和，即

$$1/R = 1/R_1 + 1/R_2 + \cdots + 1/R_n$$

由上式可知，各电阻的电流分配与各电阻的阻值成反比，即电阻越大，其分得的电流越小。

三、电功与电功率

电力系统中，供电部门的主要任务是向用户销售电能和输送电能，所以涉及功率和电能的计算问题。

(一) 电功

电流通过电路时，电路中电气设备将发生能量转换，即电流要做功，电流所做的功称为电功，用符号 W 表示。

电功的基本单位为 J(焦耳)，常用单位为 kW・h(千瓦・时)，俗称“度”。通常所说的“1 度电”就是1 kW 的电气设备在额定状态下使用 1 h 所消耗的电能。

(二) 电功率

电流在单位时间内所做的功称为电功率，用符号 P 表示，单位为 W(瓦)。对于直流电路：

$$P = IU = I^2R = U^2/R$$

常用单位有kW(千瓦)、MW(兆瓦)等,换算关系为

$$1\ kW = 1\,000\ W;\ 1\ MW = 1\,000\ kW$$

第三节　磁与电磁感应知识

一、磁的基本概念

物体能吸引铁、镍、钴及其合金的性质称为磁性。具有磁性的物体称为磁体。磁体中磁性最强处称为磁极。磁极分为南极(S)和北极(N)。磁极间存在的相互作用力被称为磁力。同名磁极(同性磁极)相互排斥,异名磁极(异性磁极)相互吸引。使原来不具有磁性的物质获得磁性的过程叫磁化。

(一) 磁场

1. 磁场的定义及描述

磁体周围存在磁力作用的空间称为磁场。磁场的强弱及方向可用磁力线(也称“磁感线”)来形象地描述。如图1-7所示,磁力线的疏与密分别表示磁场的弱与强,某点磁场的方向就是该点所在磁力线切线方向。磁力线是闭合曲线(互不交叉),在磁体外部

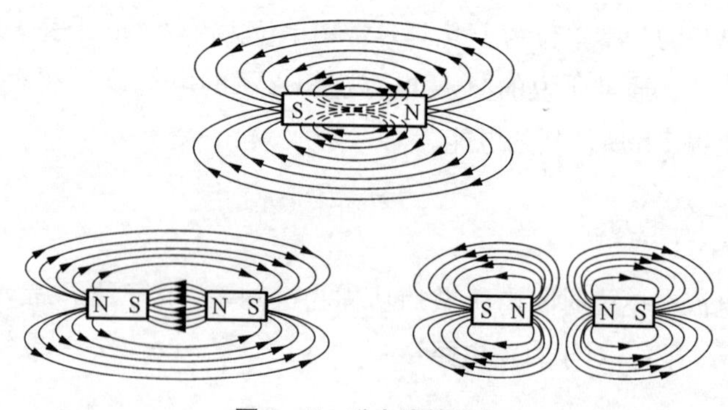

图1-7　磁力线的特征

从N极指向S极，磁体内部从S极指向N极。

2. 安培定则

电与磁密不可分，磁场总是伴随电流而存在，而电流永远被磁场所包围。电流产生的磁场方向可用安培定则(也称“右手螺旋定则”)判定。判定方法如下：

(1) 判定通电直导体的磁场方向。用右手握住通电直导体，大拇指指向电流方向，则四指弯曲的方向就是电流产生的磁场方向，如图1-8a所示。

(2) 判定通电线圈的磁场方向。用右手握住通电线圈，四指环绕方向与线圈中电流方向一致，则大拇指所指方向就是通电线圈所产生的磁场的N极，如图1-8b所示。

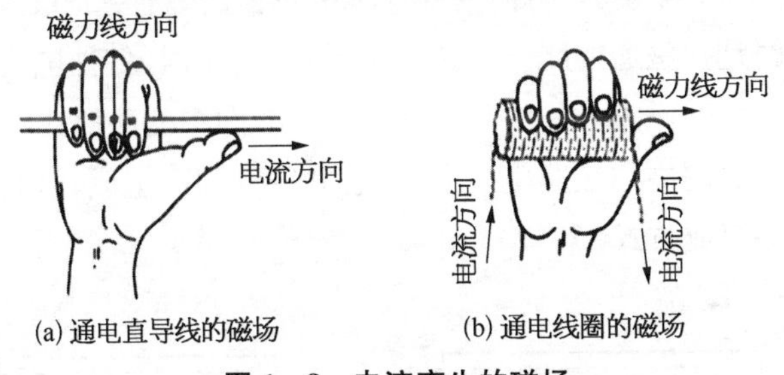

图1-8　电流产生的磁场

3. 左手定则

磁场对通电导体会产生电磁力的作用，通电导体在磁场中的受力方向可用左手定则判定。判定方法为：伸平左手，让磁力线垂直穿过掌心，即掌心面向N极，四指指向电流方向，则大拇指所指的方向就是通电导体在磁场中所受的电磁力方向，如图1-9所示。

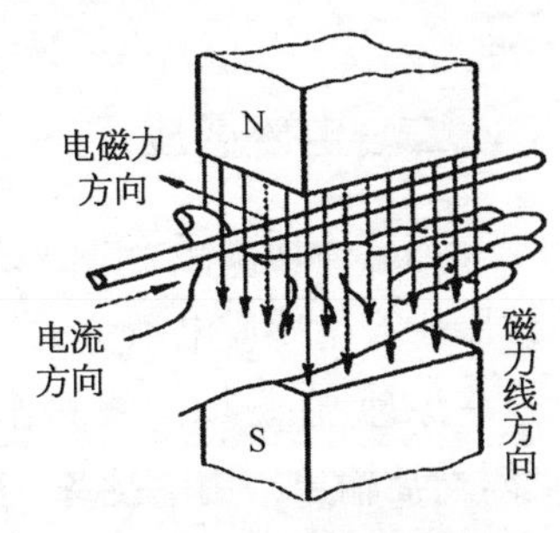

图1-9　左手定则示意图

在均匀磁场中，通电导体在磁场中受到的电磁力大小与磁感应强度、导体中电流大小、导体在磁场中的有效长度均成正比。

若将通电线圈放在磁场中,必然会受到大小相等、方向相反的一对电磁力的作用,即产生电磁转矩,会使通电线圈转动起来。电动机就是利用这一原理来工作的。

（二）磁性材料与磁路

1. 磁性材料

磁性材料根据被磁化的难易程度不同分为顺磁材料(如白金、空气等)、反磁材料(如铜、银、水等)、铁磁材料(如铁、钢、镍、钴等)。

2. 磁通量与磁路

磁通量(简称"磁通")是表征磁感应强度与线圈面积两者乘积的物理量。当线圈与磁场方向垂直时,穿过线圈的磁通量是最大的。

磁路是指磁通的闭合回路。电动机、变压器、各种电磁铁都带有不同类型的磁路。如图 1-10 所示,(a)图中的磁路由线圈和铁芯组成,(b)图中的磁路由线圈、铁芯和空气间隙组成,这是两种基本的磁路组成方式。

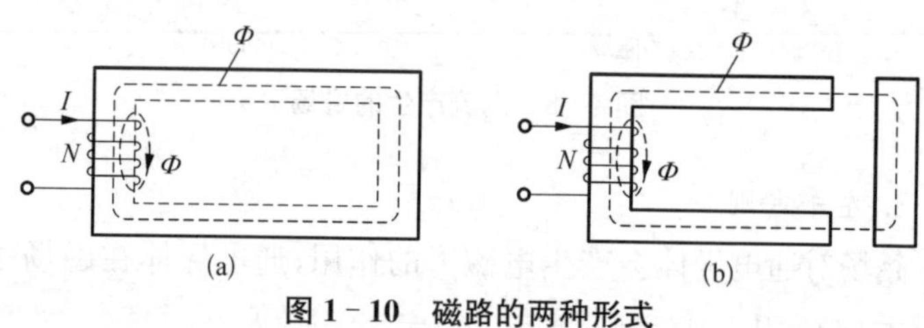

图 1-10　磁路的两种形式

二、电磁感应

当导体切割磁力线或线圈中的磁通量发生变化时,在导体或线圈中产生感应电动势的现象,称为电磁感应。发电机就是利用这一原理,在磁场中线圈作切割磁力线运动,将机械能转换成电能,然后输出给用电设备。感应电动势的方向由楞次定律判定,大小由法拉第电磁感应定律确定。

（一）楞次定律

楞次定律指线圈中感应电流所产生的磁通总是要阻碍原磁通的变化。

当线圈中原磁通增加时，感应电流所产生的磁通方向与原磁通方向相反；当线圈中原磁通减小时，感应电流所产生的磁通方向与原磁通方向相同，从而能确定感应磁通的方向(图 1-11)。感应磁通是由感应电流产生的，再依据安培定则即可判定感应电动势(或感应电流)的方向。

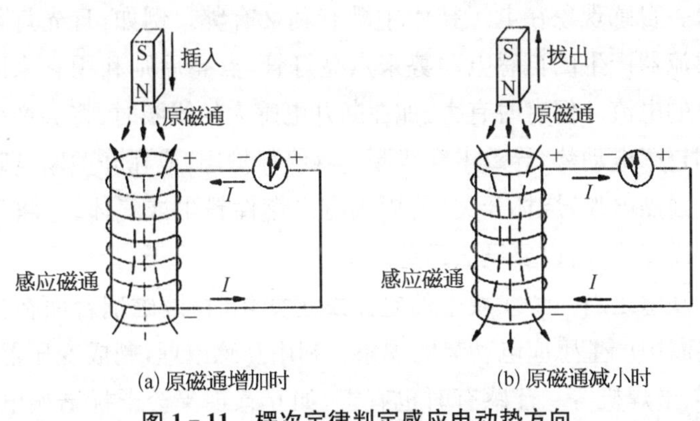

图 1-11　楞次定律判定感应电动势方向

（二）右手定则

对于直导体切割磁力线产生感应电动势的方向，可用右手定则更为直接简便地予以判别。右手定则与楞次定律是相符的。

右手定则做法如下：伸出右手，四指与拇指垂直，让磁力线垂直穿过掌心，即掌心正对 N 极，大拇指指向导体切割磁力线的运动方向，四指所指的方向就是感应电动势的方向，如图 1-12 所示。

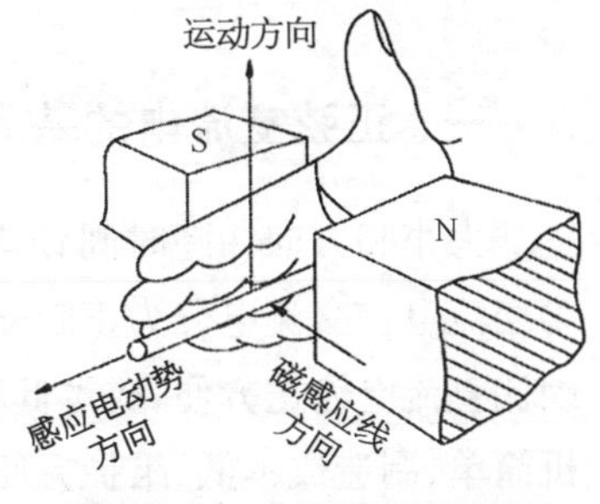

图 1-12　右手定则示意图

(三)法拉第电磁感应定律

法拉第电磁感应定律指线圈中感应电动势的大小与线圈内的磁通变化率(磁通的变化量与发生该变化所用时间之比)和线圈的匝数成正比。

(四)自感与互感

自感是由于流过线圈本身的电流产生变化而引起的电磁感应现象。自感现象在电工技术中既有利又有弊。例如,日光灯是利用镇流器产生的自感电动势来点亮灯管,点亮后则利用它来限制灯管的电流。但有时有害,如在断开电感大的线圈时,将会产生很高的自感电动势,导致击穿线圈的绝缘保护层;或在开关断开瞬间产生强烈电弧,烧坏开关,若周围有可燃性粉尘或气体,还将引起火灾或爆炸,所以要设法避免。

互感是当一个线圈中的电流发生变化时,因磁耦合而在另一个线圈中产生感应电动势的现象。利用互感原理,制成变压器、互感器、电焊机等。互感有时也有害,如互感现象会干扰谐振电路、滤波电路等。这种情况要减弱互感的磁耦合作用。

第四节　交流电路

一、正弦交流电的基本概念

大小和方向均随时间作周期性变化的电压、电流、电动势,称为交流电。交流电分为正弦交流电和非正弦交流电两类。交流电因比直流电输送方便、成本低廉,且交流发电机结构上比直流发电机简单、制造成本低、维护方便,因此应用广泛。

电压大小和方向均随时间按正弦规律变化的交流电的波形图

如图 1-13 所示。

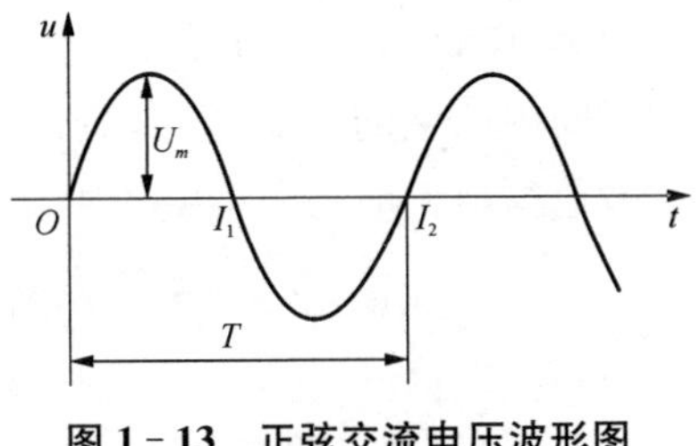

图 1-13 正弦交流电压波形图

正弦交流电的有关物理量如下：

1. 瞬时值和最大值

交流电某一瞬时的数值称为瞬时值，其电动势、电压、电流可分别用符号 e、u、i 表示。瞬时值中最大的数值称为最大值(峰值)，用符号 E_m、U_m、I_m 表示。交流电在一个周期内必然会出现两次最大值：一次正向值，另一次负向值。

2. 周期、频率和角频率

交流电循环变化一周所需的时间称为周期，用符号 T 表示，单位为 s(秒)。在每秒内，交流电产生的周期性变化的次数称为频率，用符号 f 表示，单位为 Hz(赫兹)。

频率与周期互为倒数关系，即 $f=1/T$ 或 $T=1/f$。我国工业用电标准频率为 50 Hz，周期为 0.02 s。所以，把 50 Hz 的交流电称为工频交流电。

交流电的角频率就是交流电每秒变化的角度(弧度数)，用符号 ω 表示，单位为 rad/s。角频率与周期、频率三者之间的关系为：

$$\omega = 2\pi f = 2\pi / T$$

3. 相位、初相位和相位差

相位是反映正弦交流电变化进程的量，它确定正弦交流电每一瞬时的状态，以 $\omega t + \varphi$ 表示。

不同的相位对应不同的交流电的瞬时值，φ 是正弦量在计时起点即 $t=0$ 时的角度，称为初相位。

相位差就在任一瞬时两个同频率正弦量的相位差。

交流电的最大值、频率和初相称为交流电的三要素。

4. 交流电的有效值

交流电的大小和方向时刻在变，可利用有效值来计算与测量交流电,即将交流电和直流电分别给两个相同电阻供电,若在相同的时间内产生的热量相等,则直流电的值即该交流电的有效值。有效值与最大值的大小关系如下:

$$\boldsymbol{I}=0.707\boldsymbol{I}_m,\ \boldsymbol{U}=0.707\boldsymbol{U}_m,\ \boldsymbol{E}=0.707\boldsymbol{E}_m。$$

二、单相交流电路

由单一交变电动势供电的电路称为单相交流电路。同样用欧姆定律来分析交流电路,但交流电路要比直流电路复杂,不但要分析电路中电压、电流、阻抗等的数值关系,还要分析它们的相位关系。

(一) 纯电阻电路

交流电路中只有电阻负载的电路叫作纯电阻电路。白炽灯、电烙铁等都可看成纯电阻负载。

1. 电压与电流的大小关系

纯电阻电路如图 1-14 所示。当电阻两端加上交流电压 $\boldsymbol{u}_R$,电阻上有交流电流 $\boldsymbol{i}_R$ 通过,任意时刻电压、电流的大小与电阻之间均符合欧姆定律。

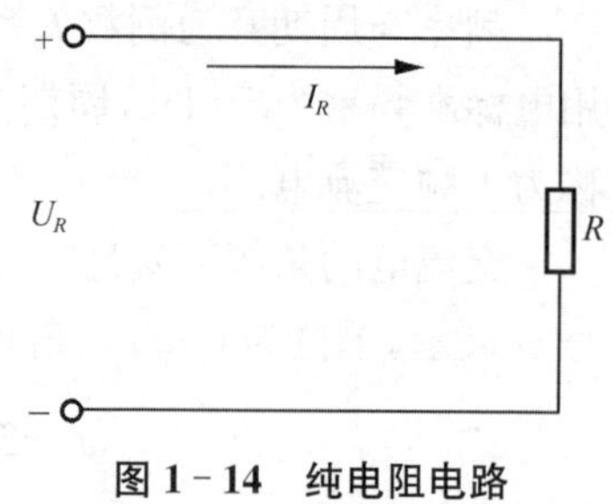

图 1-14　纯电阻电路

2. 电压与电流的相位关系

在纯电阻电路中,电流与电压是同相位关系(相位差为 0°),其波形图及矢量图如图 1-15a 所示。

3. 电路的功率

在交流电路中,任一瞬间电阻两端的电压瞬时值与其电流瞬时值的乘积,称为电阻消耗的瞬时功率。其随时间变化曲线如图 1-15b 所示。由于瞬时功率时刻在变动,不便计算,因此就要关注一个周期内的平均功率(也称“有功功率”,用符号 $\boldsymbol{P}$ 表示)。平

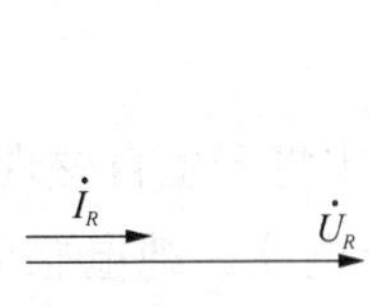

(a) 电流与电压的矢量图

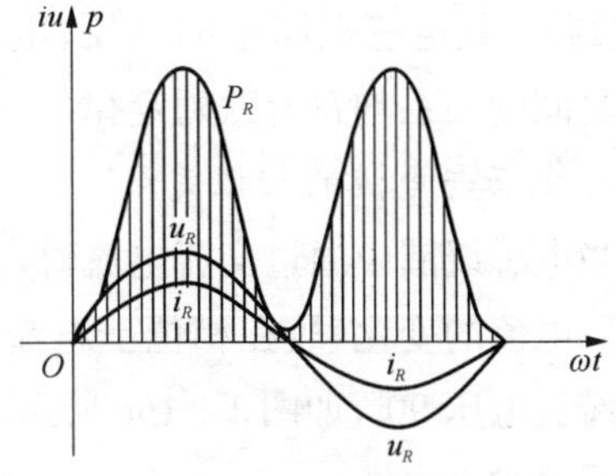

(b) 电流、电压及功率的波形图

图 1-15 纯电阻电路的矢量及波形图

均功率等于电压有效值与电流有效值乘积，即

$$P=U_RI_R=I_R{}^2R=U_R{}^2/R$$

在交流电路中，用功率表测得的功率及常说的功率均为有功功率，单位为 W。

（二）纯电感电路

电阻小到可忽略不计的电感线圈组成的交流电路，可看作纯电感电路，如图 1-16a 所示。通常变压器、电动机等线圈或绕组可近似地看成纯电感性负载。

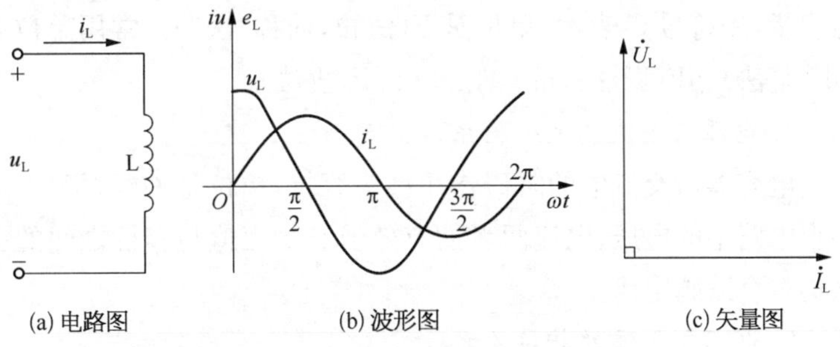

(a) 电路图 (b) 波形图 (c) 矢量图

图 1-16 纯电感电路中的电压与电流

1. 电压与电流的大小关系

在纯电感电路中，对交流电流起阻碍作用的称为感抗，单位是

Ω(欧姆)。纯电感电路中的电压、电流两者的有效值及最大值与感抗之间的关系均符合欧姆定律。

2. 电压与电流的相位关系

当电感线圈中通过交流电流时，在线圈中将产生自感现象，从而阻碍电流的变化，故在相位上电流滞后于电压。纯电感电路中电流滞后电压90°，如图1－16c所示。

3. 电路的功率

在交流电的整个周期内，纯电感线圈中没有能量消耗，只是依靠磁场与电源之间实现能量的转换，故电感线圈是储能元件。为了衡量电感和电源之间的能量转换规模，引入无功功率概念，用符号 $\boldsymbol{Q}_L$ 表示，单位为var(乏)。

无功功率不是无用的功率，它在电力系统中占重要地位。这是因为电力系统中有许多设备是利用电磁感应原理工作，依靠无功功率来实现磁场与电源之间能量的转换，从而维持其正常的工作。

(三) 纯电容电路

仅由电容器组成的交流电路，可看作纯电容电路，如图1－17a所示。电容器是储能元件，电容器储存电荷能力大小的物理量称为电容量，用符号 C 表示，单位是F(法拉，简称“法”)。常用单位有mF(毫法)、μF(微法)、nF(纳法)和pF(皮法)。

1. 电压与电流的大小关系

电容器对交流电的阻碍作用称为容抗，单位是Ω(欧姆)。纯电容电路中的电压、电流两者的有效值和最大值与容抗之间的关系均符合欧姆定律。

2. 电压与电流的相位关系

电容器两端的电压随电荷的积累(充电)而升高，随电荷的释放(放电)而降低，即电容器两端的电压不能突变。因此，在纯电容电路中，电流超前电压90°，$\boldsymbol{i}_C$ 与 $\boldsymbol{u}_C$ 的矢量图如图1－17c所示。

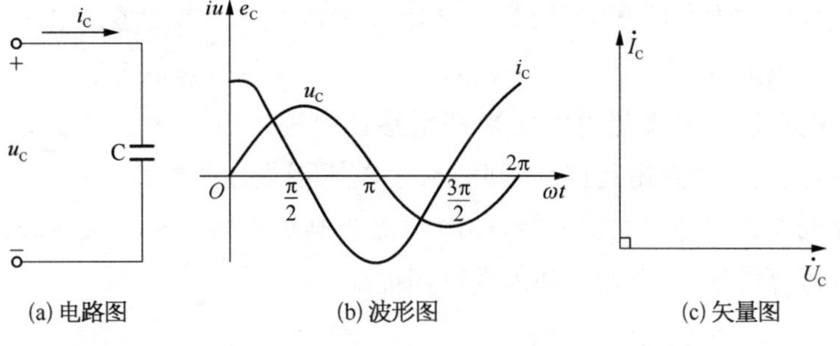

(a) 电路图 (b) 波形图 (c) 矢量图

图 1－17 纯电容电路中的电压和电流

3. 电路的功率

纯电容本身不消耗电能，只是依靠电场与电源之间实现能量的转换。为了衡量电容和电源之间能量转换的规模，将电容电路的瞬时功率的最大值称无功功率，用符号 Q_C 表示，单位为 var(乏)。

(四) 感性电路

在交流电路中，多数负载既有电阻又有电感，如电动机、变压器、接触器、日光灯、电焊机等，都可等效为电阻和电感串联的电路，称为感性电路，如图 1－18 所示。

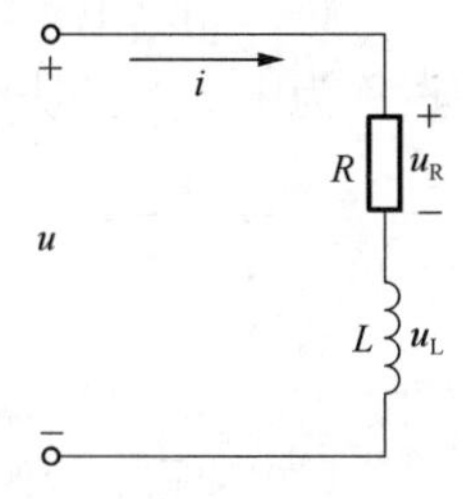

图 1－18 $R-L$ 串联的感性电路

1. 电压与电流的相位关系

在 $R-L$ 串联电路两端总电压 $\boldsymbol{u}$ 超前电流 $\boldsymbol{i}$，就是电流滞后电压。

2. 电路的功率

感性电路中，电源提供的总功率(常称“视在功率”) S 包括两部分，只有在电阻上消耗的有功功率 $\boldsymbol{P}$ 被电路取用。为了反映感性电路电源的利用率，把有功功率 $\boldsymbol{P}$ 与视在功率 $\boldsymbol{S}$ 的比值称为功率因数，用 $\cos\varphi$ 表示，即：$\cos\varphi = \boldsymbol{P}/\boldsymbol{S}$($\cos\varphi \leqslant 1$)。

若感性电路的功率因数过低，将对供电系统产生不良影响，使电源设备的容量不能得到充分利用，导致输电线路的功率损耗和电压降增大，并会增加输配电设备的投资。因此，提高功率因数对提高电源设备的利用率、节约电能有重要作用。提高感性电路功率因数的方法通常是在感性负载两端并联适当容量的电容器。利用电容器中电流超前电压来补偿感性电路中电流滞后电压的不足,使功率因数得到提高,同时减小电压损失。此外,也可以采用降低负载本身的无功消耗,如电动机要避免长期处于空载或轻载运行等措施,使电路功率因数得到提高。

三、三相交流电路

由最大值(峰值)相等、频率相同、相位互差 120°的三个正弦交流电动势组成三相交流电源,由三相交流电源供电的电路即三相交流电路。

(一) 三相电源的星形连接

三相电源的发电机或变压器都有三相绕组,其连接方法有星形(Y)和三角形(△)两种。通常三相发电机都采用星形连接,而不采用三角形连接,但三相变压器有连接成三角形的。

将三相发电机绕组的末端U_2、V_2、W_2 连接成一点,这一公共点称为中性点。从中性点引出的线称为中性线,用符号 N 表示。

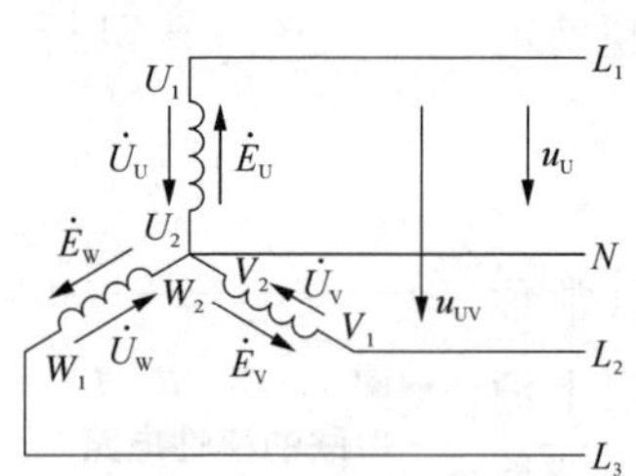

图 1-19　三相电源的星形连接

而从三相绕组的首端 U_1、V_1、W_1 引出的线称为相线,分别用符号 L_1(或 A)、L_2(或 B)、L_3(或 C)表示,该连接方式称为星形连接,它的供电方式称为三相四线制供电,如图 1-19 所示。L_1、L_2、L_3、N 此四根线的颜色分别规定为黄、绿、红、淡蓝。

三相四线制的供电方式,常用于低压配电系统;不引出中性线的称为三相三线制,常用于高压输电系统。

在星形连接的三相电源中,相线与中性线之间的电压称为相电压，即每相绕组输出的电压；相线与相线之间的电压称为线电压，即两相绕组输出的电压。

三个对称的相电压分别用 u_u、u_v、u_w 表示，相应的有效值为 U_U、U_v、U_w，此三者相等，通常用 U_φ 表示相电压的有效值，即

$$U_\varphi = U_U = U_v = U_w$$

三个对称的线电压分别用 u_{uv}、u_{vw}、u_{wu} 表示，相应的有效值为 U_{uv}、U_{vw}、U_{wu}，此三者相等，通常可用 U_L 表示，即

$$U_L = U_{uv} = U_{vw} = U_{wu}$$

三相电源作星形连接时，线电压的相位超前对应的相电压相位 30°，其有效值的大小关系为：$U_L = \sqrt{3}U_\varphi$。我国低压供电系统是采用星形连接的三相四线制，供电的线电压 $U_L = 380$ V，相电压 $U_\varphi = 220$ V。

（二）三相负载的连接

电力系统的负载按其对电源的要求可分单相负载和三相负载。照明灯、日用电器等都是单相负载；三相电动机、三相电焊机等均为三相负载。

若三相负载各相的阻抗相等，且每相负载性质（R、L、C）相同，则称为三相对称负载，如三相异步电动机等。若负载的阻抗或性质不同，就称为三相不对称负载。下面讨论三相对称负载。

1. 三相对称负载的星形连接

把三相负载分别接在三相电源的相线和中性线之间，即为三相负载的星形连接，如图 1－20 所示。三相负载作星形连接时，如果忽略输电线上的电压损失，每相负载两端的电压就等于三相电源的相电压 U_φ。

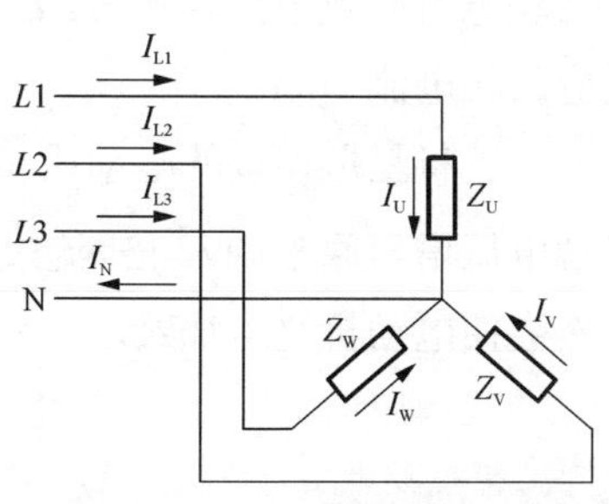

图 1－20　三相对称负载的星形

通电时流过每相负载的电流称为相电流 I_φ，流过相线的电流称为线电流 I_L。由图1-20得知,线电流 I_L 等于相电流 I_φ；且三相负载对称时,三相电流是对称的。显然,三相电流的矢量和为零,即中性线上电流为零。因此,中性线可省略,供电可由三相四线制变为三相三线制。但若是不对称的三相负载作星形连接,由于三相电流的矢量和不等于零,所以中性线上电流也不为零,中性线就不能省略;否则各相负载将因得不到对称的电源相电压而不能正常工作,甚至会烧毁负载。因此,在三相四线制的中性线上严禁安装开关和熔断器。

2. 三相对称负载的三角形连接

将三相对称负载的首端与末端依次连接,再把三个连接点分别接到三相电源的三根相线上,称为三相对称负载的三角形连接,如图1-21所示。

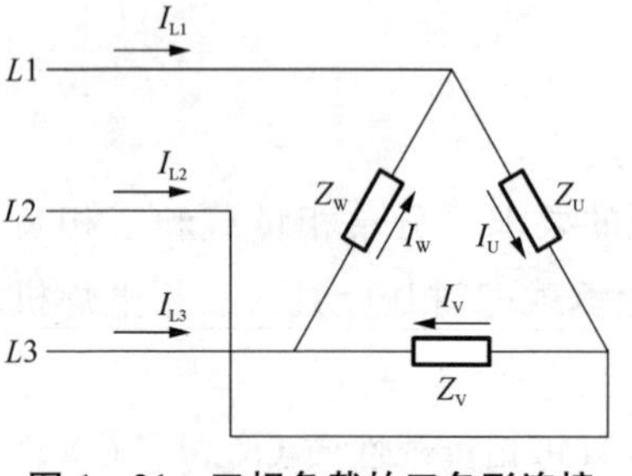

图1-21　三相负载的三角形连接

三相负载作三角形连接时,由于各相负载都直接接在两根相线之间,因此,负载的相电压即为电源的线电压。在三相负载对称的情况下,流过每相负载的相电流必然相等,且相位上彼此相差120°。所以,三相对称负载作三角形连接时,三相的相电流也是对称的,在数值上,线电流与相电流有效值关系式为: $I_L=\sqrt{3}I_\varphi$；在相位上,线电流滞后相对应的相电流30°。

若将星形连接的电动机错接为三角形连接,由于每相负载两端电压增至原来的$\sqrt{3}$倍,流过电动机每相绕组的电流将增大,必然会使电动机绕组烧毁。这是绝对不允许的。

第二章

金属材料及热处理基础知识

第一节　金属材料的基本知识

一、钢材和有色金属的分类及编号

随着生产和科学技术的发展，各种不同焊接结构的金属材料越来越多。为了保证焊接结构安全可靠，焊工必须掌握常用金属材料的基本性能和焊接特性。

（一）钢材的分类

钢和铸铁是黑色金属的两大类，都是以铁和碳为主要元素的合金。含碳量在0.021 8%～2.11%的铁碳合金称为钢，含碳量2.11%～6.67%的铁碳合金称为铸铁。

碳钢中除了铁、碳以外，还含有少量其他元素，如锰、硅、硫、磷等。锰、硅是炼钢时作为脱氧剂而加入的，称为常存元素。硫、磷是由炼钢原料带入的，称为杂质元素。

合金钢是在碳钢的基础上，为改善钢的性能，在冶炼时有目的地加入某些合金元素的钢。合金钢的性能比碳素钢的性能更高、更显著，故应用更为广泛。合金钢加入的合金元素有B、Al、Si、Ti、V、Cr、Mn、Co、Ni、Cu、Nb、Mo、W和Re等。

钢的种类有很多，可根据化学成分、用途、冶金质量、金相组织等分类。

1. 按化学成分分类

(1) 碳素钢。这种钢中除铁以外,主要还含有碳、硅、锰、硫、磷等元素,这些元素的总量一般不超过2%。按含碳量多少,碳素钢又可分为:① 低碳钢,含碳量小于0.25%;② 中碳钢,含碳量为0.25%~0.60%;③ 高碳钢,含碳量为0.60%~2.11%。

(2) 合金钢。这种钢中除碳素钢所含有的各元素外,为改善钢的性能,还加入其他一些元素,如铬、镍、钛、钼、钨、钒、硼等。如果碳素钢中锰的含量超过0.8%或硅的含量超过0.5%,这种钢也称为合金钢。

根据合金元素的多少,合金钢又可分为:① 普通低合金钢(普低钢),合金元素总含量小于5%;② 中合金钢,合金元素总含量为5%~10%;③ 高合金钢,合金元素总含量大于10%。

此外,合金钢还经常按显微组织进行分类,如根据正火组织的状态,分为珠光体钢、贝氏体钢、马氏体钢和奥氏体钢。有些含合金元素较多的高合金钢,在固态下只有铁素体组织,不发生铁素体向奥氏体转变,称为铁素体钢。

2. 按用途分类

(1) 结构钢。

(2) 工具钢。

(3) 特殊用途钢,如不锈钢、耐酸钢、耐热钢、磁钢等。

3. 按品质分类

(1) 普通钢。含硫量不超过0.045%~0.050%,含磷量不超过0.045%。

(2) 优质钢。含硫量不超过0.030%~0.035%,含磷量不超过0.035%。

(3) 高级优质钢。含硫量不超过0.020%~0.030%,含磷量不超过0.025%~0.030%。

(二) 钢材的编号

我国的钢材编号方法采用国际化学符号和汉语拼音字母并用

的原则，即钢号中的化学元素用国际化学元素符号表示，如 Si、Mn、Cr、W、Mo 等。其中，只有稀土元素由于含量不多但种类不少，不易全部一一标注出来，因此用“Re”表示其总含量。钢材的名称、用途、冶炼和浇注方法等，用汉语拼音字母表示，如沸腾钢的符号“F”(沸)，锅炉钢的符号“g”(锅)，容器用钢的符号“R”(容)，焊接用钢的符号“H”(焊)，高级优质钢的符号“A”，特级优质碳素钢的符号“E”等。

1. 碳素钢的编号

(1) 碳素结构钢。一般结构钢、工程用热轧钢板和型钢均属此类。按照 GB 700—88 的规定，钢的牌号由代表屈服强度的字母、屈服强度值、质量等级符号、脱氧方法符号四部分按顺序组成，如 Q235－A·F，Q235－B 等。

符号的规定为：Q 为钢材屈服点(屈服强度)“屈”字汉语拼音首位字母；A、B、C、D 分别为质量等级；F 沸腾钢；b 半镇静钢。例如 Q235－A·F 的意义如图 2－1 所示。

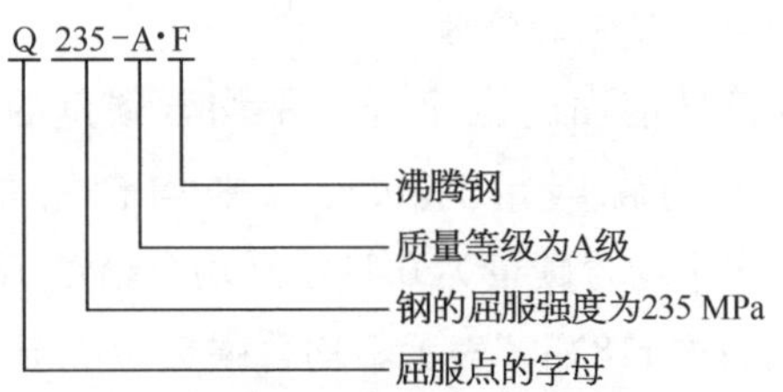

图 2－1　碳素钢编号规则

(2) 优质碳素结构钢。钢号用两位数字表示。这两位数字表示平均含碳量的万分之几，如 45 号钢表示钢中平均含碳量为 0.45%，08 钢表示平均含碳量为 0.08%。优质碳素结构钢在供应时既保证化学成分又保证机械性能，而且钢中含的有害元素及非金属夹杂物比普通碳素钢少。

含锰量较高的钢，须将锰元素标出，如平均碳含量为 0.50%，锰含量为 0.7%～1.0%的钢，其钢号为“50 锰”或“50Mn”。

沸腾钢、半镇静及专门用途的优质碳素结构钢，应在钢号后特别标明，如“20g”为平均碳含量为0.20%的锅炉用钢，“20R”为平均碳含量为0.20%的压力容器用钢。

2. 合金结构钢的编号

合金结构钢的编号由三部分组成：数字+化学元素符号+数字。前面的两位数字表示平均碳含量的万分之几，合金元素以汉字或化学元素符号表示，合金元素后面的数字表示合金元素的百分含量。当元素的平均含量小于1.5%时，钢号中只标出元素符号而不标注含量；其合金元素的平均含量不小于1.5%、不小于2.5%、不小于3.5%……时，则在元素后面相应标出2、3、4。例如“16Mn”钢，从编号可知，其平均含碳量为0.16%，平均含锰量为1.5%。

钢中的一些特殊合金元素，如V、Al、Ti、B、Re等，虽然它们的含量很低，但由于在钢中起到很重要的作用，所以也标注在编号中。例如“20MnVB”钢的大致成分为：C=0.20%，Mn<1.5%，同时含有少量的钒和硼。

3. 不锈钢与耐热钢的编号

化学元素符号前面的数字表示平均含碳量的千分之几，如“9Cr17”表示平均含碳量为0.9%，平均含铬量17%左右；“1Cr18Ni9”表示平均含碳量为0.1%，平均含铬量18%左右，平均含镍量9%左右；“Cr18Ni9”表示平均含碳量为小于0.1%，平均含铬量18%左右，平均含镍量9%左右；“0Cr18Ni9”表示平均含碳量为小于0.06%，平均含铬量18%左右，平均含镍量9%左右；“00Cr19Ni10”表示平均含碳量为小于0.03%，平均含铬量18%左右，平均含镍量10%左右。

二、合金的组织、结构及铁碳合金的基本知识

(一) 合金的组织

合金是由两种或两种以上的金属元素与非金属元素组成的具

有金属特性的物质。例如碳钢和铸铁是由铁元素和碳元素组成的合金。组成合金的最基本的独立的物质叫作组元。组元通常是纯元素，但也可以是稳定的化合物。根据组成合金组元数目的多少，合金可分为二元合金、三元合金和多元合金。在合金中具有同一化学成分且结构相同的均匀部分叫作相，合金在固态下多由两个以上固相组成多相合金。

合金的性能一般都是由组成合金的各相成分、结构、性能和组织所决定的。合金性能高于纯金属的原因是组织结构更复杂，组成合金的元素相互作用不同会形成各种不同的相结构。

合金比纯金属应用更为普遍，也是因为合金内部组织结构的种类多，而且可以控制部分合金成分及组织结构来获得所需的各种性能。

根据两种元素相互作用的关系，以及形成晶体结构和显微组织的特点，可将合金的组织分为三类：固溶体、化合物和机械混合物。

(1) 固溶体。固溶体是一种物质的原子均匀地溶解入另一种物质的晶格内，形成单相晶体结构。根据原子在晶格上分布的形式，固溶体可分为置换固溶体和间隙固溶体。某一元素晶格上的原子部分地被另一元素的原子所取代，称为置换固溶体，如铬原子和镍原子替代铁原子占据了铁的晶格的某些位置。如果另一元素的原子挤入某元素晶格原子之间的空隙中，则称为间隙固溶体，如碳原子溶入铁的晶格中(图 2-2)。

两种元素的原子大小差别越大，形成固溶体后所引起的晶格扭曲程度越大。扭曲的晶格增加了金属塑性变形的阻力，所以固溶体比纯金属硬度高、强度大。

(2) 化合物。两种元素的原子按一定比例相结合，具有新的晶体结构，在晶格中各元素原子的相互位置是固定的，叫化合物。通常化合物具有较高的硬度、较低的塑性，脆性也较大。碳钢中化合物叫作渗碳体(Fe_3C)。

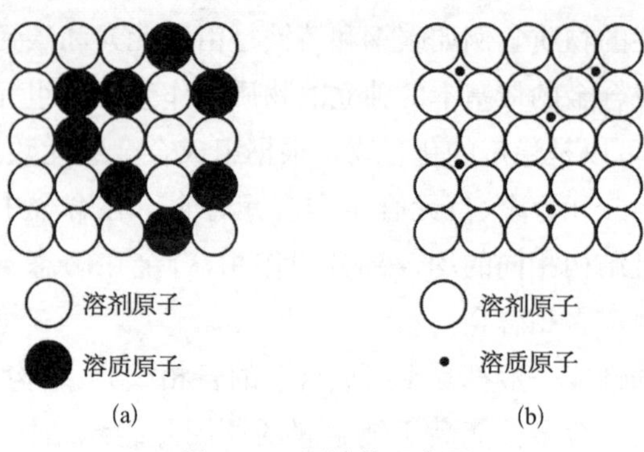

图 2-2　固溶体示意图

(a) 置换固溶体;(b) 间隙固溶体

(3) 机械混合物。固溶体和化合物均为单相的合金,若合金是由两种不同的晶体结构彼此机械混合组成,称为机械混合物。它往往比单一的固溶体合金有更高的强度、硬度和耐磨性,但塑性和压力加工性能则较差。

碳钢中随碳元素增加,钢中的铁碳化合物增多,硬度和耐磨性也随之增加。

(二) 钢中常见的显微组织

(1) 铁素体(F)。铁素体是少量的碳和其他合金元素固溶于α-Fe中的间隙固溶体。α-Fe为体心立方晶格,碳原子以填隙状态存在,合金元素以置换状态存在。铁素体溶解碳的能力很差,在723℃时为0.021 8%,室温时仅0.005 77%。铁素体的强度和硬度低,但塑性和韧性很好,所以含铁素体多的钢(如低碳钢)就表现出强度、硬度较低,而塑性和韧性较好。

(2) 渗碳体(Fe_3C)。渗碳体是铁与碳形成的稳定化合物,分子式是Fe_3C,其性能与铁素体相反,硬而脆,随着钢中含碳量的增加,钢中渗碳体的量也增多,钢的硬度、强度也增加,而塑性、韧性则下降。

(3) 珠光体(P)。珠光体是铁素体和渗碳体形成的机械混合物，含碳量在0.77%左右，只有温度低于727℃时才存在。珠光体的性能介于铁素体和渗碳体之间，同时取决于渗碳体的形态。

(4) 奥氏体(A)。奥氏体是碳和其他合金元素在γ-Fe中的间隙固溶体。在一般钢材中，只有高温(727℃以上)时存在。当含有一定量扩大γ区的合金元素时，则可能在室温下存在，如铬镍奥氏体不锈钢在室温时的组织为奥氏体。奥氏体为面心立方晶格，奥氏体的强度和硬度不高，塑性和韧性很好。奥氏体的另一特点是没有磁性。

(5) 马氏体(M)。马氏体是碳在α-Fe中的过饱和固溶体，一般可分为低碳马氏体和高碳马氏体。马氏体的体积比相同重量的奥氏体的体积大，因此由奥氏体转变为马氏体时体积要膨胀，局部体积膨胀后引起的内应力往往导致零件变形、开裂。高碳淬火马氏体具有很高的硬度和强度，但很脆，延展性很低，几乎不能承受冲击载荷。高碳淬火马氏体须经过热处理后才能使用。低碳回火马氏体则具有相当高的强度、良好的塑性和韧性相结合的特点。

(6) 魏氏组织。魏氏组织是一种过热组织，是由彼此交叉约60°的铁素体针嵌入基体的显微组织。碳钢(含碳小于0.6%或大于1.2%时)过热，晶粒长大后，高温下晶粒粗大的奥氏体以一定速度冷却时，很容易形成魏氏组织。粗大的魏氏组织使钢材的塑性和韧性下降，使钢变脆。钢产生魏氏组织后，须经过热处理消除后，才能使用。

(7) 莱氏体(Ld)。莱氏体(主要存在于铸铁和高碳钢中)是液态铁碳合金发生共晶转变形成的奥氏体和渗碳体所组成的机械混合物，其含碳量为4.3%。当温度高于727℃时，莱氏体由奥氏体和渗碳体组成。在温度低于727℃时，莱氏体由珠光体和渗碳体组成。因莱氏体的基体是硬而脆的渗碳体，所以硬度高，塑性很差。莱氏体分为高温莱氏体和低温莱氏体两种。奥氏体和渗碳体组成的机械混合物称高温莱氏体，由于其中的奥氏体属高温组织，因此高温莱氏体仅存于727℃以上。高温莱氏体冷却到727℃以下时,将转变为珠光体和渗碳体机械混合物,称低温莱氏体。

(三) Fe-C合金平衡状态图

钢和铸铁都是铁碳合金。含碳量低于2.11%的铁碳合金称为钢,含碳量2.11%～6.67%的铁碳合金称为铸铁。为了全面了解铁碳合金在不同含碳量和不同温度下所处的状态及所具有的组织结构,可用Fe-C合金平衡状态图来表示这种关系,如图2-3所示。图中纵坐标表示温度,横坐标表示铁碳合金中碳的百分含量。例如,在横坐标左端,含碳量为零,即为纯铁;在横坐标右端,含碳量为6.67%,全部为渗碳体(Fe_3C)。

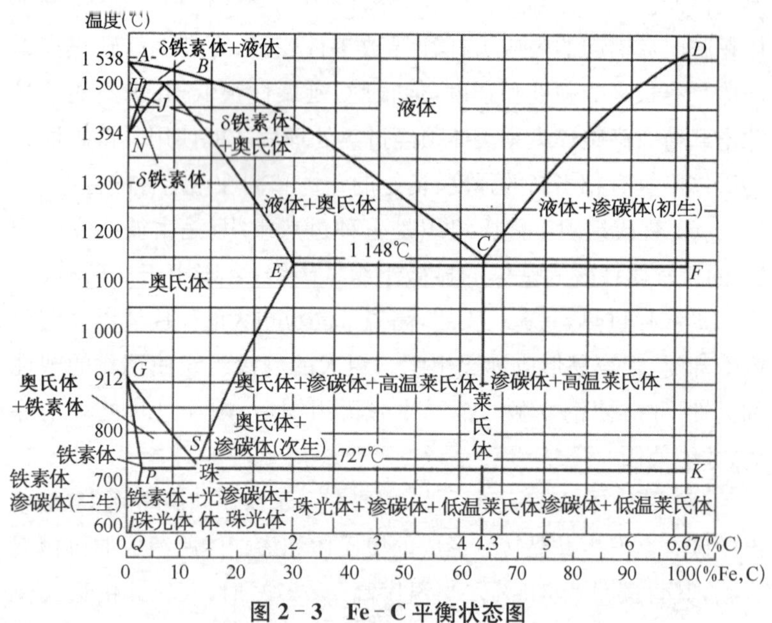

图2-3 Fe-C平衡状态图

图中*ACD*线为液相线,在*ACD*线以上的合金呈液态。这条线说明纯铁在1 538℃凝固,随碳含量的增加,合金凝固点降低。*C*点合金的凝固点最低,为1 148℃。当含碳量大于4.3%以后,随含碳量的增加,凝固点增高。

AHJEF 线为固相线。在 *AHJEF* 线以下的合金呈固态。在液相线和固相线之间的区域为两相(液相和固相)共存。

GS 线表示含碳量低于0.8%的钢在缓慢冷却时由奥氏体开始析出铁素体的温度。

ECF 水平线,1 148℃,为共晶反应线。液体合金缓慢冷却至该温度时,发生共晶反应,生成莱氏体组织。

PSK 水平线,727℃,为共析反应线,表示铁碳合金在缓慢冷却时,奥氏体转变为珠光体的温度。

为了使用方便,*PSK* 线又称为 A_1 线,*GS* 线称为 A_3 线,*ES* 线为 A_{cm} 线。

C 点是碳在奥氏体中最大溶解度点,也是区分钢与铸铁的分界点,其温度为 1 148℃,含碳量为 2.11%。

S 点为共析点,温度为 727℃,含碳量为 0.8%。*S* 点成分的钢是共析钢,其室温组织全部为珠光体。*S* 点左边的钢为亚共析钢,室温组织为铁素体+珠光体;*S* 点右边的钢为过共析钢,其室温组织为渗碳体+珠光体。

C 点为共晶点,温度为 1 148℃,含碳量为 4.3%。*C* 点成分的合金为共晶铸铁,组织为莱氏体。含碳量在 2.11%～4.3%的合金为亚共晶铸铁,组织为莱氏体+珠光体+渗碳体;含碳量在4.3%～6.67%的合金为过共晶铸铁,组织为莱氏体+渗碳体。

莱氏体组织在常温下是珠光体+渗碳体的机械混合物,其性硬而脆。

现以含碳 0.2%的低碳钢为例,说明从液态冷却到室温过程中的组织变化。当液态钢冷却至 *AC* 线时,开始凝固,从钢液中生成奥氏体晶核,并不断长大;当温度下降到 *AE* 线时,钢液全部凝固为奥氏体;当温度下降到 *GS*(A_3)线时,从奥氏体中开始析出铁素体晶核,并随温度的下降,晶核不断长大;当温度下降到 *PSK*(A_1)线时,剩余未经转变的奥氏体转变为珠光体;从 A_1 下降至室温,其组织为珠光体+铁素体,不再变化,如图 2-4 所示。

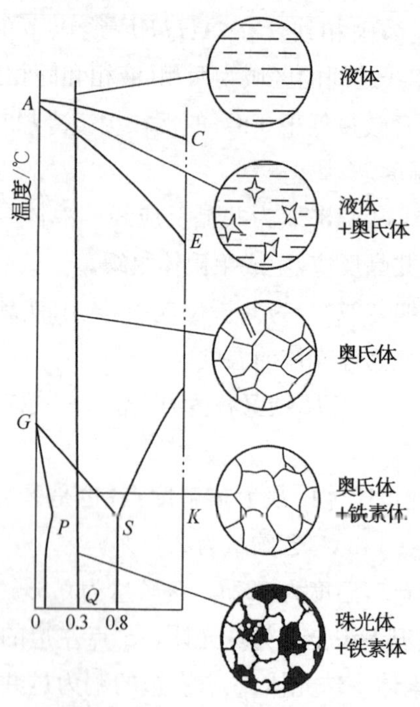

图 2-4　低碳钢由高温冷却下来的组织变化示意图

Fe-C合金平衡状态图对于热加工具有重要的指导意义,尤其对焊接,可根据状态图来分析焊缝及热影响区的组织变化,选择焊后热处理工艺等。

第二节　钢的热处理及钢焊接后的性能变化

一、钢的热处理

将固态金属通过加热到一定温度,并保温一定时间,然后以一定的冷却速度冷却的工序来改变其内部组织结构,以获得预期性能的一种工艺，这个过程称为热处理。

钢进行热处理的目的是消除钢材存在的缺陷，改善加工后的工艺性能，能显著提高钢的力学性能，提高工件的使用性能和使用寿命。

钢的热处理工艺一般由加热、保温和冷却三个阶段组成，如图2-5所示。

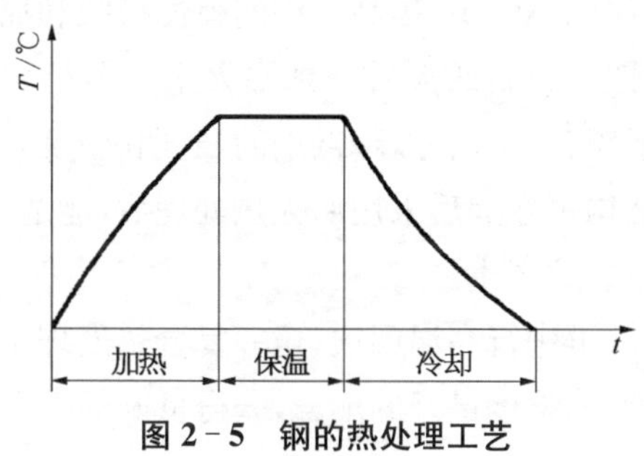

图2-5 钢的热处理工艺

根据工艺不同，常用钢的热处理工艺方法分为淬火、回火、正火、退火等。

(一) 淬火

将钢(高碳钢和中碳钢等)加热到 A_{c1}(对过共析钢)或 A_{c3}(对亚共析钢)以上 30～50℃，在此温度下保持一段时间，使钢的组织全部变成奥氏体，然后快速冷却(水冷或油冷)，使奥氏体来不及分解和合金元素的扩散而形成马氏体组织的热处理工艺，称为淬火。淬火后可以提高钢的硬度及耐磨性。

在焊接中碳钢和某些合金钢时，焊接接头因快速冷却可能发生淬火现象而使钢变硬，易形成冷裂纹和延迟裂纹，这是在焊接过程中要防止的。

(二) 回火

将淬火钢加热到 A_{c1} 以下某一温度，保温一定时间，然后自然冷却到室温的热处理工艺，称为回火。回火温度决定了钢在使用状态的组织和性能。

淬火的钢一般都进行回火处理,可以在保持一定强度的基础上恢复钢的韧性。按回火温度的不同可分为低温回火(150～250℃)、中温回火(350～450℃)、高温回火(500～650℃)。低温回火后得到回火马氏体组织,硬度稍有降低,韧性有所提高。中温回火后得到回火屈氏体组织,提高了钢的弹性极限和屈服强度,同时也有较好的韧性。高温回火后得到回火索氏体组织,获得所需机械性能,稳定组织、稳定尺寸,降低钢的强度和硬度,提高钢的塑性和韧性,焊接结构钢在焊后采用回火热处理后,能适当减少和消除焊接应力,防止裂纹产生。

钢在淬火后再进行高温回火,这一复合热处理工艺称为调质。调质能得到韧性和强度最好的配合,获得良好的综合力学性能。

(三) 正火

将钢加热到 A_{c3} 或 A_{cm} 以上 30～50℃,保温一定时间后,在空气中自然冷却的热处理工艺,称为正火。许多碳素钢和低合金结构钢经正火后,各项力学性能均较好,可以细化晶粒,常用来作为最终热处理。对于焊接结构,经正火后,能改善焊接接头性能,可消除粗晶组织及组织成分不均匀等。

(四) 退火

将钢加热到一定适当温度,保温一段时间后,随炉缓慢而均匀地冷却的热处理工艺,称为退火。在焊接后采用的退火加热温度较低,一般在 A_{c1} 以下。

退火可降低硬度,使材料便于切削加工,能消除内应力和氢脆等。

焊接结构焊接以后会产生焊接残余应力,容易导致产生延迟裂纹,因此重要的焊接结构焊后应该进行消除应力退火处理,为减少焊接残余应力,结构工作时受力较大的焊缝要先焊。

消除应力退火属于低温退火，加热温度在 A_{c1} 以下，一般采用 600～650℃，保温一段时间，然后随炉缓慢冷却，也称焊后热处理。焊接工艺中通常通过热处理方法，来减少或消除焊接应力，防止变形和产生裂纹。

焊接结构在焊接后还采用消氢退火，即将钢加热到 250～350℃，保温一段时间后，使钢焊缝中含有的氢原子加速逃逸，后缓慢冷却至室温。消氢退火是为了减少焊接时因加热，药皮或焊剂、钢表面铁锈或油脂及空气中含有的水分子分解出的氢原子聚集在钢焊缝中。焊接工艺中采用消氢退火可防止焊接接头产生氢脆和内裂纹。

二、钢焊接后的焊接接头的性能变化

钢经过焊接后，产生焊接接头，由焊缝、近焊缝区和热影响区所组成。

焊缝由液态的焊条或焊丝经冷却后经过结晶凝固为固态金属，其成分主要由焊条或焊丝及药皮或焊剂所含有的合金元素所决定，焊缝在结晶过程中可能会产生气孔、裂纹、夹杂、偏析等缺陷。

近焊缝区是指在焊接接头中，焊缝向热影响区过渡的区域。该区为过热区域，塑性、韧性较差，往往是焊接接头产生裂纹或局部脆性破坏的发源地，是焊接接头中性能最差的区域。

热影响区是指在焊接过程中，母材因受热影响（但未熔化）而发生金相组织和力学性能变化的区域。焊接热影响区域的组织和性能，基本上反映了焊接接头的性能和质量。

对于低碳钢和低合金高强度结构钢（Q295、Q345），焊接热影响区可分为过热区、正火区、不完全重结晶区和再结晶区。

(1) 过热区。在焊接热影响区中，具有过热组织或晶粒显著粗大的区域，称为过热区。在焊接热输入后，温度可达 1 100℃左右，奥氏体晶粒严重长大，冷却后呈现晶粒粗大的过热组织，甚至出现魏氏组织。过热区塑性、韧性很低，是热影响区中性能最差的区域。

(2) 正火区。在焊接中温度在 A_{c3}～1 100℃,由于温度不高,奥氏体晶粒长大较慢,空冷后可获得均匀而细小的铁素体和珠光体,相当于热处理时的正火组织,其力学性能高于母材,是热影响区中性能最好的区域。

(3) 不完全重结晶区。在焊接中温度在 A_{c1}～A_{c3},空冷后可获得细小的铁素体和珠光体以及晶粒粗大的铁素体组织,其组织是不均匀的,故其力学性能也不均匀。

(4) 再结晶区。对焊前经过冷塑性变形(冷轧、冷成型)的母材,在焊接中温度在 450℃～A_{c3},将发生再结晶,其塑性、韧性提高,而强度下降了。

热影响区除产生组织与性能变化外,还会产生应力和变形。一般来说,热影响区越窄,则焊接接头中内应力越容易出现裂纹;热影响区越宽,则变形较大。因此在焊接生产中,在保证焊接接头不产生裂纹的前提下,应尽量减小热影响区的宽度,如降低焊接电流、增加焊接速度可减少热影响区的宽度。焊条电弧焊的热影响区总宽度为 6 mm,埋弧自动焊约为 2.5 mm,而气焊则达到 27 mm左右。

第三节　金属材料的性能

金属材料的性能包括使用性能和工艺性能。使用性能通常包括物理性能、化学性能、力学性能。

一、金属材料的物理性能和化学性能

(一) 密度

单位体积所具有的金属质量称为密度,用符号 ρ 表示。利用密

度的概念可以帮助我们解决一系列实际问题，如计算毛坯的重量、鉴别金属材料等。常用金属材料的密度如下：铸钢为7.8 g/cm^3，灰铸铁为 7.2 g/cm^3，钢为 7.85 g/cm^3，黄铜为 8.63 g/cm^3，铝为 2.7 g/cm^3。一般将密度小于 5 g/cm^3 的金属称为轻金属，密度大于 5 g/cm^3 的金属称为重金属。

在焊接中，金属材料的密度低，焊缝中的气泡上浮速度慢，使焊缝容易形成气孔。如铝及铝合金在焊接时最常见的缺陷是焊缝气孔。

（二）导电性

金属传导电流的能力叫作导电性。各种金属的导电性各不相同，通常银的导电性最好，其次是铜和铝。

一般情况下，合金的导电性比纯金属要差，焊接电缆线一般采用纯铜线制作。

（三）导热性

金属传导热量的性能称为导热性。一般来说，导电性好的材料，其导热性也好。若某些零件在使用中需要大量吸热或散热时，则要用导热性好的材料。如凝汽器中的冷却水管常用导热性好的铜合金制造，以提高冷却效果。

一般情况下，合金钢的导热性比碳钢差。导热性差的结构钢，在焊接中容易变形，如奥氏体钢在焊接中容易产生变形。导热性好的金属，在焊接时应采用能量集中、功率大的焊接热源。

（四）热膨胀性

金属受热时体积发生胀大的现象称为金属的热膨胀。例如，被焊的工件由于受热不均匀而产生不均匀的热膨胀，就会导致焊件的变形和焊接应力。衡量热膨胀性的指标称为热膨胀系数。

钢的热膨胀系数与焊接温度有关，焊接温度越高，钢的热膨胀系数越大。奥氏体钢的热膨胀系数较大,在焊接中焊缝容易产生塑性变形。

(五) 抗氧化性

金属材料在高温时抵抗氧化性气氛腐蚀作用的能力称为抗氧化性。热力设备中的高温部件,如锅炉的过热器、水冷壁管、汽轮机的汽缸、叶片等,易产生氧化腐蚀。

(六) 耐腐蚀性

金属材料抵抗各种介质(大气、酸、碱、盐等)侵蚀的能力称为耐腐蚀性。化工、热力设备中许多部件是在腐蚀条件下长期工作的,所以选材时必须考虑钢材的耐腐蚀性。

二、金属材料的力学性能

金属材料受外部荷载时,从开始受力直至材料破坏的全部过程中所呈现的力学特征,称为力学性能。它是衡量金属材料使用性能的重要指标。力学性能主要包括强度、塑性、硬度、冲击韧性和低温脆性等。

(一) 强度

金属材料的强度性能表示金属材料对变形和断裂的抗力,它用单位截面上所受的力(称为应力)来表示。常用的强度指标有屈服强度和抗拉强度等。

强度的单位是MPa(兆帕)。

(1) 屈服强度。钢材在拉伸过程中,当拉应力达到某一数值而不再增加时,其变形却继续增加,这个拉应力值称为屈服强度,以σ_s表示。σ_s值越高,材料的强度就越高,但塑性变形能力便越差,降低钢的焊接性。

(2) 抗拉强度。金属材料在破坏前所承受的最大拉应力称为抗拉强度，以 σ_b 表示。σ_b 值越大，金属材料抵抗断裂的能力越大，强度越高。

（二）塑性

塑性是指金属材料在外力作用下产生塑性变形的能力。表示金属材料塑性性能的指标有伸长率、断面收缩率及冷弯角等。

钢的塑性越好，在焊接中不易产生裂纹，钢的焊接性越好。

(1) 伸长率。金属材料受拉力作用破断时，伸长量与原长度的百分比叫作伸长率，以 δ 表示：

$$\delta = \frac{L_1 - L_0}{L_0} \times 100\%$$

式中 L_0——试样的原标定长度(mm)；

L_1——试样拉断后标距部分的长度(mm)。

(2) 断面收缩率。金属材料受拉力作用破断时，拉断处横截面缩小的面积与原始截面积的百分比叫作断面收缩率，以 φ 表示：

$$\varphi = \frac{F_0 - F}{F_0} \times 100\%$$

式中 F——试样拉断后，拉断处横截面面积(mm^2)；

F_0——试样标距部分原始的横截面面积(mm^2)。

(3) 冷弯角。冷弯角也叫弯曲角，一般是用长条形试件，根据不同的材质、板厚，按规定的弯曲半径进行弯曲，在受拉面出现裂纹时试件与原始平面的夹角，叫作冷弯角，以 α 表示。冷弯角越大，说明金属材料的塑性越好。

（三）冲击韧性

冲击韧性是衡量金属材料抵抗动载荷或冲击力的能力，冲击试验可以测定材料在突加载荷时对缺口的敏感性。冲击值是冲击韧性的一个指标，以 a_k 表示。a_k 值越大，说明该材料的韧性越好：

$$a_k = \frac{A_k}{F}$$

式中 A_k——冲击吸收功(J)；

F——试验前试样刻槽处的横截面面积(cm^2)；

a_k——冲击值(J/cm^2)。

钢的冲击韧性主要取决于钢的强度和塑性。

(四) 硬度

金属材料抵抗局部表面变形的能力，特别是塑性变形、压痕或划痕的能力称为硬度。

常用的硬度有布氏硬度(HB)、洛氏硬度(HR)、维氏硬度(HV)三种。

钢的硬度越高，则塑性就越差，在焊接中容易产生冷裂纹。

三、金属材料的工艺性能

金属材料的工艺性能是指金属材料对不同加工工艺方法的适应能力，主要有切削性能、铸造性能、锻造性能和焊接性能等。

(一) 切削性能

切削性能是指金属材料是否易于切削的性能。切削时，若切削刀具不易磨损，切削力较小且被切削工件的表面质量高，则称此材料的切削性能好。一般灰口铸铁具有良好的切削性能，钢的硬度在 170～230 HBS 时具有较好的切削性能。

(二) 铸造性能

金属的铸造性能主要是指金属在液态时的流动性以及液态金

属在凝固过程中的收缩和偏析程度。金属的铸造性能是保证铸件质量的重要性能。

（三）锻造性能

金属的锻造性能是用锻压成型的方法获得优良锻件的难易程度，或指钢材接受锻压加工的能力。锻造加工过程中能改变金属材料的形状尺寸和改善组织性能。锻造性能与金属的塑性有关。

（四）焊接性能

焊接性能是指材料在限定的施工条件下焊接成按规定设计要求的构件，并满足预定服役要求的能力。

焊接性能包括工艺焊接性能和使用焊接性能两个方面。

(1) 工艺焊接性能。工艺焊接性能是指金属材料对各种焊接方法的适应能力。该性能主要取决于金属材料的成分，但随焊接方法、焊接材料和焊接工艺发生变化。

(2) 使用焊接性能。使用焊接性能是指焊接接头满足技术要求条件中所规定的使用性能的能力。该性能主要取决于焊接接头的使用环境条件和力学性能。

焊接性主要受材料、焊接方法、构件类型及使用要求四个因素的影响。

焊接性能评定方法有很多，其中广泛使用的方法是碳当量法。碳当量法是把钢中包含碳元素在内的各种合金元素对淬硬、冷裂及脆化等的影响折合成碳的相当含量，并以此来判断钢材的淬硬倾向和冷裂敏感性，进而推断钢材的焊接性。

碳当量法没有考虑元素之间的相互作用、板厚和焊接条件等因素的影响，故只能用于对钢材焊接性能的初步分析。

碳当量法只是基于合金元素对钢的焊接性不同程度的影响，而把钢中合金元素（包括碳）的含量按其作用换算成碳的相当含量。可作为评定钢材焊接性能的一种参考指标。碳当量法用于对碳钢和低合金钢淬硬及冷裂倾向的估算。

常用碳当量的计算公式(国际焊接学会的推荐),适用于中高强度的非调质低合金高强度钢:

$$CE=C+\frac{Mn}{6}+\frac{Cr+Mo+V}{5}+\frac{Ni+Cu}{15}$$

式中元素符号表示它们在钢中所占的百分含量,若含量为一范围时,取上限。

经验证明:当 CE<0.4% 时,钢材的淬硬倾向不明显,焊接性优良,焊接时不必预热;当 CE=0.4%~0.6% 时,钢材的淬硬倾向逐渐明显,需采取适当预热和控制线能量等工艺措施;当 CE>0.6% 时,钢材的淬硬倾向强,属于较难焊的材料,需采取较高的预热温度和严格的工艺措施,如图 2-6 所示。

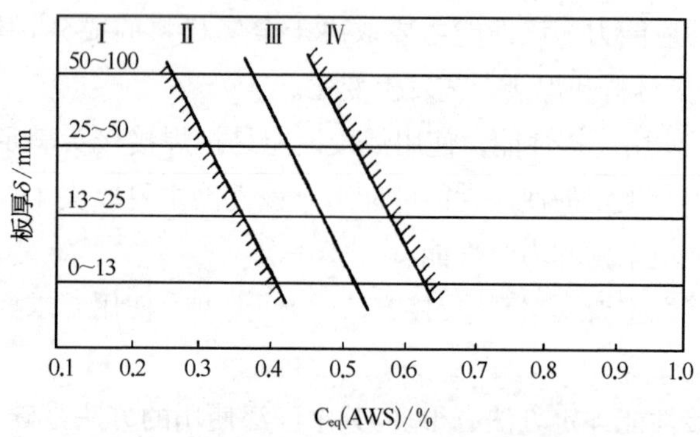

图 2-6　焊接性能与碳当量和板厚的关系

Ⅰ—优良;Ⅱ—较好;Ⅲ—尚好;Ⅳ—尚可

提高焊接性能的方法主要有降低含碳量,改善化学成分,减少S、P等元素不纯成分及非金属夹杂物,保证组织性能的均匀性,预热温度要适合,热影响区稳定性和接合面韧性良好等。

第四节　常用金属材料的焊接特点

一、钢的焊接特点

（一）低碳钢的焊接特点

低碳钢由于含碳量低，强度、硬度不高，塑性好，所以应用非常广泛。焊接常用的低碳钢有 Q235、20 钢、20g 等。

由于低碳钢含碳量低，焊接接头的塑性和冲击韧性很好，所以焊接性能好。其焊接具有下列特点：

(1) 淬火倾向小，焊缝和近焊缝区不易产生冷裂纹。可制造各类大型构架及受压容器。

(2) 焊前一般不需预热，但对大厚度结构或在寒冷地区焊接时，需将焊件预热至 100～150℃。

(3) 镇静钢杂质很少，偏析很小，不易形成低熔点共晶，所以对热裂纹不敏感。沸腾钢中硫、磷等杂质较多，产生热裂纹的可能性要大些。

(4) 如工艺选择不当，可能出现热影响区晶粒长大现象，而且温度越高，热影响区在高温停留时间越长，则晶粒长大越严重。

(5) 对焊接电源没有特殊要求，可采用交、直流弧焊机进行全位置焊接，工艺简单。

（二）中碳钢的焊接特点

中碳钢含碳量比低碳钢高，强度较高，中碳钢比低碳钢的热膨胀系数略大，热导率稍低，在焊接时增加了热应力和过热倾向，所以焊接性比较差。

中碳钢一般不用作焊接结构材料，而是用作机器部件和工具较多。焊接时的主要问题是热裂纹、冷裂纹、气孔和脆断,有时还会存在热影响区的强度降低。常用的有35钢、45钢、55钢。中碳钢焊条电弧焊及其铸件焊补的主要特点如下:

(1) 热影响区容易产生淬硬组织。含碳量越高,板厚越大,这种倾向也越大。如果焊接材料和工艺规范选用不当,容易产生冷裂纹。

(2) 由于基本金属含碳量较高,所以焊缝的含碳量也较高,容易产生热裂纹。

(3) 由于含碳量的增高,所以对气孔的敏感性增加。因此对焊接材料的脱氧性、基本金属的除油除锈、焊接材料的烘干等,要求更加严格。

(4) 焊接时要注意母材的热处理状态,如已热处理的部件,须采取措施防止裂纹产生;如焊后进行热处理,则要求热处理后接头与母材性能相匹配,须注意选择焊接材料。

(三) 高碳钢的焊接特点

高碳钢由于含碳量高,焊接性能很差。在实际中不用作焊接结构,一般用作工具钢和铸钢,只能用作修复性的焊接。其焊接有如下特点:

(1) 导热性差,焊接区和未加热部分之间产生显著的温差,当熔池急剧冷却时,在焊缝中引起的内应力很容易形成裂纹。

(2) 对淬火更加敏感,近焊缝区极易形成马氏体组织。由于组织应力的作用,近焊缝区会产生冷裂纹。

(3) 由于焊接高温的影响,晶粒长大快,碳化物容易在晶界上积聚、长大,使焊缝脆弱,焊接接头强度降低。

(4) 高碳钢焊接时比中碳钢更容易产生热裂纹。

(四) 普通低合金钢的焊接特点

与碳素钢相比,普通低合金高强度钢(简称“普低钢”)中含有少量合金元素，如锰、硅、钒、钼、钛、铝、铌、铜、硼、磷、稀土等。钢中有了一种或几种这样的元素后，便具有强度高、韧性好等优点，由于加入的合金元素不多，故称为低合金高强度钢。常用的普通低合金高强度钢有16Mn、16MnR、15MnVN等。

其焊接特点如下：

1. 热影响区的淬硬倾向

热影响区的淬硬倾向是普低钢焊接的重要特点之一。随着强度等级的提高，热影响区的淬硬倾向也随着变大。为了减缓热影响区的淬硬倾向，必须采取合理的焊接工艺规范。

影响热影响区淬硬程度的因素有：

(1) 材料及结构型式，如钢材的种类、板厚、接头型式及焊缝尺寸等。

(2) 工艺因素，如工艺方法、焊接规范、焊口附近的起焊温度(气温或预热温度)。

焊接施工应通过选择合适的工艺因素，如增大焊接电流、减小焊接速度等措施来避免热影响区的淬硬。

消除热影响区的淬硬倾向的有效措施是焊后进行热处理。

2. 焊接接头的裂纹

焊接裂纹是危害性最大的焊接缺陷，冷裂纹、再热裂纹、热裂纹、层状撕裂和应力腐蚀裂纹是焊接中常见的几种形态。

在焊接时产生热裂纹是由于母材中的碳与硫的含量不正常造成的，通过调整工艺参数和选择含Mn量较高的焊材，可消除热裂纹产生。

某些钢材淬硬倾向大，焊后冷却过程中，由于相变产生很脆的马氏体，在焊接应力和氢的共同作用下引起开裂，形成冷裂纹。延迟裂纹是钢的焊接接头冷却到室温后，经一定时间(几小时，几天甚至几十天)才出现的焊接冷裂纹，因此具有很大的危险性。防止延迟裂纹可以从焊接材料的选择及严格烘干、工件清理、预热及层间保温、焊后及时热处理等方面进行控制。

3. 典型16Mn、15CrMo的焊接

1) 16Mn钢的焊接

(1) 16Mn钢具有良好的焊接性,当其碳当量为0.34%~0.49%时,淬硬倾向比低碳钢稍大些。但只有在厚板、结构刚性大和采用焊接规范不合理以及在低温条件下进行焊接时,才可能产生淬硬组织和焊接裂纹。为了避免产生冷裂纹,必须遵循以下的焊接工艺。

(2) 焊接准备。板厚90 mm以上的钢板采用火源切割时,起始点应预热100~120℃,采用碳弧气刨时,厚度20 mm以上的钢板气刨前应预热100~150℃,坡口型式可采用V形、U形或不对称X形。坡口边缘和两侧必须彻底消除水分、铁锈、氧化皮及油脂等污物。

(3) 焊接工艺:预热。根据板厚及环境温度按表2-1中规定的温度进行预热。

表2-1 不同板厚16Mn钢低温焊接时的预热温度

焊件厚度/mm	不同气温时的预热温度	
<16	不低于-10℃时不预热	低于-10℃预热至100~150℃
16~24	不低于-5℃时不预热	低于-5℃预热至100~150℃
25~40	不低于0℃时不预热	0℃以下预热至100~150℃
>40	均预热至100~150℃	

(4) 焊接材料。对重要部位的对接焊缝构件,应选用碱性焊条E5015、E5016,如锅炉、压力容器及船舶中的重要焊缝。至于对抗裂性能、塑性及韧性要求较低,刚性不大的非重要部位结构的焊缝,也可选用E5003(J502)、E5001(J503)酸性焊条。

(5) 工艺参数。基本上与焊接碳素钢时的工艺参数相似。焊条选用$\phi 4$时,$I=160\sim180$ A,$U=21\sim22$ V;使用$\phi 5$焊条时$I=210\sim240$ A;采用多层多道焊选用4 mm焊条时,焊缝宽度不应超过 16～18 mm，每层填充 4～5 mm。

(6) 焊后热处理。板厚大于 50 mm 的重要承载部件的接头，焊后需要做消除应力处理，温度为 600～650℃，保温时间为 2.5 min/mm。压力容器的预热部件，其壁厚大于 34 mm，或不预热焊部件，其厚度大于 30 mm 时，要求焊后做消除应力处理，最佳温度为 600～620℃，保温时间为 3 min/mm。

2) 15CrMo 低合金耐热钢的焊接

(1) 边缘加工要求。采用火源切割厚度大于 60 mm 的轧态钢板，以及正火或高温回火热处理状态的厚度大于 80 mm 的钢板，切割区周围均预热到 100℃以上。切割后边缘应做表面磁粉探伤以检查裂纹。如采用碳弧气刨焊接坡口或清根时，气刨前应将气刨区域预热至 200℃以上。气刨后表面应用砂轮打磨以彻底清除氧化物。

(2) 焊条电弧焊工艺。坡口型式可采用 V 形或 U 形。焊条选用 E5515 - B2(R307)，对不重要的结构可采用 E5503 - B2 (R302)焊条。焊接规范选用时，当使用 $\phi4$ 焊条时，打底层电流为 140 A，填充盖面层焊接电流为 160～170 A。板厚大于 15 mm 的焊件，焊前均需要预热至 150～200℃。

(3) 焊后做消除应力处理。钢结构厚度大于 30 mm 的承载部件，焊后需做 640～680℃消除应力处理，保温时间 4 min/mm。对于受压容器和管道，不预热的任何厚度的接头和预热焊厚度大于 10 mm 的接头，焊后均需做消除应力处理。焊接操作时应采用多层多道焊，窄焊道工艺，焊条运条采用直线方式，若需要做摆幅运条，其宽度不大于焊条直径的 2.5 倍。

(五) 奥氏体不锈钢的焊接

奥氏体不锈钢具有良好的焊接性，如在选择焊接材料和确定焊接工艺时，若忽视了奥氏体不锈钢含碳量，含铬量，铬镍含量比，稳定化元素钛、铌等含量及组织特征的不同，焊接接头会出现晶间腐蚀和热裂纹等问题。

1. 晶间腐蚀

奥氏体不锈钢产生晶间腐蚀的主要问题是焊缝及热影响区在加热到450～850℃(敏化温度区)并保持一定时间后,在这温度区域内碳由于活动能力增加迅速扩散到晶粒边界,与晶界上的铬化合成碳化铬。因铬的扩散比碳慢,结果使奥氏体晶粒边缘的含铬量减少到失去抗腐蚀能力,如果该区域恰好露在焊缝表面并与腐蚀介质接触时,腐蚀就沿着奥氏体晶边缘不断深入内部,破坏了晶粒间的相互结合导致焊接接头力学性能急剧降低,严重时在应力作用下发生断裂。

防止或减少焊件产生晶间腐蚀的措施为控制含碳量。碳是造成晶间腐蚀的主要元素,应尽量降低奥氏体不锈钢中和焊接材料中的含碳量,减少析出碳的含量,避免产生贫铬区。因此,常控制基本金属和焊条的含碳量在0.08%以下,如0Cr18Ni10Ti钢板选用E308-15(A107)、E347-15(A137)焊条就属于这一类。

另外,选用超低碳奥氏体不锈钢含碳量低于0.03%,即使在450～850℃的高温下加热,碳也能全部溶解在奥氏体中,不会形成贫铬区,因此也不会产生晶间腐蚀。如00Cr19Ni10Ti、00Cr17Ni14Mo2及00Cr19Ni13Mo3钢板的焊接,焊条可采用E316 L-16,其含碳量小于0.04%,焊后的焊缝具有良好的抗腐蚀性能。

再选用含有钛、铌等元素的焊材,使钛、铌等元素全部优先于碳结合,消除贫铬区,改善抗腐蚀性能。同时在焊后经过700～900℃时进行加热缓冷。

2. 热裂纹

奥氏体不锈钢具有较高的焊接热裂纹敏感性。热裂纹以结晶裂纹为主,裂纹的起端、扩展及裂纹的止端均沿一次结晶界产生。奥氏体不锈钢焊后产生热裂纹的原因是金相组织、化学成分和焊接应力。单项奥氏体焊缝组织与加入少量铁素体而形成双相组织的焊缝相比对热裂纹更为敏感。

防止产生热裂纹的方法是：

(1) 控制化学成分。一般来说，镍是促进热裂纹的元素，钼则可减少热裂纹倾向，对 18－8 型不锈钢，应减少焊缝中镍、磷、硫的含量并增加铬、钼、锰等元素，可以减少热裂纹。

(2) 采用合理的焊接工艺。焊接规范应采用小电流、快速度；操作上采用短弧焊、窄焊道技术，以提高熔池的冷却速度。

(3) 焊前准备。为了避免焊接时碳和杂质混入焊缝，在焊前焊缝两侧 20～30 mm 范围内用丙酮或酒精擦洗干净。

3. 焊接工艺

对于不同的焊接方法有不同的焊接工艺。焊条电弧焊用于奥氏体不锈钢钢板焊接时，选用的焊接电流要比同规格的碳钢焊条小 20%左右，以防止电阻热导致焊条发红使药皮失效，同时对防止晶间腐蚀和抗热裂纹也有好处。操作时采用快焊速及窄焊道，焊条最好不做横向和前后摆动，短弧焊接。多层焊时，每焊完一层需要彻底清除熔渣，对焊缝仔细检查，确认无缺陷后，并待前层焊缝冷却到 60℃以下时再焊下一层。多层焊时每层厚度不应超过 3 mm，焊道不能超过焊条直径的 4 倍。必要时可在背面用冷水冷却。与腐蚀接触面的焊缝应最后焊接。

4. 焊接方法

钨极手工氩弧焊最适合用于奥氏体不锈钢的焊接，其特点是热量集中，热输入量控制正确，焊接热影响区不易过热，变形小。焊接时采用直流正接。焊接厚度 1 mm 以下的不锈钢薄板，焊接时可不加焊丝。厚度大于 1 mm 则需添加焊丝。钢板厚度大于 6 mm 的不锈钢板可以采用多层多道焊。不锈钢管道焊接对接焊缝打底时管内应通入氩气，以防止内侧焊缝被氧化。

(六) 铁素体不锈钢的焊接

铁素体不锈钢焊接时容易形成粗大的铁素体晶粒，导致接头的韧性降低，增加脆性，同时也会产生晶间腐蚀倾向。铁素体不锈钢的晶间腐蚀产生的原因基本与奥氏体不锈钢相同，只是形成的温度不同。

防止接头韧性降低的方法是：

(1) 采用小的电流、快焊速，禁止横向摆动，待前一焊缝冷却到预热温度后再焊下一道焊缝。

(2) 焊后进行热处理，退火后应快冷。

(3) 防止焊缝污染，清除焊缝周边的锈迹和油渍。

铁素体不锈钢在焊接操作时，应选择与母材成分相近的焊材，同时焊前进行预热，预热温度为 100～200℃，采用较小的电流和较快的焊接速度。焊后进行热处理提高接头的塑性。

二、铸铁的分类及焊补特点

工业中常用的铸铁含碳量在 2.5%～4.0%，还含有少量的锰、硅、硫、磷等元素。按碳存在的状态及形式的不同，分为白口铸铁、灰铸铁、可锻铸铁及球墨铸铁等。

铸铁在铸造过程中经常产生气孔、渣孔、夹砂、缩孔、裂缝等缺陷和使用过程中产生超负荷、机械事故及自然损坏等现象，应根据铸铁的特点采取相应焊补工艺进行修复。铸铁焊接很少应用。

铸铁焊补主要是灰铸铁的焊补。

铸铁焊补特点：

(1) 产生白口，使焊缝硬度升高，加工困难或加工不平，焊补区呈白亮的一片或一圈(指熔合区)。

(2) 产生裂缝，包括焊缝开裂、焊件开裂或焊缝与基本金属剥离。

由于铸铁的焊接性很差，因此焊接方法(如焊前预热)和焊接材料的选择(如调整焊缝化学成分)、采用正确的焊补工艺(如短段焊、断续焊)尤为重要。

焊补铸铁的方法有手弧焊、气焊、钎焊、CO_2气体保护焊和手工电渣焊等。焊缝成分可分为铸铁型焊缝和非铸铁型焊缝，因而焊接材料可分为同质材料和异质材料，种类很多。根据铸件预热的温度，可分为热焊(600～700℃)、半热焊(400℃)和冷焊。热焊和半热焊采用同质焊接材料，大电流连续焊或气焊。冷焊要用异质焊接材料，小电流、断续、分散焊，并采用焊后立即锤击焊缝，消除焊接应力等工艺措施。另外，可用栽丝法防止焊缝剥离。

三、有色金属及合金的分类及焊接特点

有色金属是指钢铁材料以外的各种金属材料，所以又称非铁材料。有色金属及其合金具有许多独特的性能，如导电性好、耐蚀性及导热性好等。所以有色金属材料在机电、仪表，特别是在航空、航天以及航海工业中具有重要的作用。下面仅介绍常用的铝、铜及其合金。

(一) 铝及铝合金的分类

铝及合金可分为：

(1) 纯铝。纯铝按其纯度分为高纯铝、工业高纯铝和工业纯铝三类。焊接主要是工业纯铝，工业纯铝的纯度为98.8%～99.7%，其牌号有L1、L2、L3、L4、L5、L6六种。

(2) 铝合金。往纯铝中加入合金元素就得到了铝合金。根据铝合金的加工工艺特性，可将它们分作形变铝合金和铸造铝合金两类。形变铝合金塑性好，适宜于压力加工。形变铝合金按照其性能特点和用途可分为防锈铝(LF)、硬铝(LY)、超硬铝(LC)和锻铝(LD)四种。铸造铝合金按加入主要合金元素的不同，分为铝硅系(Al-Si)、铝铜系(Al-Cu)、铝镁系(Al-Mg)和铝锌系(Al-Zn)四种。

焊接结构中应用最广泛的是防锈铝(Al-Mg或Al-Mn合金)。

铝及铝合金的焊接特点是：

(1) 表面容易氧化，生成致密的氧化膜，影响焊接。

(2) 容易产生氢气孔，不易形成氮气孔和一氧化碳气孔。

(3) 容易产生热裂纹。

(4) 焊接接头产生软化及耐蚀性下降。

铝及铝合金焊接主要采用氩弧焊、气焊、电阻焊等,其中氩弧焊(钨极氩弧焊和熔化极氩弧焊)应用最广泛。

铝及铝合金焊前应用机械法或化学清洗法去除工件表面氧化膜。焊接时钨极氩弧焊(TIG焊)采用交流电源,熔化极氩弧焊(MIG焊)采用直流反接,以获得"阴极破碎"作用,清除氧化膜。

(二) 铜及铜合金的分类和焊接特点

铜及铜合金的分类:

(1) 纯铜。纯铜常被称作紫铜,具有良好的导电性、导热性和耐蚀性。纯铜用字母T(铜)表示,如T1、T2、T3等。氧的含量极低,不大于0.01%的纯铜称为无氧铜,用TU(铜无)表示,如TU1、TU2等。

(2) 黄铜。以锌为主要合金元素的铜合金称为黄铜。黄铜用H(黄)表示,如H80、H70、H68等。

(3) 青铜。以前把铜与锡的合金称作青铜,现在则把除了黄铜、白铜以外的铜合金称作青铜。常用的有锡青铜、铝青铜和铍青铜等。青铜用Q(青)表示。

铜及铜合金的焊接特点:

(1) 难熔合及易变形。

(2) 容易产生热裂纹。

(3) 容易产生气孔。

(4) 焊接接头的塑性、导电性、耐蚀性下降。

铜及铜合金焊接主要采用气焊、惰性气体保护焊、埋弧焊、钎焊等方法。铜及铜合金导热性能好,所以焊接前一般应预热,并采用大线能量焊接。钨极氩弧焊(TIG焊)采用直流正接,以使焊件获得较多的热量。气焊时,紫铜采用中性焰或弱碳化焰,黄铜则采用弱氧化焰,以防止合金成分锌的蒸发。

第三章
建筑焊割基础知识

第一节　金属焊接与热切割概述

一、金属焊接与切割基本原理

金属结构及其他机械产品的制造中常需将两个或两个以上的零件按一定的型式和尺寸连接在一起，这种连接通常分两大类（图3-1）。一类是可拆卸的机械连接，就是不必损坏被连接件本身就可以将它们分开，如螺栓连接、铆钉连接等。另一类连接是永久性连接，即必须在毁坏零件后才能拆卸，如金属焊接。焊接是指通过加热或加压，或两者并用，并且用或不用填充材料，使工件达到结合的一种方法。

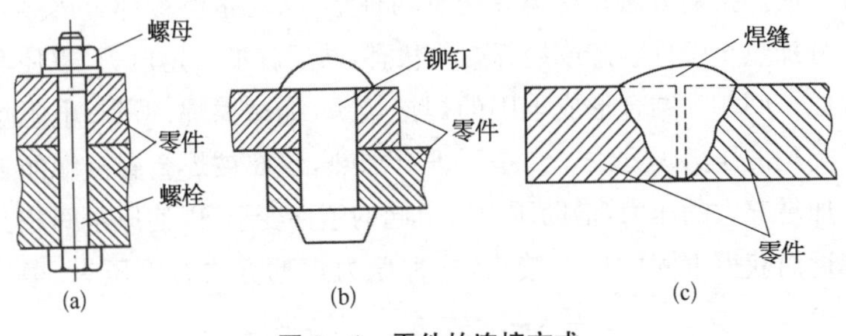

图3-1　零件的连接方式

(a) 螺栓连接；(b) 铆钉连接；(c) 金属焊接

为了达到永久的连接，在金属焊接过程中必须使被焊件彼此接近到原子间的力能够相互作用的程度。所以，在焊接过程中，必须对需要结合的地方通过加热使之熔化,或者通过加压(或者先加热到塑性状态后再加压),使之造成原子或分子间的结合与扩散,达到不可拆卸的连接,形成牢固的金属焊接接头。

随着焊接新技术的不断应用,铆接工艺在许多方面已被焊接工艺所替代。焊接既能节约金属材料,减轻结构重量,还具有加工方便、致密性好、强度高、经济效益好等优点。

二、金属焊接方法的分类

按照焊接过程中金属所处的状态及工艺的特点,可以将焊接方法分为熔化焊、压力焊和钎焊三大类,如图 3－2 所示是金属焊接方法的分类。

熔化焊是利用将待焊处的母材金属熔化以形成焊缝的焊接方法。在加热的条件下,增强了金属原子的功能,促进原子间的相互扩散,当被焊接金属加热至熔化状态形成液态熔池时,原子之间可以充分扩散和紧密接触,因此冷却凝固后,即可形成牢固的焊接接头。常见的焊条电弧焊、氩弧焊、气体保护焊、埋弧焊、螺柱焊等均属于熔化焊的范畴。

压力焊是焊接过程中必须对焊件施加压力(加热或不加热),以完成焊接的方法。这类焊接有两种形式,一是将被焊金属接触部分加热至塑性状态或局部熔化状态,然后施加一定压力,以使金属原子间相互结合形成牢固的焊接接头,如摩擦焊、锻焊、电阻焊等类型的压力焊方法。二是不进行加热,仅在被焊金属接触面上施加足够大的压力,借助压力所引起的塑性变形,以使原子间相互接近而获得牢固的压挤接头,这种压力焊的方法有冷压焊、爆炸焊等。

钎焊是硬钎焊和软钎焊的总称。采用比母材熔点低的金属材料做钎料,将焊件和钎料加热到高于钎料的熔点,低于母材熔化温度,利用液态钎料润湿母材,填充接头间隙并与母材相互扩散实现连接焊件的方法。焊接时,被焊金属处于固体状态,工件只适当地

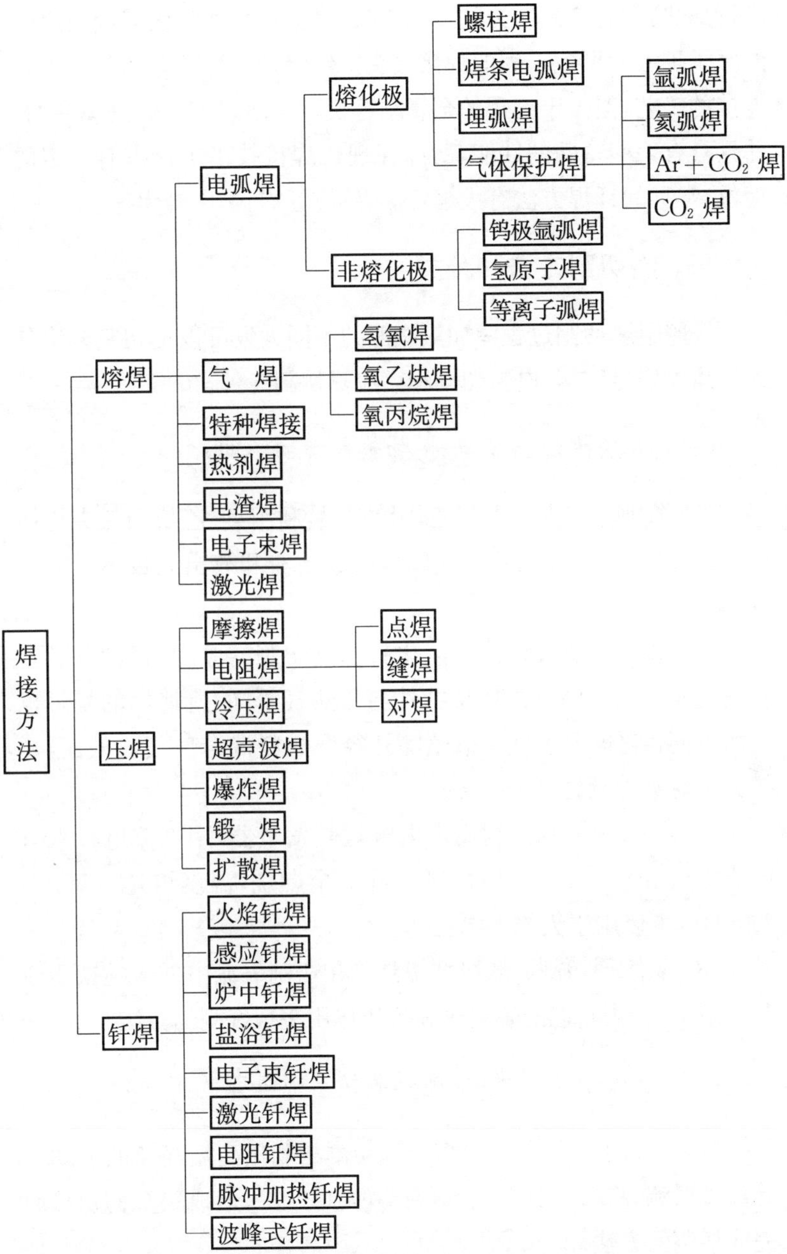

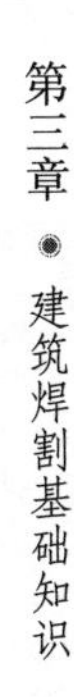

- 焊接方法
  - 熔焊
    - 电弧焊
      - 熔化极
        - 螺柱焊
        - 焊条电弧焊
        - 埋弧焊
        - 气体保护焊
          - 氩弧焊
          - 氦弧焊
          - $Ar+CO_2$ 焊
          - CO_2 焊
      - 非熔化极
        - 钨极氩弧焊
        - 氢原子焊
        - 等离子弧焊
    - 气　焊
      - 氢氧焊
      - 氧乙炔焊
      - 氧丙烷焊
    - 特种焊接
    - 热剂焊
    - 电渣焊
    - 电子束焊
    - 激光焊
  - 压焊
    - 摩擦焊
    - 电阻焊
      - 点焊
      - 缝焊
      - 对焊
    - 冷压焊
    - 超声波焊
    - 爆炸焊
    - 锻　焊
    - 扩散焊
  - 钎焊
    - 火焰钎焊
    - 感应钎焊
    - 炉中钎焊
    - 盐浴钎焊
    - 电子束钎焊
    - 激光钎焊
    - 电阻钎焊
    - 脉冲加热钎焊
    - 波峰式钎焊

图 3－2　金属焊接方法的分类

进行加热,没有受到压力的作用,仅依靠液态金属与固态金属之间的原子扩散而形成牢固的焊接接头。钎焊是一种古老的金属永久连接的工艺,但由于钎焊的金属结合机理与熔焊和压焊是不同的,并且具有一些特殊的性能,所以在现代焊接技术中仍占有一定的地位,常见的钎焊方法有火焰钎焊、感应钎焊、炉中钎焊等。

三、热切割方法和分类

按照金属切割过程中加热能源的不同大致可以把切割方法分为气体火焰热切割、电弧切割和束流热切割三种。

(一) 火焰热切割分类(按加热气源的不同)

(1) 气割。气割(即氧-乙炔切割)是利用氧-乙炔预热火焰使金属在纯氧气流中能够剧烈燃烧,生成熔渣和放出大量热量的原理而进行的。

(2) 液化石油气切割。液化石油气切割的原理与气割相同。不同的是液化石油气的燃烧特性与乙炔气不同,所使用的割炬也有所不同:它扩大了低压氧喷嘴孔径及燃料混合气喷口截面,还扩大了对吸管圆柱部分孔径。

(3) 氢氧源切割。利用水电解氢氧发生器,用直流电将水电解成氢气和氧气,其气体比例恰好完全燃烧,温度可达 2 800～3 000℃,可以用于火焰加热。

(4) 氧熔剂切割。氧熔剂切割是在切割氧流中加入纯铁粉或其他熔剂,利用它们的燃烧热和废渣作用实现气割的方法。

(二) 电弧切割分类(电弧切割按生成电弧的不同)

(1) 等离子弧切割。等离子弧切割是利用高温高速的强劲的等离子射流,将被切割金属部熔化并随即吹除,形成狭窄的切口而完成切割的方法。

(2) 碳弧气割。碳弧气割是使用碳棒与工件之间产生的电弧将金属熔化，并用压缩空气将其吹掉，实现切割的方法。

（三）束流热切割分类

（1）激光切割。激光切割是利用激光束的热能把材料穿透，并使激光束移动而实现切割的方法。主要包括：

① 激光-燃烧切割。激光-燃烧切割是利用激光束将适合用于火焰切割的材料加热到燃烧状态而进行切割的方法。在加热部位含氧射流将材料加热至燃烧状态并沿移动方向进行时，产生的氧化物被切割氧流驱走而形成切口。

② 激光-熔化切割。激光-熔化切割是利用激光束将可熔材料局部熔化的切割方法。熔化材料被气体（惰性的或反应惰性的气体）射流排出，在割炬移动或工件（金属或非金属）进给时产生切口。

③ 激光-升华切割。激光-升华切割是利用激光束局部加热工件，使材料受热部位蒸发的切割方法。高度蒸发的材料受气体（压缩空气）射流及膨胀的作用被驱出，在割炬移动或工件进给时产生切口。

（2）电子束切割。电子束切割是利用电子束的能量将被切割材料熔化，熔化物蒸发或靠重力流出形成切口。

第二节　建筑焊割作业人员的职责

一、作业人员的责任

（一）学习知识、钻研技术、提高技能

作业人员应该努力学习专业知识，刻苦钻研技术，提高安全操作技能，增强事故的预防能力和应急处置能力。从业人员应当参加年度安全教育培训或者继续教育,每年不得少于24小时。作业人员进入新的岗位或者新的施工现场前,应当主动接受安全生产教育培训,在采用新技术、新工艺、新设备、新材料时,作业人员应当先进行相应的安全生产教育培训,培训考核合格后方可上岗作业。

(二) 热爱本职工作,忠于职守

作业人员应该恪尽职守,保证焊割质量和安全。建筑焊割作业人员应持有有效证件上岗操作,能够做到焊割作业前熟悉作业现场环境,了解设备性能、办理各种手续,采取相应的安全措施;作业中严格遵守安全操作规程,重视产品质量,提高生产效率;作业后彻底清理现场,进行安全检查,消除安全隐患,防止事故的发生。

(三) 遵章守纪,执行制度

作业人员应该遵守劳动生产安全规则,遵守技术规程。在建筑施工过程中,应当遵守有关安全生产的法律、法规和建筑行业安全规章、规程,正确佩戴和使用安全防护用品,并按规定对作业工具和设备进行维护保养,不得违章指挥或者违章作业,对违章指挥作业者能及时予以指出。

二、作业人员的权利

参照《中华人民共和国安全生产法》《中华人民共和国建筑法》中的相关规定,建筑焊割作业人员的权利主要包括以下几个方面:

(一) 危险因素和应急措施的知情及建议

作业人员有权了解其工作场所和工作岗位存在的危险因素、防范措施和事故应急措施,有权对本单位的安全生产工作提出建议。

施工单位应当向作业人员提供安全防护用具和安全防护服

装，并书面告知危险岗位的操作规程和违章操作的危害。

（二）批评、检举和控告

作业人员有权对本单位安全生产工作中存在的问题提出批评、检举和控告，有权对本单位及有关人员违反安全生产法律、法规的行为，向主管部门和司法机关进行检举和控告。

（三）拒绝违章指挥和强令冒险作业

作业人员享有拒绝违章指挥、强令冒险作业权。

生产经营单位不得因作业人员拒绝违章指挥和强令冒险作业而对其打击报复。这是保护作业人员生命安全和健康的一项重要的权利。这里讲的违章指挥，主要是指生产经营单位的负责人、生产管理人员和工程技术人员违反规章制度，不顾作业人员的生命安全和健康，指挥作业人员进行生产活动的行为。强令冒险作业是指生产经营单位的管理人员对于存在危及作业人员人身安全的危险因素而又没有相应的安全保护措施的作业，不顾从业人员的生命安全和健康，强迫命令从业人员进行作业。这些都对从业人员的生命安全和健康构成了极大威胁。为了保护自己的生命安全和健康，对于生产经营单位的这种行为，劳动者有权予以拒绝。

（四）紧急情况下停止作业和紧急撤离

作业人员发现直接危及人身安全的紧急情况时，有权停止作业或者在采取可能的应急措施后撤离作业场所。

由于生产经营场所自然和人为危险因素的存在，经常会在生产经营作业过程中发生一些意外的或者人为的直接危及作业人员人身安全的危险情况，将会或者可能会对从业人员造成人身伤害。这时，最大限度地保护现场作业人员的生命安全是第一位的，法律赋予他们享有停止作业和紧急撤离的权利。

（五）工伤保险和伤亡求偿

因生产安全事故受到损害的作业人员，除依法享有工伤保险外，依照有关民事法律尚有获得赔偿的权利的，有权向本单位提出赔偿要求。

（六）要求劳动安全卫生的保护权利

作业人员有要求用人单位提供符合国家规定的劳动安全卫生条件和必要的劳动防护用品的权利；并且有要求按照规定获得职业病健康体检，职业病诊疗、康复等职业病防治服务的权利。

（七）接受安全生产知识的受教育培训的权利

作业人员有接受必要的教育培训以具备对工作环境、生产过程、机械设备和危险物质等方面有关安全生产知识的权利。

（八）对不公正待遇的申诉权利

在劳动保护方面受到用人单位不公正待遇时，作业人员有向有关部门申诉的权利。

三、作业人员的义务

（一）遵守职业道德

遵守职业道德是每个作业人员基本的道德准则。它可促进作业人员对本职工作的事业心和责任感；鼓舞作业人员团结协作和争取集体荣誉。遵守职业道德是维护社会主义市场经济秩序的保障。

（二）遵守规章制度和操作规程，服从管理

作业人员在作业过程中，应当严格遵守本单位的安全生产规章制度和操作规程，服从管理，正确佩戴和使用劳动防护用品。遵守有关安全生产规章制度是每个作业人员应尽的义务且必须做到。如果未严格执行安全生产操作规程和遵守有关安全生产规章制度，就不能保障安全生产的有序进行，势必导致发生生产安全事故，造成不必要的人身伤害。

为此，法律、法规对未履行这项义务而造成的重大生产安全事故的行为做出了相应的法律制裁，企业也会对这样的行为做出相应的处罚。这些法律、法规以及企业的规章制度是必需的。

（三）接受安全生产教育和培训，提高职业技能和安全生产操作水平

作业人员应当接受安全生产教育和培训，掌握本职工作所需的安全生产知识，提高安全生产技能，增强事故预防和应急处理能力。

提高职业技能水平既是有关法律、法规的要求，也是企业生产活动的基本要求。没有良好的职业技能，想取得较高的劳动报酬是不现实的，也是不公平的。提高职业技能，最重要的是提高该职业技能中的安全生产操作水平，它是企业生产活动顺利进行的基本保证。

（四）发现事故隐患或者其他不安全因素应及时报告

作业人员发现事故隐患或者其他不安全因素，应当按有关规定紧急避险，保护好自己的生命安全，同时应向现场安全生产管理人员或者本单位负责人报告；接到报告的人员应及时予以处理。

安全生产法等法律、法规规定，作业人员发现事故隐患或者其他不安全因素，应当立即向现场安全生产管理人员或者本单位负责人报告，这是作业人员一项强制性的义务。如果不报告或者隐瞒，将受到相应的法律、法规的制裁。

如果作业人员发现事故隐患或者其他不安全因素向现场安全

生产管理人员或者本单位负责人报告后仍然得不到解决或响应，作业人员也可以越级上报，这也是作业人员相应的安全生产义务，国家对在改善安全生产条件、防止安全事故、参加抢险救护等方面取得显著成绩的从业人员将给予奖励。

（五）完成生产任务

完成生产任务是每个作业人员应尽的义务，作为企业和个人完不成生产任务就没有好的经济效益，这是最基本的常识。当然，企业在布置生产任务时也应考虑到人的体能与技能的基本状况，生产工作量应符合国家的有关要求。

作业人员应在合理生产任务的前提下保质保量地完成生产任务，争做生产劳动的积极分子，为企业经济效益的提高、为社会财富的积累、为国家的强大发展做出自己的应有贡献。

第三节　建筑焊割现场作业的重要性

现行的《中华人民共和国安全生产法》(以下简称《安全生产法》)由中华人民共和国第十三届全国人民代表大会常务委员会第二十九次会议于2021年6月10日通过，自2021年9月1日起施行，共计一百一十九条。修订后的《安全生产法》增加了“安全生产工作坚持中国共产党的领导”和“人民至上、生命至上”等表述，“三个必须”写入了法律，进一步明确各部门的安全监督管理职能、进一步压实生产经营单位的安全生产主体责任、增加生产经营单位对从业人员的人文关怀、强调对使用燃气的生产经营单位的监管、增加违法行为的处罚范围、加大对违法行为的惩处力度、高危行业的强制保险制度、增加了事故整改的评估制度等内容。

《中华人民共和国建筑法》明确国家扶持建筑业的发展。建筑施工企业应当建立健全劳动安全生产教育培训制度，加强对职工安全生产的教育培训；未经安全生产教育培训的人员，不得上岗作业。建筑施工特种作业人员是指在房屋建筑和市政工程施工活动中，从事可能对本人、他人及周围设施设备的安全造成重大危害作业的人员。《建筑施工特种作业人员管理规定》于 2008 年 4 月 18 日由建设部以建质〔2008〕75 号文件下发，自 2008 年 6 月 1 日起施行。该文件规定了建筑施工特种作业人员的范围、条件、考核、证书发放、从业和监督管理等。建筑施工特种作业人员的培训、考核发证工作，已经成为建筑业安全生产监督管理的一项基本内容。

建筑施工现场作业人员在金属焊(割)作业过程中需要与各种易燃易爆气体、压力容器和电机电器接触。金属焊接过程中会产生有毒气体、有害粉尘、弧光辐射、高频电磁场、噪声和射线等。上述危害因素在一定条件下可能引起爆炸、火灾、烫伤、急性中毒(锰中毒)、血液疾病、电光性眼炎和皮肤病等职业病症。此外，还可能危及设备、厂房和周围人员安全，给国家和企业带来不必要的损失。

学习焊(割)安全技术的目的在于使建筑业的操作工人掌握焊割的基本原理、操作安全及防护的方法，严格执行国家标准《焊接与切割安全》(GB 9448—1999)及各项有关安全操作规程，保证安全生产以及遇到紧急情况时能及时做出适当的处理，从而保护操作者自己和周围人员及厂房设备不遭到损害。随着焊接新技术的不断出现，劳动保护的措施也要不断地发展才能适应安全工作的需要。焊接安全技术研究的主要内容是防火、防爆、防触电，以及在尘毒、磁场、辐射等条件下如何保障工人的身心健康实现安全操作。建筑焊(割)工人只有详细地了解作业生产过程的规程和焊接工艺、工具及操作方法，才能深刻地理解和掌握焊割安全技术的措施，严格地执行安全规程和实施防护措施，从而保证建筑施工现场安全生产，避免发生事故。

第四章

常用电弧焊安全操作技术

第一节　焊 条 电 弧 焊

一、焊条电弧焊概述

焊条电弧焊是手持焊钳操纵焊条进行焊接的电弧焊方法。

（一）焊条电弧焊的构成

焊条电弧焊由弧焊电源、焊接电缆、焊钳、焊条、焊件和电弧构成，如图 4－1 所示。

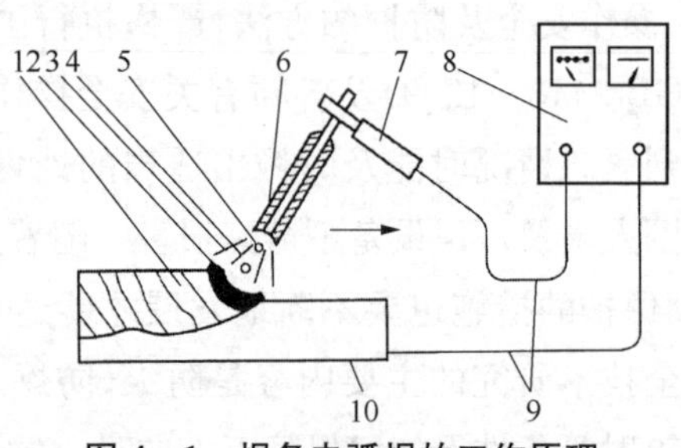

图 4－1　焊条电弧焊的工作原理

1—焊缝；2—熔池；3—保护气体；4—电弧；5—熔滴；
6—焊条；7—焊钳；8—焊机；9—焊接电缆；10—焊件

焊接时采用接触短路引弧法，引燃电弧后提起焊条并保持一定的距离，在弧焊电源提供的一定焊接电流和电弧电压下稳定燃烧。在电弧的高温作用下，焊条和焊件局部被加热到熔化状态，焊条端部熔化后的熔滴和被熔化的母材金属熔合在一起形成熔池。

随着电弧的不断移动，熔池中的液态金属逐步冷却结晶后便形成了焊缝。

在焊接过程中，焊条的焊芯熔化后以熔滴的形式向熔池过渡，同时焊条的药皮产生一定量的气体和液态熔渣，产生的气体充满在电弧和熔池的周围，隔绝空气，同时形成的熔渣浮在熔池上面，可防止焊缝金属的氧化和被空气侵蚀，并可减缓焊缝的冷却速度。

在焊接过程中，液态金属与液态熔渣和气体之间进行脱氧、脱硫、脱磷、去氢和渗合金元素等复杂的焊接冶金反应，从而使焊缝金属获得所需的化学成分和力学性能。

（二）焊条电弧焊的特点

1. 设备简单、成本低

焊条电弧焊设备结构简单，便于现场维护、保养和维修；设备轻，便于移动；设备使用、安装方便，操作简单；投资少，成本低。

2. 工艺灵活，适应性强

焊条电弧焊适用于碳素钢、合金钢、不锈钢、铸铁、铜及其合金、铝及其合金、镍及其合金的焊接。可以进行平焊、立焊、横焊和仰焊等多位置焊接，可适用于不同接头型式、焊件厚度、单件产品或批量产品以及复杂结构焊接部位的焊接。对一些不规则的焊缝、不易实现机械化焊接的焊缝以及在狭窄位置等的焊接，焊条电弧焊显得工艺更灵活，适应性更强。

3. 劳动强度高、效率低

焊条电弧焊采用的焊条长度有限，不能连续焊接，所以效率低。由于采用手工操作，工人的劳动条件差，劳动强度大，焊缝的质量在一定程度上取决于焊工的操作技能水平。

（三）焊接电弧

焊条电弧焊是目前工业生产中应用最广泛、最普遍的一种金属熔化焊接方法。

1. 焊接电弧的产生

焊接时,将焊条与焊件接触后迅速分离,在电极与焊件间即刻产生了明亮的电弧。这种由焊接电源供给的,具有一定电压的两电极之间或电极与母材之间,在气体介质中产生强烈而持久的放电现象称为焊接电弧(图 4-2)。焊接电弧是一种通过气体的放电现象,具有把电能转变为热能的作用。电弧发出的光和热被广泛地应用于工业上,焊条电弧焊就是利用电弧放电所产生的热量将焊条和母材熔化,焊条与母材互相熔合,二次冶金后冷凝形成焊缝,从而获得焊接接头。

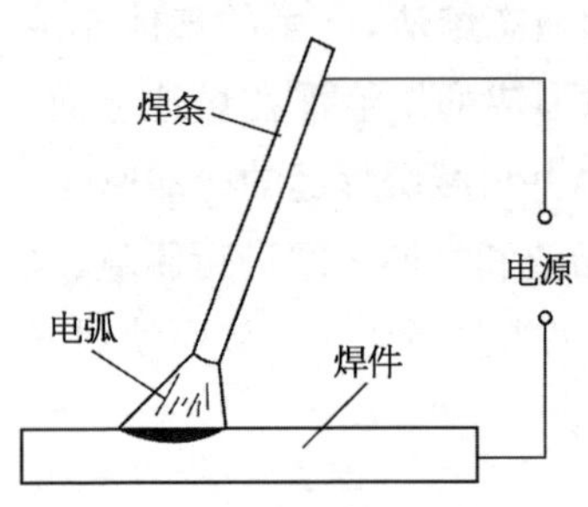

图 4-2　焊条电弧示意图

2. 焊接电弧的性质

电弧具有两个特性,就是放出强烈的光和释放出大量的热。电弧放出的光和热被广泛用于各个领域,如探照灯是利用电弧的光,而电弧焊是利用电弧的热。

焊接电弧的特点是:

(1) 维持电弧燃烧的电压较低,一般为 10～50 V。

(2) 电弧中的电流大,可从几安到几千安。

(3) 温度高,弧柱温度达 5 000～30 000℃,最高可达 50 000℃以上。正是由于弧柱具有如此高的温度,可以用来熔化金属,作为热源应用在焊条电弧焊中。

3. 焊接电弧的构造

焊接电弧是由阴极区、阳极区和弧柱三部分组成。一般焊条电弧焊焊接低碳钢或低合金钢时,电弧阴极区温度约 2 400℃,阳极区温度约 2 600℃,弧柱中心温度达 6 000～8 000℃。

电弧电压由阴极区电压降、阳极区电压降以及弧柱电压降组成。

二、焊条电弧焊设备及工具

（一）焊条电弧焊设备

1. 弧焊电源

弧焊电源是电弧焊设备中的主要部分，是根据电弧放电的规律和弧焊工艺对电弧燃烧状态的要求而供以电能的一种装置，对弧焊电源的要求是：

（1）保证电弧稳定燃烧。

（2）保证焊接电流、电压稳定。

（3）可调节焊接电流、电压。

（4）使用可靠，容易维护，并保证安全。

（5）经济性好。

电弧焊接时，把向电弧供给电能的设备——焊接电源，称为弧焊机。

焊条电弧焊所用弧焊机按电源的种类可分为交流弧焊机和直流弧焊机两大类。弧焊变压器是一种以交流电形式向焊接电弧输送电能的焊接电源。弧焊发电机由三相感应电动机或内燃机与直流焊接发电机组成。弧焊整流器是一种将交流电通过整流转换为直流电的弧焊电源，逆变式弧焊整流器是其中一种形式。

电焊机的分类

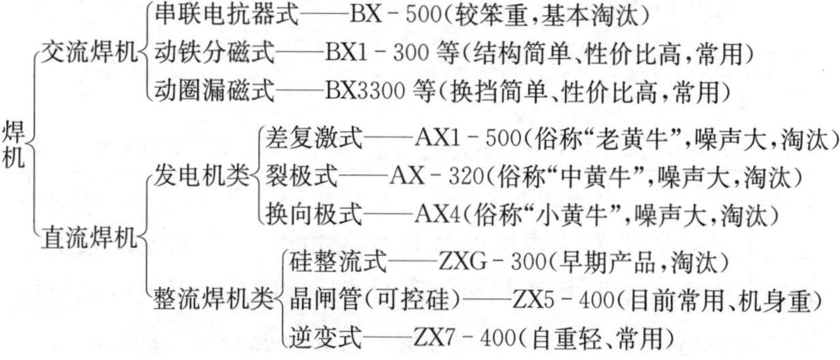

交流电⟶直流电;称整流。

整流方式:机械整流——用于旋转式直流发电机

电子整流——用于整流焊机(目前常用)

直流电⟶交流电;称逆变。

逆变方式:

可控硅(SCR)——逆变频率约1 000～2 000 Hz

场效应管(CMOS)——逆变频率约5 000～6 000 Hz

绝缘栅双极性晶体管(IGBT)——逆变频率约16 000～20 000 Hz

逆变焊机是发展趋势,具有省电、功率大、体积小、重量轻、保护功能齐全等优点。

逆变式直流焊机(焊接主回路)工作原理图如图4-3所示。

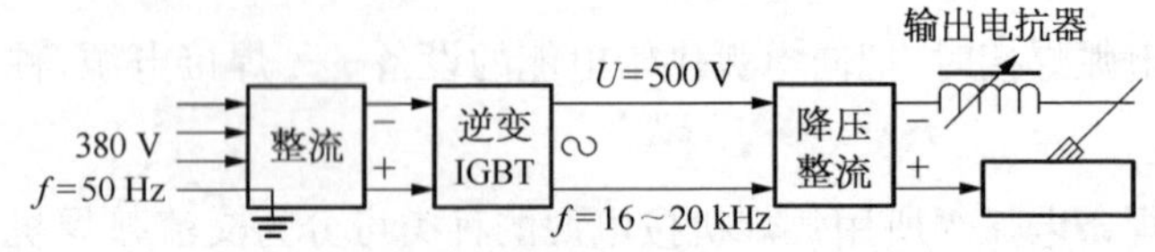

图4-3 逆变式直流焊机(焊接主回路)工作原理

焊条电弧焊的特点包括:① 应用广泛,适用于各种条件下的焊接;② 设备简单,操作方便、灵活;③ 对操作人员的技术要求高,生产效率与其他焊接方法相比略低。

2. 对弧焊电源的基本要求

保证获得优质焊接接头的主要因素之一,是电弧能否稳定地燃烧,而决定电弧稳定燃烧的首要因素就是弧焊电源。对弧焊电源有以下基本要求:

(1) 陡降的外特性。焊接电源在其他参数不变的情况下,其电弧电压与输出电流间的关系称为焊接电源的外特性。用来表示这一关系的曲线,称为焊接电源的外特性曲线。外特性反映了电源的工作情况,也可用于判断电源的使用性能。为保证电弧的稳定燃烧、引弧容易,焊条电弧焊接时对焊接电源外特性的要求必须是下降的(图 4-4)。曲线中的U_0为弧焊机的空载电压,I_a为短路电流。下降的外特性不但能保证电弧稳定燃烧,而且能保证在短路时不会产生过大的短路电流,从而保护弧焊机不被烧坏。

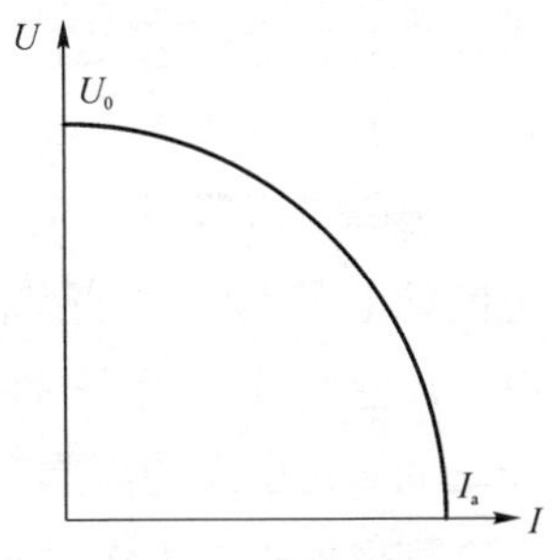

图 4-4 弧焊机的陡降外特性曲线

(2) 适当的空载电压(U_0)。当弧焊机没有负载时,焊接输出电流为零,弧焊机的端电压称为空载电压。为便于引弧,必须具有较高的空载电压,但过高的空载电压将危及焊工的安全。因此,弧焊电源空载电压应在满足工艺要求的前提下,尽可能低一些,目前我国生产的直流弧焊机的空载电压不高于 90 V,交流弧焊机的空载电压不高于 85 V。

(3) 良好的动特性。焊接过程中,电弧总是在不断地变化,弧焊机的输出电压和电流要经过一个过程,才能稳定在外特性曲线上的某一点。弧焊电源的动特性,就是指弧焊电源对焊接电弧这样的动负载所输出的电流和电压对时间的关系,它表示弧焊电源对动态负载瞬间变化的反应能力。动特性良好的弧焊机能在极短的时间内,使输出电压、电流稳定或恢复在外特性曲线上的某一点。通常规定,电压恢复时间不大于 0.05 s。动特性良好的弧焊机,引弧容易,电弧燃烧稳定,电弧突然拉长一些不易熄灭,飞溅少等。

(4) 均匀、灵活的调节特性。焊接时,根据母材的特性、厚度、几何形状、焊条的直径及焊缝位置的不同,需要选择不同的焊接电流。正确地选择焊接电流是保证焊接质量的重要条件之一,因此要求弧焊电源能在较大范围内均匀、灵活地选择合适的电流值。一般最大输出电流为最小输出电流的 5 倍以上。

(5) 限制短路电流特性。过大的短路电流会引起电源设备的发热量剧增,破坏设备的绝缘,同时过大的短路电流还会使熔化金属的飞溅和烧损都加剧。因而必须限制弧焊电源的短路电流,通常规定短路电流不大于工作电流的1.5倍。

3. 弧焊变压器

弧焊变压器即交流弧焊机，是以交流电形式向焊接电弧输送电能的电源，是一种特殊降压变压器。它将220 V或380 V的电源电压降到60～85 V(即交流弧焊机的空载电压不高于85 V)，从而既能满足引弧的需要，又能保证人身安全。焊接时，电压会自动下降到电弧正常工作时所需的工作电压30 V，满足了电弧稳定燃烧的要求。输出电流是交流电，可根据焊接的需要，将电流从几十安调到几百安。它具有结构简单、制造方便、成本低、节省材料、使用可靠和维修容易等优点，缺点是电弧稳定性不如直流弧焊机。目前常用的型号有BX1－400型(图4－5)、BX2－500型等。弧焊变压器常见故障及其排除见表4－1。

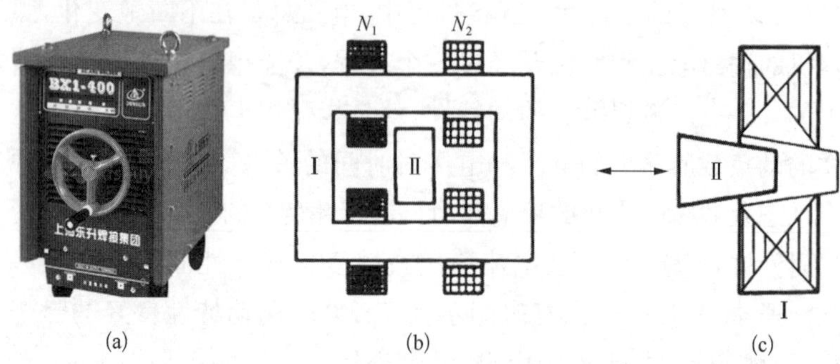

图4－5 动铁芯式弧焊变压器(BX1－400型)外形及结构示意图

(a) 外形；(b) 内部结构；(c) 动铁芯移动示意图

Ⅰ—静铁芯；Ⅱ—铁芯；N_1—初级绕组；N_2—次级绕组

表4－1 弧焊变压器常见故障及其排除

故障	可能产生的原因	排除方法
弧焊变压器过热	(1) 变压器过载 (2) 变压器绕组短路	(1) 减小使用电流 (2) 消除短路处
导线接线处过热	接线处接触电阻过大或接触处螺母太松	将接线松开，用砂纸等将导线接触处清理出金属光泽，旋紧螺母

（续表）

故　障	可能产生的原因	排 除 方 法
焊接电流不稳定	动铁芯在焊接时不稳定	将动铁芯手柄固定或将动铁芯固定
焊接电流过小	(1) 焊接导线过长，电阻大 (2) 焊接导线盘绕起来，使电感增大 (3) 电缆线接头或与工件接触不良	(1) 减小导线长度或增大导线直径 (2) 将导线盘形放开 (3) 使接头处接触良好
焊接输出电流反常（过大或过小）	(1) 电路中起感抗作用的线圈绝缘损坏时，引起电流过大 (2) 铁芯磁回路中由于绝缘损坏产生涡流，引起电流变小	检查电路或磁路中的绝缘情况排除故障

4. 弧焊发电机

弧焊发电机由交流电动机和直流发电机组成，电动机通过带动发电机运转，从而发出满足焊接要求的直流电。其特点是能得到稳定的直流电，因此引弧容易、电弧稳定、焊接质量好，但是有构造复杂、制造和维修较困难、耗电量大、成本高、使用时噪声大等缺点，我国现已停止生产。

弧焊发电机也称直流弧焊机，由三相感应电动机与直流焊接发电机组成。制造时，通常将电动机、焊接发电机装在同一轴上和同一机身内构成电动机-发电机组。

直流焊接发电机的发电原理与一般的直流发电机相同，是建立在电磁感应基础上，但附加了特殊的结构，使其具有陡降的外特性和良好的动特性。按其结构特点可分为差复激式、裂极式、横磁场式等，目前常用的有 AX－320、AX1－500 等。

弧焊发电机常见故障及其排除方法见表 4－2。

表4-2　弧焊发电机常见故障及其排除

故　障	可能产生的原因	排除方法
电动机反转	三相电动机与电网接线错误	三相线中任意两相调换
电动机不启动并发出嗡嗡声	(1) 三相熔丝中某一相熔断 (2) 电动机定子线圈断路	(1) 更换新熔丝 (2) 消除断路处
焊接过程中电流忽大忽小	(1) 电缆与焊件接触不良 (2) 电网电压不稳 (3) 电流调节器可动部分松动 (4) 电刷和铜头接触不良	(1) 使电缆线与焊件接触良好 (2) 固定电流调节器松动部分 (3) 使电刷与铜头接触良好
焊机过热	(1) 焊机过载 (2) 电枢线圈短路 (3) 换向器短路 (4) 换向器脏污	(1) 减小焊接电流 (2) 消除短路处 (3) 清理换向器去除污垢
导线接触处过热	接触处接触电阻过大或接线处螺钉过松	将接线松开,用砂纸等把接触导电处清理出金属光泽,然后旋紧螺母
电刷有花火,随后全部换向片发热	(1) 电刷没磨好 (2) 电刷盒的弹簧压力弱 (3) 电刷在刷盒中跳动或摆动 (4) 电刷架歪曲,超过允差范围或未旋紧 (5) 电刷边直线与换向片边没对准	(1) 研磨电刷,在更换新电刷时,数量不能多于电刷总数的1/3 (2) 调整压力,必要时调整框架 (3) 使电刷与刷盒夹的间隙不超过0.3 mm (4) 修理电刷架 (5) 校正每组电刷,使它与换向片排成一直线
换向器片组大部分发黑	换向器振动	用千分表检查换向器,使摆动不超过0.3 mm

（续表）

故　障	可能产生的原因	排 除 方 法
电刷下有火花且个别换向片有炭迹	换向器分离，即个别换向片凸出或凹下	用细浮石研磨，若无效则用车床车削
一组电刷中个别电刷跳火	(1) 接触不良 (2) 在无火花电刷的刷绳线间接触不良，因此引起相邻电刷过载并跳火	(1) 观察接触表面，松开螺钉，清除污物 (2) 更换不正常的电刷，排除故障
直流焊接发电机极性充反，先是突然无电压，而后极性改变	由于在弧焊机并联使用时，并联不当，各台型号、使用年限及空载电压等的差异，致使其中某台被充上反向剩磁的缘故	将被改变极性的焊机拆出并联回路，用一台正常弧焊机与其相接（正接正，负接负），此时启动正常弧焊机，极性充反焊机成为电动机开始转动，几秒钟即被重新充磁

5. 弧焊整流器

弧焊整流器是通过交流电整流而获得直流电的一种焊接电源，这类焊机由于多采用硅整流元件进行整流，故称为硅整流焊机。与旋转式直流焊机相比，弥补了交流电焊机电弧稳定性不好的缺点。与直流弧焊发电机相比，它没有转动部分，因此具有噪声小、空载耗电少、节省材料、成本低、制造与维修容易等优点。弧焊整流器主要由三相降压变压器、磁饱和电抗器、硅整流器、输出电抗器等部分组成。国产弧焊整流器主要是 ZXG 系列，常用的有 ZXG－300（图 4－6）、ZXG－500 等。

弧焊整流器常见故障及其排除见表 4－3。

6. 逆变弧焊电源

弧焊逆变器也称逆变式弧焊电源，是一种新型的弧焊电源，采用先进的中频技术。它的工作过程为：工频三相 380 V、50 Hz

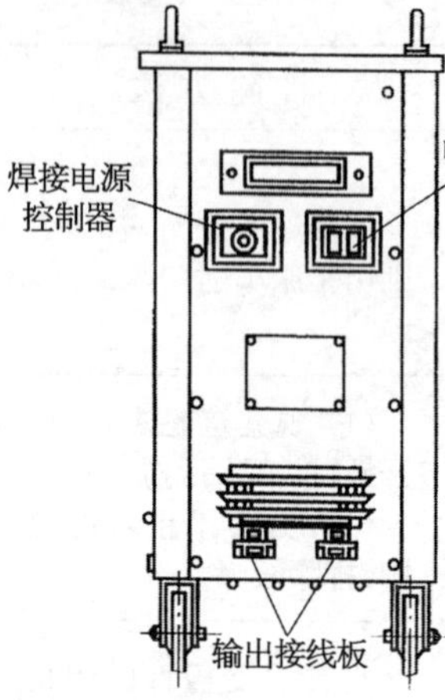

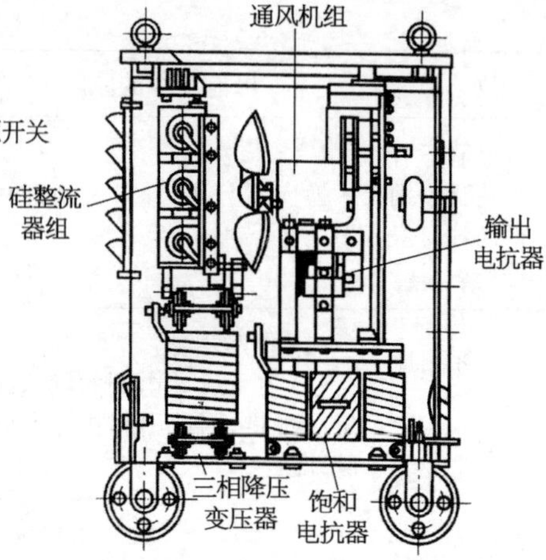

(a) (b)

图 4－6 ZXG－300 型焊机外形及结构示意图

(a) 外形;(b) 结构原理

表 4－3 弧焊整流器常见故障及其排除

故 障	可能产生的原因	排 除 方 法
机壳漏电	(1) 电源线误碰机壳 (2) 变压器、电抗器、风扇及控制线路元件等碰机壳 (3) 未接地线或接地不良	(1) 消除触碰处 (2) 消除触碰处 (3) 接牢接地线
空载电压过低	(1) 电源电压过低 (2) 变压器绕组短路	(1) 调高电源电压 (2) 消除短路
电流调节失灵	(1) 控制绕组短路 (2) 控制回路接触不良 (3) 控制回路元件击穿	(1) 消除短路 (2) 使接触良好 (3) 更换元件
电流不稳定	(1) 主回路接触器抖动 (2) 风压开关抖动 (3) 控制回路接触不良,工作失常	(1) 消除抖动 (2) 消除抖动 (3) 检修控制回路

（续表）

故　障	可能产生的原因	排除方法
工作中焊接电压突然降低	(1) 主回路部门或全部短路 (2) 整流元件击穿短路 (3) 控制回路断路或电位器未调整好	(1) 修复线路 (2) 更换元件，检查保护线路 (3) 检修调整控制回路
风扇电机不转	(1) 熔断器熔断 (2) 电动机引线或绕组断线 (3) 开关接触不良	(1) 更换熔断器 (2) 接妥或修复 (3) 使接触良好
电表无指示	(1) 电表或相应接线短路 (2) 主回路出故障 (3) 磁饱和电抗器和交流绕组断线	(1) 修复电表 (2) 排除故障 (3) 排除故障

的交流电源经工频整流后，送给由快速可控器件组成的逆变器转变为中频交流，再经中频变压器降压，中频整流器整流，经滤波器滤波后输出。在电路中采用反馈控制技术确保输出稳定，并可连续平稳调节直流电压和电流，以满足焊接的需要，其工作原理如图4－7所示，焊机的主回路为交流→直流→交流→直流转换模式。

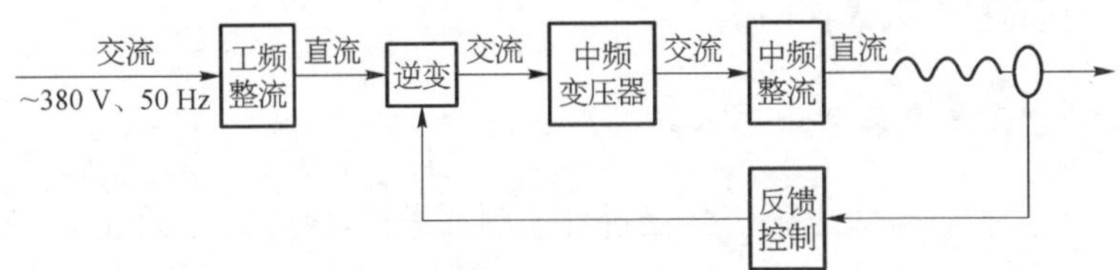

图4－7　弧焊逆变器工作原理

弧焊逆变器的最大特点是有一个直流电变交流电的过程。“逆变”一词是相对整流而言，交流→直流的过程称为整流。反之，直流→交流的过程称为逆变。逆变式弧焊电源按逆变器采用的开关电子器件来分类，可分为晶闸管逆变式、晶体管逆变式、场效应管式和绝缘栅双极晶体管式四种类型。常用的型号有ZX7-160、ZX3-250和ZX7-400。

逆变焊机具有以下显著优点:

(1) 高效节能。弧焊逆变电源的效率可达80%~90%,功率因素可达0.99,空载损耗极小,一般只有几十瓦,节能效果显著。

(2) 重量轻,体积小。中频变压器的重量只有传统式弧焊电源降压变压器的几十分之一,整机重量仅为传统式弧焊电源的10%~20%。

(3) 具有良好的动特性和弧焊工艺性能。

(4) 调节速度快,所有焊接参数均可无级调速。

(5) 过载保护性能好,当过电流、过电压、过热时能起到及时的保护作用。

(6) 具有多种外特性,能适应各种弧焊方法的需要。

(7) 可用微机或单旋钮控制调节。

(8) 维修方便,逆变弧焊电源采用模块化设计,每个模块单元均可方便地拆装下来进行检修,方便维修。

弧焊逆变电源既可用于焊条电弧焊、各种气体保护焊(包括脉冲弧焊、半自动焊)、等离子弧焊、埋弧焊、管状焊丝电弧焊等多种弧焊方法,还可用作机器人弧焊电源。由于金属飞溅少,因而有利于提高机器人焊接的生产率。

(二) 焊条电弧焊工具

为保证焊条电弧焊焊接过程能顺利进行,保障焊工的安全,保证获得较高质量的焊缝,应备有必需的工具和辅助工具。焊条电弧焊工具包括电焊钳、焊接电缆、面罩、护目玻璃、防护服及其他辅助工具。

1. 电焊钳

电焊钳是一种夹持器,焊工用焊钳能夹住和控制焊条,并起着从焊接电缆向焊条传导焊接电流的作用,所以焊钳绝缘必须完好。焊钳分为各种规格,以适应各种标准焊条直径。对电焊钳的一般要求是：导电性能好，重量轻，不易发热，焊条夹持稳固、方便等。

电焊钳有300 A和500 A两种，常用型号为G－352，能安全通过300 A电流，连接焊接电缆的孔径为14 mm，适用焊条直径为2～5 mm。

2. 焊接电缆

焊接电缆是焊接回路的一部分，它的作用是传导电流，一般用多股紫铜软线制成，绝缘性好，必须耐磨和耐擦伤。焊接电缆有多种规格，焊接电缆的选用要根据焊机的容量，选取适当的电缆截面，选用时可参考表4－4。如果焊机距焊接工作点较远，需要较长电缆时，应当加大电缆截面积，使在焊接电缆上的电压降不超过4 V，以保证引弧容易及电弧燃烧稳定。不允许用扁铁搭接或其他办法来代替连接焊接的电缆，以免因接触不良而使回路上的压降过大，造成引弧困难和焊接电弧的不稳定。

表4－4　焊接电缆选用表

最大焊接电流/A	200	300	450	600
焊接电缆截面积/mm^2	25	50	70	95

3. 电焊面罩

面罩的用途是保护焊工面部不受电弧的直接辐射与飞出的火星和飞溅物的伤害，还能减轻烟尘和有害气体等对人体呼吸器官的损伤。面罩有手持式、头戴式及吹风式等形式，焊接时可根据实际情况选用。

4. 护目玻璃

护目玻璃又称黑玻璃，镶嵌在面罩里，用以减弱弧光的强度，吸收大部分红外线和紫外线，来保护焊工眼睛免受弧光的灼伤。可根据焊接电流大小来选择护目玻璃的色号。护目玻璃的色号由浅到深分为7、8、9、10、11、12号，共6种规格。当使用的焊接电流在100～350 A时,一般选用护目玻璃的色号为9号或10号;当焊接电流大于350 A时,焊工选用护目玻璃的色号为11号或12号。

5. 防护服

在焊接过程中往往会从电弧中飞出火花或熔滴,特别是在非平焊位置或采用非常高的焊接电流焊接时,这种飞溅就更加严重。为了避免烧伤,焊工加强个人保护即应穿戴齐全防护用品,如白帆布工作服、绝缘手套、绝缘鞋等。

6. 辅助工具

为了保证焊件的质量,在焊接前,必须将焊件表面上的油垢、锈以及一些其他杂质除掉。在焊接后,保证对焊缝的清理,因此,焊工应备有常用的辅助工具,如焊条保温筒、尖头锤、钢丝刷及凿子等。另外,在清除焊渣时还应戴平光眼镜。

三、常用焊条及焊条电弧焊焊接参数

(一) 焊条

涂有药皮的供焊条电弧焊用的熔化电极称为电焊条,在焊条电弧焊过程中,焊条不仅作为电极,用来传导焊接电流,维持电弧的稳定燃烧,还对熔池起保护作用,又可作为填充金属直接过渡到熔池,与液态母材金属熔合并进行一系列冶金反应,冷却凝固后形成符合力学性能要求的焊缝金属。因此,焊条质量在很大程度上决定焊缝质量。

1. 焊条的组成

焊条由焊芯及药皮(涂层)组成,如图4-8所示。焊条引弧端有45°左右的倒角,焊芯露出端头,通常引弧端涂有引弧剂,以便于引弧。在夹持端有一段裸露的焊芯,约占焊条总长的1/16,以便于焊钳夹持及导电。焊条直径就是指焊芯的直径,常用的有2.5 mm、3.2 mm、4 mm、5 mm等规格,其长度一般在250～450 mm。

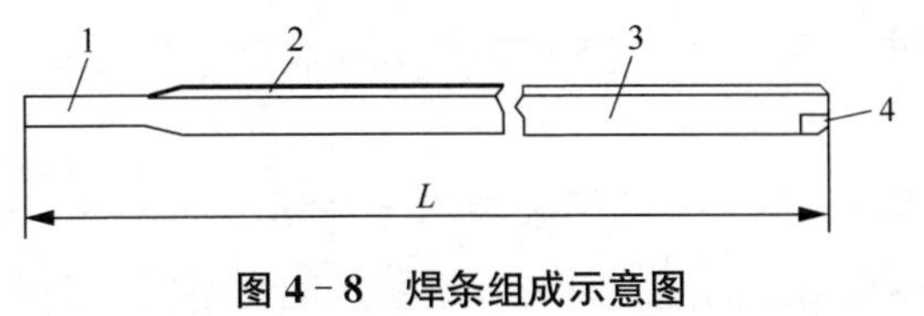

图 4－8　焊条组成示意图

1—夹持端；2—药皮；3—焊芯；4—引弧端

1）焊芯

焊条中被药皮包覆的金属芯称为焊芯。焊芯一般是一根具有一定长度及直径的金属芯。焊接时，焊芯有两个作用：一是传导焊接电流，构成焊接回路产生电弧，把电能转化为热能的作用；二是在电弧高温的作用下，作为填充金属与局部熔化的母材熔合形成熔池，冷却凝固后成为焊缝金属。

2）药皮

焊芯表面的涂层称为药皮。药皮是由多种原料按一定配方均匀混合后涂在焊芯上形成的。焊条的药皮在焊接过程中起着极为重要的作用。若采用无药皮的光焊条焊接，则在焊接过程中，空气中的氧和氮会大量侵入熔化金属，将金属铁和有益元素碳、硅、锰等氧化和氮化，形成各种氧化物和氮化物并残留在焊缝中，造成焊缝夹渣或裂纹，而熔入熔池中的气体可能使焊缝产生大量气孔。这些因素都能使焊缝的力学性能（强度、冲击值等）大大降低，同时使焊缝变脆。此外，采用光焊条焊接，电弧很不稳定，飞溅严重，焊缝成形很差。

2. 焊条的分类

1）按焊条的用途分类

（1）低碳钢和低合金高强度钢焊条（结构钢焊条）。这类焊条的熔敷金属，在自然气候环境中具有一定的力学性能。

（2）钼和铬钼耐热钢焊条。这类焊条的熔敷金属具有不同程度上的高温工作能力。

（3）不锈钢焊条。这类焊条的熔敷金属在常温、高温或低温中具有不同程度的抗大气或腐蚀性介质腐蚀的能力和一定的力学性能。

(4) 堆焊焊条。这类焊条为用于金属表面层堆焊的焊条,其熔敷金属在常温或高温中具有一定程度的耐不同类型磨耗或腐蚀等性能。

(5) 低温钢焊条。这类焊条的熔敷金属在不同的低温介质条件下具有一定的低温工作能力。

(6) 铸铁焊条。这类焊条专用于焊补或焊接铸铁。

(7) 镍及镍合金焊条。这类焊条用于镍及镍合金的连接、焊补或堆焊。某些焊条可用于铸铁焊补、异种金属的焊接。

(8) 铜及铜合金焊条。这类焊条用于铜及铜合金的焊接、焊补或堆焊。某些焊条可用于铸铁焊补、异种金属的焊接。

(9) 铝及铝合金焊条。这类焊条用于铝及铝合金的焊接、焊补或堆焊。

2) 按熔渣性质分类

按熔渣性质可将焊条分为酸性焊条和碱性焊条两大类。

(1) 酸性焊条。其熔渣的成分主要是酸性氧化物(SiO_2、TiO_2、Fe_2O_3)及其他在焊接时易放出氧的物质,药皮里的造气剂为有机物,焊接时产生保护气体。这类焊条药皮里有各种氧化物,具有较强的氧化性,促使合金元素氧化;对铁锈不敏感,焊缝很少产生由氢引起的气孔。酸性熔渣的脱氧不完全,同时不能有效地清除焊缝中的硫、磷等杂质,故焊缝金属的力学性能较低,一般用于焊接低碳钢和普通的钢结构。

(2) 碱性焊条。其熔渣的成分主要是碱性氧化物(如大理石、萤石等),并含有较多的铁合金作为脱氧剂和合金剂,焊接时以大理石($CaCO_3$)分解产生的CO_2作为保护气体。由于焊条的脱氧性能好,合金元素烧损少,焊缝金属合金化效果较好。由于电弧中含氧量低,如遇焊件或焊条存在铁锈和水分时,容易出现氢气孔。在药皮中加入一定量的萤石(CaF_2),在焊接过程中与氢化合生成氟化氢(HF),具有去氢作用。但是萤石不利于电弧的稳定,必须采用直流反极进行焊接。若在药皮中加入稳定电弧的组成物碳酸钾等,便可使用交流电源。碱性熔渣的脱氧较完全,又能有效地消除焊缝金属中的硫,合金元素烧损少,所以焊缝金属的力学性能和抗裂性均较好,可用于合金钢和重要钢结构的焊接。

3) 按焊条性能特征分类

按特殊使用性能而制造的专用焊条,有超低氢焊条、铁粉高效焊条、立向下焊条、重力焊条、水下焊条、打底层焊条、躺焊焊条、抗潮焊条和低尘、低毒焊条等。

3. 焊条的选用

焊接技术的应用范围非常广泛,但是焊条电弧焊仍然是焊接工作中的主要方法。据资料统计,焊条电弧焊的焊条用钢约占焊接材料用钢(包括焊条及各种自动焊丝的总和)的 40%~70%,这充分说明焊条电弧焊在焊接工作中占有重要地位。

焊条电弧焊时,焊条既作为电极,在焊条熔化后又作为填充金属直接过渡到熔池,与液态的母材熔合后形成焊缝。因此,焊条不但影响电弧的稳定性,而且直接影响到焊缝金属的化学成分和机械性能。但是焊条的种类很多,各有其应用范围,使用是否恰当对焊缝质量、产品成本及劳动生产率都有很大影响。通常应根据组成焊接结构钢材的化学成分、力学性能、焊接性、工作环境(有无腐蚀介质、高温或低温)等要求,以及从焊接结构的形状(刚性大小)、受力情况和焊接设备(是否有直流电焊机)等方面考虑,决定选用哪种焊条。

在选用焊条时应注意下列原则:

1) 根据被焊材料的力学性能和化学成分

低碳钢、中碳钢和低合金钢可按其强度等级来选用相应强度的焊条,如在焊接结构刚性大、受力情况复杂时,则不要求焊缝与母材等强。这样,焊后可保证焊缝既有一定的强度,又能得到满意的塑性,以避免因结构刚性过大而使焊缝撕裂。但遇到焊后要进行回火处理的焊件,则应防止焊缝强度过低和焊缝中应有的合金元素含量达不到要求。

在焊条的强度确定后再决定选用酸性还是碱性焊条时,主要取决于焊接结构具体形状的复杂性、钢材厚度的大小(即刚性的大小)、焊件载荷的情况(静载还是动载)和钢材的抗裂性以及得到直流电源的难易等。一般来说,对于塑性、冲击韧性和抗裂性能要求较高以及在低温条件下工作的焊缝都应选用碱性焊条。当受某种条件限制而无法清理低碳钢焊件坡口处的铁锈、油污和氧化皮等脏物时,应选用对铁锈、油污和氧化皮敏感性小、抗气孔性能较强的酸性焊条。

异种钢的焊接如低碳钢与低合金钢、不同强度等级的低合金钢焊接,一般选用与较低强度等级母材相匹配的焊条。

2) 根据被焊材料工作条件及使用性能

对于工作环境有特定要求的焊件,应选用相应的焊条,如低温钢焊条、水下焊条等。珠光体耐热钢一般选用与钢材化学成分相似的焊条,或根据焊件的工作温度来选取。

3) 考虑简化工艺、提高生产率和降低成本

薄板焊接或点焊宜采用E4303焊条,焊件不易烧穿且易引弧。在满足焊件使用性能和焊条操作性能的前提下,应选用直径粗、效率高的焊条。在使用性能基本相同时,应尽量选择价格较低的焊条,降低焊接生产的成本。焊条除根据上述原则选用外,有时为了保证焊件的质量,还需通过试验来最后确定。又为了保障焊工的身体健康,在允许的情况下应尽量多采用酸性焊条。

(二) 焊条电弧焊焊接参数

焊接参数是指焊接时,为保证焊接质量而选定的诸物理量的总称。焊条电弧焊的焊接参数主要有焊条直径、焊接电流、电弧电压、焊接速度等。

由于焊接设备条件与焊工操作习惯等因素不同,所以焊条电

弧焊参数在选用时需根据具体情况灵活应用。有些重要结构的焊接参数需通过工艺评定来确定,以保证焊接质量。

1. 焊条直径的选择

焊条直径的选择主要取决于焊件厚度、接头形式、焊缝位置及焊接层次等因素。在不影响焊接质量的前提下,为了提高劳动生产率,一般倾向于选择较大直径的焊条。

厚度较大的焊件,应选用较大直径的焊条。平焊时,所用焊条的直径可大些;立焊时,所用焊条的直径最大不超过 5 mm;横焊和仰焊时,所用焊条的直径一般不超过 4 mm。在多层焊时,为了防止产生根部未焊透的缺陷,第一层焊道应采用直径较小的焊条进行焊接,后面各层可以根据焊件厚度选用相应较大直径的焊条。

2. 焊接电流的选择

焊接电流的大小,对焊接质量及效率有较大影响。电流过小,电弧不稳定,易造成夹渣和未焊透等缺陷,而且生产效率低;电流过大,容易产生咬边和烧穿等缺陷,同时飞溅增大。因此,焊条电弧焊焊接时,焊接电流的选用要适当。

焊接电流的大小,主要根据焊条类型、焊条直径、焊件厚度、接头形式、焊缝空间位置及焊接层次等因素来决定。其中,最主要的因素是焊条直径和焊缝空间位置。在使用一般结构钢焊条时,焊接电流大小与焊条直径的关系可用以下经验公式进行试选:

$$I = kd$$

式中 I——焊接电流(A);

d——焊条直径(mm);

k——与焊条直径有关的系数(选用见表 4-5)。

表 4-5 不同焊条直径时的 k 值

d/mm	1.6	2～2.5	3.2	4～6
k	15～25	20～30	30～40	40～50

根据焊缝的空间位置不同,焊接电流选用的大小也不同。一般,立焊电流选用应比平焊时小15%～20%;横焊、仰焊比平焊电流小10%～15%。焊接厚度大,往往取电流的上限值。

含合金元素较多的合金钢焊条,一般电阻较大,热膨胀系数大,焊接过程中电流大,焊条易发红,造成药皮过早脱落,影响焊接质量,而且合金元素烧损多,因此焊接电流相应减小。

3. 电弧电压的选择

电弧电压由电弧长度来决定。电弧长,则电弧电压高;电弧短,则电弧电压低。在焊接过程中,电弧不宜过长,否则会出现电弧燃烧不稳定,增加飞溅,减小熔透程度及易产生咬边等缺陷,而且还易使焊缝产生气孔。因此,要求电弧长度小于或等于焊条直径,即短弧焊。在使用酸性焊条焊接时,为了预热待焊部位或降低熔池温度,有时将电弧稍微拉长进行焊接,即所谓的长弧焊。

4. 焊接速度

焊接速度就是指焊接时,单位时间内完成的焊缝长度。它直接影响焊接生产率,应在保证焊缝质量的基础上采用较大的焊条直径和焊接电流,同时根据具体情况适当加大焊接速度,以保证在获得焊缝的高低和宽窄一致的情况下,提高焊接生产率。

四、焊条电弧焊安全操作技术

焊条电弧焊是用电弧产生的热量对金属进行热加工的一种工艺方法。在电弧焊接过程中,所使用的弧焊机、电焊钳、导线以及工件均是带电体。弧焊机的空载电压一般在55～90 V,而人体所能承受的安全电压为30～45 V,焊条电弧焊焊接设备的空载电压高于人体所能承受的安全电压,所以操作人员在更换焊条时,有可能发生触电事故。尤其在容器和管道内操作,四周都是金属导体,触电危险性更大。因此焊条电弧焊操作者在操作时应戴手套,穿绝缘鞋。

焊接电弧弧柱中心的温度高达 6 000～8 000℃。焊条电弧焊时，焊条、焊件和药皮在电弧高温作用下，发生蒸发，凝结成雾珠，产生大量烟尘。同时，电弧周围的空气在弧光强烈辐射作用下，还会产生臭氧、氮氧化物等有毒气体，在通风不良的情况下，长期接触会引起危害焊工健康的多种疾病，因此焊接环境应通风良好。

焊接时人体直接受到弧光辐射、强紫外线辐射和红外线烘烤，光辐射容易引发焊接作业者眼睛和皮肤的疾病，因此作业者在操作时应戴防护面具和穿工作服。

焊条电弧焊操作过程中，由于电焊机线路故障或者飞溅物引燃易燃易爆品，以及燃料容器管道补焊时防爆措施不当等，都会引起爆炸和火灾事故。

（一）焊条电弧焊的操作

焊条电弧焊最基本的操作是引弧、运条和收尾。

引弧即产生电弧。引弧的方法有两种：直击法和擦划法。

直击法，先将焊条末端对准焊缝，然后将手腕前倾，轻轻碰一下焊件，随后将焊条提起 2～4 mm，产生电弧后迅速将手腕扳平，使弧长保持在所用焊条的直径相适应的范围内。

划擦法，也称摩擦法，动作似划火柴，先将焊条末端对准焊缝，然后将手腕扭转一下，使焊条在焊件表面上轻微划擦，划擦长度约为 20 mm，并应落在焊缝范围内，然后手腕扭平，并将焊条提起 2～4 mm，电弧引燃后应立即使弧长保持在所用焊条的直径相适应的范围内。

焊条的运动称为运条。电弧引燃后，就开始正常的焊接过程。为获得良好的焊缝，焊条必须不断地运动。运条由三个基本运动合成，分别是焊条的送进运动、焊条的横向摆动运动和焊条的沿焊缝移动运动。

在中断电弧和结束焊接前，做好焊条收尾。应把收尾处的弧坑填满,若收尾时立即拉断电弧,则会形成比焊件表面低的弧坑。收尾不当时,在弧坑处常出现裂纹、气孔、夹渣等现象,因此焊缝完成时的收尾动作即要电弧熄灭,又需填满弧坑。

(二)焊条电弧焊的安全操作技术

(1)在焊接作业点10 m内,不得有易燃易爆物。

(2)电焊机必须装有独立的专用电源开关,其容量应符合要求。当焊机超负荷时,应能自动切断电源。禁止多台焊机共用一个电源开关。

(3)焊接电缆和焊钳绝缘要良好,弧焊机外壳应设有良好的保护接地(接零)装置,并应有明显的接地(接零)标志。

(4)弧焊机的电源输入线及二次侧输出线的接线柱必须要有完好的隔离防护罩等,且接线柱应牢固不松动。

(5)弧焊机应放置在干燥通风处,不准靠近高热及易燃易爆危险的环境。

(6)使用插头插座连接的焊机,插销孔的接线端应用绝缘板隔离,并装在绝缘板平面内。

(7)每半年应进行一次电焊机维修保养。当发生故障时,应立即切断焊机电源,及时进行检修。

(8)焊接电缆采取整根的,中间不应有接头。如需接长则接头不宜超过2个。接头应用纯铜导体制成,并且连接要牢靠,绝缘要良好,可采用KDJ系列电缆快速接头。

(9)焊接电缆的绝缘应定期进行检验,一般为每半年检查一次。

(10)雨天禁止露天作业,禁止用建筑物金属构架和设备等作为焊接电源回路。

(11)焊接作业过程中禁止乱抛焊条头(特别是高空作业时)。

(12)在油库、油品室、乙炔站、喷漆室等有爆炸性混合气体的场所,严禁焊接作业。

第二节 氩弧焊

一、氩弧焊概述

氩弧焊就是使用氩气作为保护气体的气体保护焊。

(一) 氩弧焊的原理

它是利用从焊枪喷嘴中喷出的层流状氩气流，在电弧区域形成严密封闭的气层，使电极和填充金属及液态金属熔池与空气隔绝，以防止空气的侵入，同时利用电弧的热量来熔化母材和填充金属，待液态金属熔池凝固后形成焊缝的一种焊接方法。

由于氩气是一种惰性气体，不与金属起化学反应，所以不会使被焊金属中的合金元素烧损，能充分保护金属熔池不被氧化。又因氩气在高温时不溶于液态金属中，所以焊缝不易引起气孔。因此引起的保护作用是有效和可靠的，通过氩弧焊焊接可获得较高质量的焊缝。

如图 4－9 所示为氩弧焊工作原理示意图。

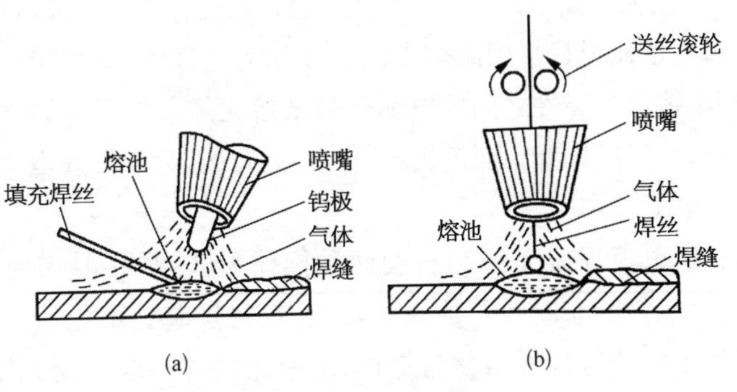

图 4－9　氩弧焊示意图

(a) 非熔化极(钨极)氩弧焊；(b) 熔化极氩弧焊

(二)氩弧焊的特点

氩弧焊与其他焊接方法相比,氩弧焊具有以下特点:

(1) 明弧操作,容易控制。电弧和熔池的可见性好,焊接过程中可根据熔池情况随时调节焊接热输入,以确保焊接质量,便于实现单面焊双面成形。

(2) 焊接热影响区小。电弧在保护气流压缩下热量集中,焊接速度较快,熔池较小,保护气体对焊缝具有一定的冷却作用,使焊缝热影响区狭窄,焊件焊后变形小,尤其适用于薄板焊接。

(3) 氩气的保护性能好,可焊的材料范围广。可以焊接化学性质活泼和易形成高熔点氧化膜的镁、铝、钛及其合金。且没有熔渣或很少有熔渣,焊接基本上不需清渣。

(4) 有利于焊接过程的机械化和自动化,特别是空间位置的机械化焊接。

(三)氩弧焊的分类

氩弧焊按照电极的不同分为非熔化极氩弧焊和熔化极氩弧焊两种。

1. 钨极氩弧焊(TIG)

钨极氩弧焊采用手工操作方法,通常也称为手工钨极氩弧焊。

钨极氩弧焊是采用高熔点的钨棒作为电极,在氩气层流保护下,利用钨极与焊件之间的电弧热量来熔化加入的填充焊丝和基本金属,以形成焊缝。而钨极本身是不熔化的,只起发射电子产生和维持电弧的作用。

钨极氩弧焊有手工和自动两种操作形式,焊接时需要另外加入填充焊丝,有时也不加填充焊丝,仅将接缝处熔化后形成焊缝。为了防止钨极的熔化与烧损,所使用的焊接电流受到限制,因此电弧功率较小,熔深也受到影响,只适用于薄板和打底焊的焊接。

2. 熔化极氩弧焊(MIG)

熔化极氩弧焊一般采用半自动或自动的操作方法。

熔化极氩弧焊是采用焊丝作为电极,电弧在焊丝与焊件之间燃烧,同时处于氩气层流的保护下,焊丝以一定速度连续给送,并不断熔化形成熔滴过渡到熔池中去,液态金属熔池冷却凝固后形成焊缝。其操作形式有半自动和自动两种。

熔化极氩弧焊的熔滴过渡过程,多采用射流过渡的形式。因为在氩气气氛中,所需的临界电流值较低,所以容易实现熔滴的射流过渡,与其他形式的熔滴过渡相比,具有焊接过渡过程稳定、飞溅小、熔深大及焊缝成形好等特点。此外,由于电极是焊丝,焊接电流可以增大,因此电弧功率大,可用于中厚板的焊接。

3. 脉冲氩弧焊

脉冲氩弧焊又分为钨极脉冲氩弧焊和熔化极脉冲氩弧焊。

钨极脉冲氩弧焊和熔化极脉冲氩弧焊是目前推广应用及发展的一项新工艺方法。与普通氩弧焊的根本区别是采用脉冲焊接电流,脉冲氩弧焊电源的基本原理如图 4-10 所示。从图中可看到,它由两个电源并联组成,同时接到电极(或焊丝)与焊件上,其中Ⅰ是维弧电源,由一台普通的直流电源提供基本电流,其电流值很

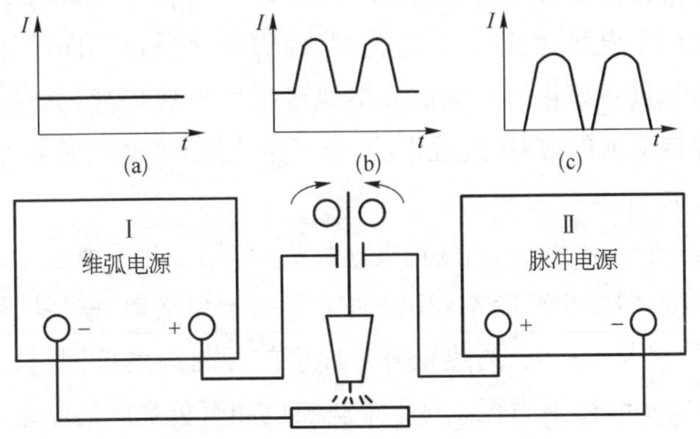

图 4-10　脉冲氩弧焊电源示意图

(a) 基本电流;(b) 脉冲焊接电流;(c) 脉冲电流

小。只要维持电弧稳定燃烧即可,仅对电极(或焊丝)与焊件起着预热作用。脉冲电源Ⅱ的作用是提供一个脉冲电流,用来熔化金属,在焊接时作为主要热源。

在焊接过程中,基本电流和脉冲电流相叠加,就可以得到脉冲焊接电流。由脉冲焊接电流完成的连续焊缝,实际上是由许多焊点搭接而成的。高值电流(脉冲电流)时,形成熔化焊点;低值电流(基本电流)时,焊点凝固成形。同时,通过对脉冲电流、基本电流的调节和控制,可达到对焊缝热输入量的控制,从而控制了焊缝的尺寸和质量。因此,在保证足够焊透能力的前提下,可以调节焊接线能量及焊缝高温停留时间,适用于各种可焊性较差材料的焊接,可减少裂缝倾向。还有,对各种焊接位置有较强的适应能力,适用于全位置、单面焊双面成形焊接。此外,容易克服焊缝下塌缺陷,提高抗烧穿能力,特别适合焊接很薄的板材。

(四) 区别与应用

1. 熔化极氩弧焊和非熔化极氩弧焊(钨极氩弧焊)的区别

熔化极氩弧焊是焊丝做电极,并被不断熔化填入熔池,冷凝后形成焊缝,有轻微的金属飞溅。

非熔化极氩弧焊(钨极氩弧焊)在焊接过程中,钨极作为电极与熔池产生电弧,钨极是不熔化的,而焊丝是通过侧向添加后,利用电弧热量将熔化的焊丝送入熔池冷凝后形成焊缝,其过程是不经过焊接电流的,焊接过程平静,不产生飞溅,焊道成形美观。

2. 应用

(1) 非熔化极氩弧焊(钨极氩弧焊)可用于几乎所有金属及合金的焊接,但由于其成本较高,通常多用于焊接铝、镁、钛、铜等有色金属,以及不锈钢、耐热钢等。焊接的板材厚度范围,从生产率考虑以3 mm以下为宜。对于某些黑色和有色金属的厚壁重要构件(如压力容器及管道),在根部熔透焊道焊接、全位置焊接和窄间隙焊接时,为了保证较高的焊接质量,有时也采用非熔化极氩弧焊

（钨极氩弧焊）。

（2）熔化极氩弧焊的焊丝通过丝轮送进、导电嘴导电，在母材与焊丝之间产生电弧，使焊丝和母材熔化，并用惰性气体氩气保护电弧和熔融金属来进行焊接。

（3）随着熔化极氩弧焊的技术应用发展，保护气体已由单一的氩气推广至多种混合气体，如以氩气或氦气为保护气时称为熔化极惰性气体保护电弧焊（国际上简称“MIG 焊”）；以惰性气体与氧化性气体（$Ar+CO_2$）混合气为保护气体时，或以 CO_2 或 CO_2+O_2 混合气为保护气时，统称为熔化极活性气体保护电弧焊（国际上简称“MAG 焊”）。

从其操作方式看，目前应用最广的是半自动熔化极氩弧焊和富氩混合气保护焊，其次是自动熔化极氩弧焊。MIG 焊适用于铝及铝合金、不锈钢等材料中、厚板焊接；MAG 焊适用于碳钢、合金钢和不锈钢等黑色金属材料的全位置焊接。

二、氩弧焊设备及工具

手工钨极氩弧焊设备包括弧焊电源、控制系统、焊枪、供气系统及供水系统等部分。熔化极氩弧焊设备在上述设备的基础上，增加送丝及行走机构，如图 4－11 所示。

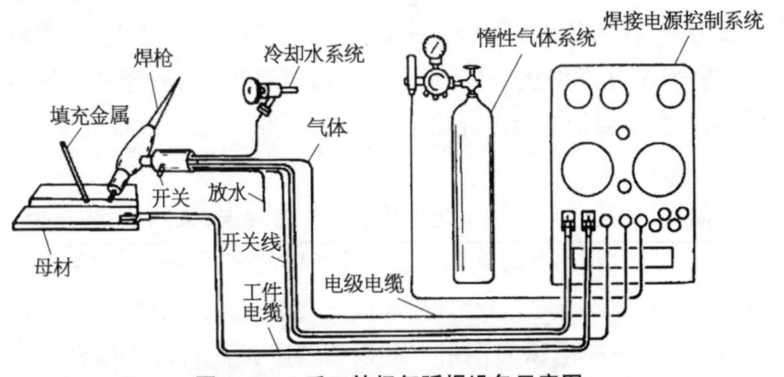

图 4－11　手工钨极氩弧焊设备示意图

(一)氩弧焊的电源

钨极氩弧焊要求采用具有陡降或恒流外特性的电源,以减小或排除因弧长变化而引起的电流波动。钨极气体保护焊使用的电流种类可分为直流正接、直流反接及交流三种,它们的特点见表4-6。

表4-6 各种电流钨极惰性气体保护焊的特点

电流种类	直流正接(工件接正)	交流(对称的)
两极热量比例(近似)	工件70% 钨极30%	工件50% 钨极50%
熔深特点	深、窄	中等
钨极许用电流	最大	较大
阴极清理作用	无	有(工件为负的半周时)
适用材料	除铝、镁合金,铝青铜外,其余金属	铝、镁合金,铝青铜等

1. 直流钨极氩弧焊

直流钨极氩弧焊时,阳极的发热量远大于阴极。所以,用直流正接焊接时,钨极因发热量小,不易过热,同样大小直径的钨极可以采用较大的电流,工件发热量大,熔深大,生产率高。而且,由于钨极为阴极,热电子发射能力强,电弧稳定而集中。因此,大多数金属宜采用直流正接焊接。反之,直流反接时,钨极容易过热熔化,同样大小直径的钨极许用电流要小得多,且熔深浅而宽,一般不推荐使用。

铝、镁及其合金和易氧化的铜合金(铝青铜、铍铜等)焊接时,可形成一层致密的高熔点氧化膜覆盖在熔池表面和焊口边缘。该氧化膜如不及时清除,就会妨碍焊接正常进行。当工件为负极时,其表面氧化膜在电弧的作用下可以被清除掉而获得表面光亮美观、成形良好的焊缝。这是因为金属氧化膜逸出功小,易发射电子，阴极斑点总是优先在氧化膜处形成，在质量很大的氩正离子的高速撞击下，表面氧化膜破坏、分解，而被清除掉，这就是"阴极清理作用"。

为了同时兼顾阴极清理作用和两极发热量的合理分配，对于铝、镁、铝青铜等金属和合金，一般都采用同时具有正接和反接特点的交流钨极氩弧焊。

2. 交流钨极氩弧焊

交流电源主要用于焊接铝、镁及其合金和铝青铜，其特点是负半波（工件为负）时，有阴极清理作用，正半波（工件为正）时，钨极因发热量低，得到一个冷却作用，使钨极不易熔化，同样大小的钨极可比直流反接的许用电流大得多。

交流钨极氩弧焊的主要问题是直流分量和电弧稳定性问题。

3. 引弧及稳弧装置

TIG 焊接开始时，可采用下列方法引燃电弧：

(1) 短路引弧。依靠钨极和引弧板或碳块接触引弧。其缺点是引弧时钨极损耗较大，端部形状容易被破坏，应尽量少用。

(2) 高频引弧。利用高频振荡器产生的高频高压击穿钨极与工件之间的间隙（3 mm 左右）而引燃电弧。高频振荡器一般用于焊接开始时的引弧。交流钨极氩弧焊时，引弧后继续接通也可在焊接过程中起稳弧作用。高频振荡器主要由电容与电感组成振荡回路，振荡是衰减的，每次仅能维持 2～6 ms。电源为正弦波时，每半周振荡一次。

(3) 高压脉冲引弧。在钨极与工件之间加一高压脉冲，使两极间气体介质电离而引弧。利用高压脉冲引弧是一种较好的引弧方法。在交流钨极氩弧焊时，往往是既用高压脉冲引弧，又用高压脉冲稳弧。引弧和稳弧脉冲由共用的主电路产生，但有各自的触发电路。该电路的设计能保证空载时，只有引弧脉冲，而不产生稳弧脉冲；电弧一旦引燃，即产生稳弧脉冲，而引弧脉冲自动消失。

4. 直流分量的成因及消除

1) 直流分量产生原因

交流TIG焊的直流分量在交流TIG焊接过程中,当电流波形不对称时,在焊接电路上将出现直流分量现象,又称整流现象。凡是电极和母材的电、热物理性能以及几何尺寸等方面存在差异,都有这种现象,这是由于交流电弧两端的电压在正、负半周期中对电流流动的阻力不相等而引起的。在焊接铝、镁及其合金情况下,当正半波时,钨极为阴极,电子热发射强,引弧电压低,引燃容易,电流大,导电时间长,负半波时则相反,焊件为阴极,散热快,其电子热发射弱,引弧困难,需高的电压,电流小而导电时间短。于是在交流电路中就出现了直流分量。

焊件的热导率愈高,这种现象愈严重。焊接回路上因负半波(焊件为阴极时)电流小,导电时间短而产生的直流分量。其结果就削弱了阴极清洗作用,而且这种波形不对称,也使弧焊变压器的工作条件变坏,电弧燃烧不稳定。故用交流电源焊接像铝、镁等热导率高的金属时,须设法消除直流分量的不利影响。

2) 消除直流分量的方法

(1) 串接蓄电池。蓄电池笨重,体积大,维护麻烦。

(2) 串接整流器和电阻。装置简单,体积小,能耗增加。

(3) 串接电容器。可完全消除直流分量,使用方便,维护简单,应用广泛。

完全消除直流分量后,焊接电流波形变成对称,阴极清洗作用得到加强。但同时两极发热量随之变化,焊件发热量减小,钨极发热量增大,同样大小直径的钨极的载流能力(许用电流)将降低。

(二) 焊接程序控制系统

焊接程序控制装置应满足如下要求:

(1) 焊前提前1.5~4 s输送保护气体,以驱赶管内空气及焊接区域的空气。

(2) 焊后延迟 5～15 s 停气，以保护尚未冷却的钨极和熔池。

(3) 自动接通和切断引弧和稳弧电路。

(4) 控制电源的通断。

(5) 焊接结束前电流自动衰减，以消除缩孔和防止弧坑开裂，对于环缝焊接及热裂纹敏感材料，尤其重要。

（三）焊枪

焊枪的作用是夹持钨极、传导焊接电流和输送保护气。它应满足下列要求：

(1) 保护气流具有良好的流动状态和一定的挺度，以获得可靠的保护。

(2) 有良好的导电性能。

(3) 充分的冷却，以保证持久工作。

(4) 喷嘴与钨极间绝缘良好，以免喷嘴和焊件接触时产生短路、打弧。

(5) 重量轻，结构紧凑，可达性好，装拆维修方便。

焊枪分气冷式和水冷式两种，前者用于小电流(不大于 100 A)焊接。喷嘴的材料有陶瓷、纯铜和石英三种。高温陶瓷喷嘴既绝缘又耐热，应用广泛，但通常焊接电流不能超过 350 A。纯铜喷嘴使用电流可达 500 A，需用绝缘套将喷嘴和导电部分隔离。石英喷嘴较贵，但焊接时可见度好。

（四）供气系统和水冷系统

(1) 供气系统。由高压气瓶、减压阀、浮子流量计和电磁气阀组成。减压阀将高压气瓶中的气体压力降至焊接所要求的压力，流量计用来调节和测量气体的流量，电磁阀以电信号控制气流的通断。有时将流量计和减压阀做成一体，成为组合式。

(2) 水冷系统。许用电流大于 100 A 的焊枪一般为水冷式，用水冷却焊枪和钨极。对于手工水冷式焊枪，通常将焊接电缆装入通水软管中做成水冷电缆，这样可大大提高电流密度，减轻电缆重量，使焊枪更轻便。有时水路中还接入水压开关，保证冷却水接通并有一定压力后才能启动焊机。

三、钨极和保护气体

(一) 钨极

钨极是钨极氩弧焊的电极材料，对电弧稳定性和焊缝质量有很大影响。通常要求钨极具有电流容量大、施焊损耗小、引弧和稳弧性能好的特征，这主要取决于钨极的电子发射能力大小。

纯钨的熔点为3 390～3 430℃，沸点约为5 900℃，因此不容易熔化和蒸发。适合作为不熔化电极材料，常用的有纯钨极、钍钨极和铈钨极三种。纯钨极熔点和沸点都很高，缺点是要求空载电压较高，承载电流能力较小。钍钨极加入了氧化钍，可降低空载电压，改善引弧稳弧性能，增大许用电流范围，但有微量放射性。铈钨极是在纯钨中加入2%的氧化铈，比钍钨极更易引弧，许用电流比同规格的钍钨极大10%，更小的钨极损耗，放射剂量也低得多，因此是一种理想的电极材料。

(二) 保护气体

钨极氩弧焊中主要保护气体是氩气，氩气是一种理想的保护气体。在惰性气体中，氩气在空气中所占的比例最多，按体积约占空气的0.93%。氩气比空气重25%，通常是液态空气制氧时的副产品。各种金属材料焊接时，对氩气纯度有不同的要求。化学性质活泼的金属和合金对氩气纯度要求更高。如果氩气中含一定量的氧、氮、二氧化碳和水分等，将会降低氩气的保护性能，对焊接质量造成不良影响。目前生产的氩气纯度达到99.99%，所以能够满足氩弧焊的工艺要求。

四、钨极氩弧焊焊接工艺

（一）焊前清理

氩弧焊时，必须对被焊工件的接缝附近及填充焊丝进行焊前清理，去除金属表面的氧化膜、油脂和水分等杂质，以确保焊接质量。清理方法随被焊工件的材质不同而不同，现将常用的方法简介如下。

1. 机械清理

机械清理较简单，而且效果好。通常对不锈钢焊件可用砂布打磨；铝合金焊件可用钢丝刷或电动钢丝轮（采用直径小于 0.15 mm 的不锈钢丝或直径小于 0.1 mm 的钢丝）及用刮刀刮。主要是清除焊件表面的氧化膜，机械清理后，可用丙酮去除油垢。

2. 化学清理

对于铝、钛、镁及其合金在焊前可进行化学清理。

3. 化学-机械清理

大型焊件采用化学清理往往不够彻底，因而在焊前还需要用钢丝轮或刮刀再清理一下接缝的边缘。

此外，清理后的焊件与填充焊丝必须保持清洁，严禁再粘上油垢，并要求清理后立即进行焊接。

（二）焊接工艺参数的选择

手工钨极氩弧焊的焊接参数主要有焊接电流、焊接电压、氩气流量、喷嘴直径、电极伸出长度、填充焊丝直径、钨极直径、接头坡口形式、焊缝层数、焊缝道数及预热温度等。选择时应根据不同的被焊金属、焊件厚度和结构形式等因素加以综合考虑。

1. 焊接电流与钨极直径

一般根据工件材料选择电流种类，焊接电流大小是决定焊缝熔深的最主要参数，它主要根据工件材料、厚度、接头形式、焊接位置,有时还考虑焊工技术水平(手工焊时)等因素选择。

焊接电流是钨极氩弧焊中最主要的工艺参数,主要根据焊件厚度和钨极直径大小来选择,因为钨极的直径决定了焊枪的结构尺寸、质量和冷却形式,直接影响焊工的劳动条件和焊接质量。因此,必须根据焊接电流,选择合适的钨极直径。

如果钨极较粗,焊接电流很小,由于电流密度低,钨极端部温度不够,电弧会在钨极端部不规则地漂移,电弧很不稳定,破坏了保护区,熔池被氧化。

当焊接电流超过了钨极直径的许用电流时,由于电流密度太高,钨极端部温度达到或超过钨极的熔点,可看到钨极端部出现熔化迹象,端部很亮,当电流继续增大时,不仅钨极烧损严重,而且熔化了的钨极在端部形成一个小尖状凸起,逐渐变大形成熔滴,电弧随熔滴尖端漂移,很不稳定,这不仅破坏了氩气保护区,使熔池被氧化,焊缝成形不好,而且熔化的钨滴落入熔池后将产生夹钨缺陷。

当焊接电流合适时,电弧很稳定。

表4-7给出了不同直径钨极的许用电流值。

表4-7 不同直径钨极的许用电流值 (A)

钨棒类型	钨极直径(mm)						
	1.0	1.6	2.0	2.4	3.2	4.0	5.0
纯钨极	20~60	40~100	60~150	130~230	160~310	275~450	400~625
钍钨极	15~75	70~150	100~200	170~250	225~330	350~480	500~675
铈钨极	20~75	50~160	100~200	170~250	225~330	350~480	500~675

从表4-7中可看出:同一种直径的钨极选用的钨极材料不同时,允许使用的电流范围也不同。

当电流种类和大小变化时,为了保持电弧稳定,应将钨极端部磨成不同形状,如图4-12所示。

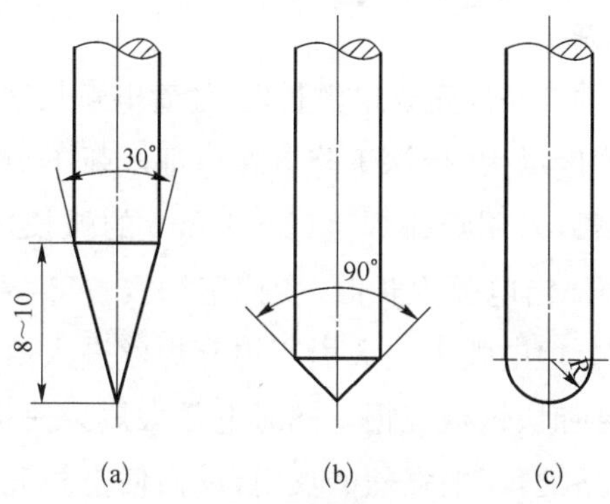

图 4-12 常用钨极端头的几何形状

(a) 小电流;(b) 大电流;(c) 交流电

一般在焊接薄板和焊接电流小时可用小直径的钨极并将其末端磨成尖锥角,这样电弧易引燃和稳定。但在焊接电流较大时仍用尖锥形会因电流密度太大而使末端过热、熔化烧损,电弧斑点也会扩展到钨极末端的锥面上,使弧柱明显地扩散、飘荡不稳定而影响焊缝成形。因此,在大电流焊接时要求钨极末端磨成钝锥角或带有平顶的锥形,可以使电弧斑点稳定,弧柱扩散减小,对焊件的加热集中,焊缝成形良好。

钨极末端呈平顶锥形,钨极直径与锥形平顶直径之间的关系为

$$L=(2\sim 4)D$$

$$d=(1/4\sim 1/3)D$$

式中 L——锥形长度(mm);

d——锥体最小直径(mm);

D——钨极直径(mm)。

当采用交流电源时,因钨极受热较快,其端部在焊接过程中会变成球状,因此就可以采用这种球状钨极。球状钨极使用时不必先磨好,只要将折断的钨极稍加修磨后装入焊枪进行焊接,焊接时被电弧烧成球状即可。

2. 电弧电压

电弧电压的大小决定于电弧长度,随着电弧长度增加,电弧电压增大,焊缝宽度增大,熔深下降。在保证电弧不短路的情况下,应尽量减小弧长,采用短弧焊接(3～4 mm 的弧长),一般电弧电压为13～16 V。当电弧太长时,会使熔深浅,产生未焊透和气体保护不良现象。但电弧太短会引起填充焊丝进入熔池困难,若焊丝碰到钨极,会加快钨极烧损。同时电弧太短会使从喷嘴出来的保护气流冲击熔池,产生强烈的反射,反而使空气混入,破坏气体的保护效果。

3. 气体保护效果及影响因素

氩气的保护作用是在电弧周围形成惰性气体层,机械地将空气与金属熔池、填充焊丝隔离,如图4-13所示。为了评定氩气的保护效果,可做测定"有效保护区"直径的试验。例如,用铝板作为被焊工件,选择一定的焊接参数,引燃电弧以后,焊枪固定不动,待燃烧5～10 s后熄弧。此时在铝板上就会留下熔化焊点,其周围有一个明显的圆圈,如图4-14所示。如果保护良好,则圆圈内光亮清晰,即是有效保护区;如果保护不好,就几乎看不到光亮的圆圈。有效保护区直径可作为衡量保护效果的尺度,也可用不锈钢材料来进行该试验。

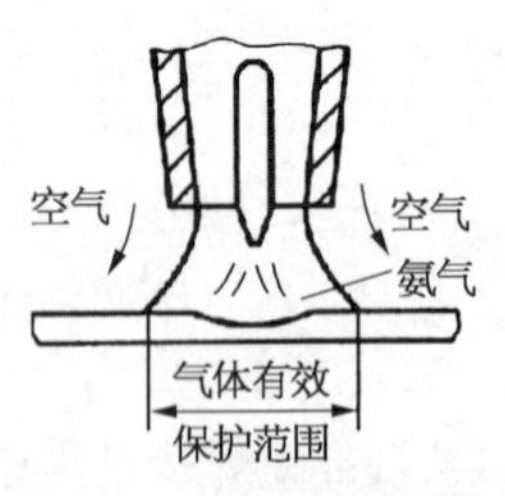

图4-13　气体保护示意图

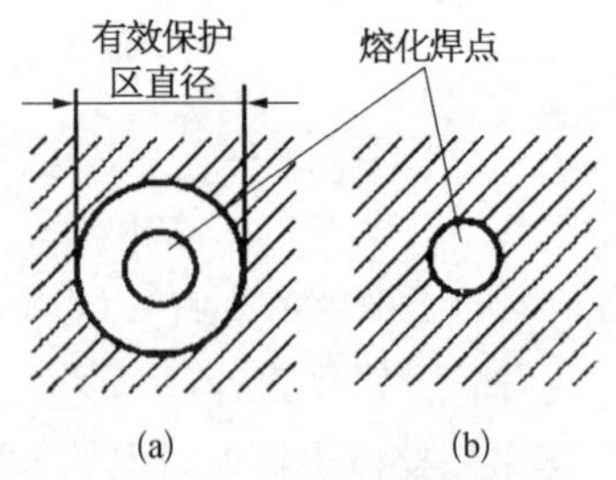

图4-14　氩气的有效保护区

(a) 保护效果良好;(b) 保护效果不好

氩弧焊时,由于氩气保护层是柔性的,故极易受到外界因素扰动而遭破坏。其保护效果主要与下列因素有关。

1）氩气纯度

氩气的纯度对焊接质量影响很大，不纯的氩气易使焊缝氧化，氧化会使焊缝变脆变硬，破坏其致密性，不同的母材材质对氩气的纯度有不同的要求。焊接碳素结构钢、不锈钢等材料，氩气的纯度应大于99.95%；焊接铝、镁、钛、铜及其合金，氩气的纯度应大于99.99%。

2）气体流量

气体流量越大，保护层抵抗流动空气影响的能力越强。但流量过大时，保护层会产生不规则流动，易使空气卷入，反而降低了保护效果，所以气体流量要选择恰当。直径在8～12 mm的喷嘴，合适的氩气流量为7～10 L/min。

3）喷嘴直径

喷嘴直径与气体流量同时增大，保护区增大；但喷嘴直径过大，某些焊缝位置不易焊到或妨碍焊工视线，从而影响焊接质量。手工钨极氩弧焊的喷嘴直径主要根据钨极直径来选择，一般以5～16 mm为宜。

4）喷嘴至焊件距离

喷嘴距离焊件越远，保护效果越差；距离过近，会影响焊工视线，操作不便。一般在焊接时，喷嘴至焊件距离以5～15 mm较为适宜。

5）焊接速度与外界气流的影响

焊接速度的选择主要根据工件厚度决定并与焊接电流、预热温度等配合以保证获得所需的熔深和熔宽。在高速自动焊时，还要考虑焊接速度对气体保护效果的影响。焊接速度过大，保护气流严重偏后，可能使钨极端部、弧柱、熔池暴露在空气中。因此必须采取相应措施如加大保护气体流量或将焊炬前倾一定角度，以保持良好的保护作用。

对于对氧化、氮化非常敏感的金属和合金（如钛及其合金）或

散热慢、高温停留时间长的材料(如不锈钢),要求有更强的保护作用。加强气体保护作用的具体措施有:

(1) 在焊枪后面附加通有氩气的拖罩,使在400℃以上的焊缝和热影响区仍处于保护之中。

(2) 在焊缝背面采用可通氩气保护的垫板、反面保护罩或在被焊管子内部局部密闭气腔内充满氩气,以加强反面的保护。在焊缝两侧和背面设置紫铜冷却板、铜垫板、铜压块(水冷或空冷),都有加速焊缝和热影响区冷却、缩短高温停留时间的作用。

焊接速度过快,由于空气阻力对保护气层的影响,或者焊接时遇到侧向气流的侵袭,保护层可能偏离钨极和熔池,从而使保护效果变坏,所以应选用合适的焊接速度。

6) 焊接接头形式

不同的接头形式会使气体产生不同的保护效果,如图4-15所示。焊接对接和T形接头时,由于氩气被挡住反射回来,所以保护效果较好;而搭接和角接接头,因空气易侵入电弧区,故保护效果较差。若要改进保护条件,可安放临时性的挡板,如图4-16所示。

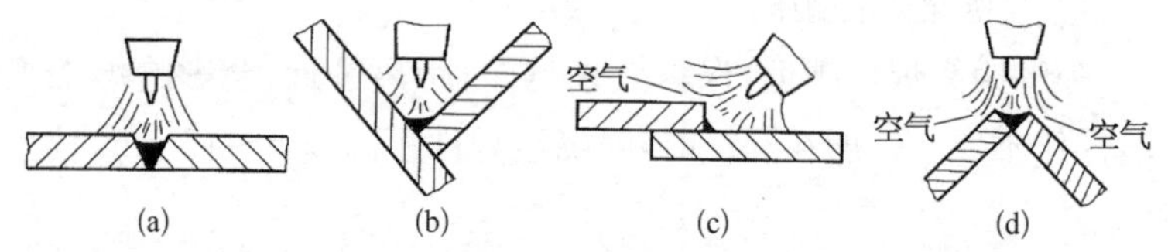

图4-15 不同接头形式的氩气保护效果

(a)、(b) 对接、T形接头保护效果好;(c)、(d) 搭接、角接接头保护效果较差

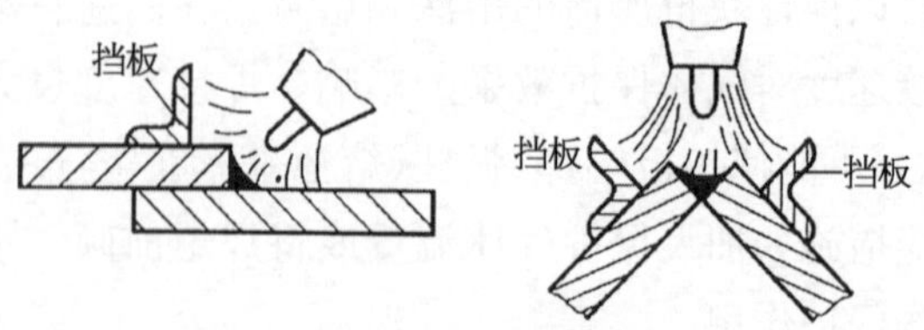

图4-16 氩弧焊时临时挡板的安装

7）被焊金属材料

对于氧化与氮化非常敏感的金属及其合金（如钛和钛合金等），氩弧焊时要求有更好的保护效果，其具体措施是：加大喷嘴直径，采用拖罩以增大保护区域，以及采用特殊装置对焊缝正反面进行保护。

此外，焊接电流、电弧电压、焊枪倾斜角度、填充焊丝送入情况等对保护效果均有一定的影响。总之，为了得到质量满意的焊缝，在焊接时应综合考虑上述的因素。

焊接低碳钢的主要参数列于表4－8。

表4－8　低碳钢（平对接焊）手工钨极（直流正接）氩弧焊焊接参数

接头形式	焊件厚度/mm	钨极直径/mm	焊件电流/A	电弧电压/V	焊丝直径/mm	钨极伸出长度/mm	氩气流量/(L/min)
0.5	0.8	1.6	70～90	13～15	1.2	5～8	6～8
	1	2.4	90～110	13～15	1.6	5～8	6～8
	1.5	2.4	100～120	13～15	1.6	5～8	7～10
	2	3.2	120～140	13～15	1.6～2.4	5～8	7～10
50°　0.5　0.5	2.5	3.2	140～160	14～16	1.6～2.4	5～8	8～12
	3	3.2	150～170	14～16	1.6～2.4	5～8	8～12
	4	3.2	165～185	14～16	3.2	5～8	8～12

五、氩弧焊的安全操作技术

（1）熟练掌握氩弧焊操作技术，工作前穿戴好劳动防护用品，检查焊接电源、控制系统的接地线是否可靠。将设备进行空载试运转，确认其电路、水路、气路畅通，设备正常时，方可进行作业。

（2）焊接时，焊枪、焊丝和工件之间必须保持正确的相对位置，焊直缝时，通常采用左向焊法。焊丝与工件间的角度不宜过大，否则会扰乱电弧和气流的稳定。手工钨极氩弧焊时，送丝可以采用断续送进和连续送进两种方法,要绝对防止焊丝与高温的钨极接触,以免钨极被污染、烧损,电弧稳定性被损坏。断续送丝时要防止焊丝端部移出气体保护区而被氧化。环缝自动焊时,焊枪应逆旋转方向偏离工件中心线一定距离,以便于送丝和保证焊缝的良好形成。

(3) 在容器内部进行氩弧焊时,应戴静电防尘口罩及专门面罩,以减少吸入有害烟气,容器外设专人监护及配合。

(4) 氩弧焊会产生臭氧和氮氧化物等有害气体及金属粉尘,因此作业场地应加强自然通风,固定作业台,可装置固定的通风装置。

(5) 氩弧焊时,电弧的辐射强度比焊条电弧焊强得多,因此要加强防护措施。

(6) 采用交流电氩弧焊时,须接入高频引弧器。脉冲高频电流对人体有危害,为减少高频电流对人体的影响,应有自动切断高频引弧装置。焊件要良好接地,接地点离工作场地越近越好。登高作业时,禁止使用带有高频振荡器的焊机。

(7) 大电流操作时焊炬采用水冷却,故操作前应检查有无水路漏水现象,不得在漏水情况下操作。

(8) 若采用钍钨棒做电极会产生放射性,应尽量采用微量放射性的铈钨棒。磨削钍钨棒时,砂轮机罩壳应有吸尘装置,操作人员应戴口罩。需要更换钍钨或铈钨极时,应先切断电源;磨削电极时应戴口罩、手套,并将专用工作服袖口扎紧,同时要正确使用专用砂轮机。

(9) 工作结束后,要切断电源,关闭冷却水和气瓶阀门,认真检查现场,确认安全后再离开作业现场。

(10) 氩气瓶的安全使用要求。氩气钢瓶规定漆成灰色,上写绿色“氩”字;使用中严禁敲击、碰撞;瓶阀冻结时,严禁用火烘烤;严禁使用起重搬运机搬运氩气钢瓶;夏季防止阳光暴晒;氩气钢瓶内气体严禁用尽;氩气钢瓶需直立放置、绑扎固定,以防倾倒伤人。

六、氩弧焊的安全防护技术

(一) 氩弧焊的有害因素

氩弧焊影响人体的有害因素有三方面：

(1) 放射性。钍钨极中的钍是放射性元素，但钨极氩弧焊时钍钨极的放射剂量很小，在允许范围之内，危害不大。如果放射性气体或微粒进入人体作为内放射源，则会严重影响身体健康。

(2) 高频电磁场。采用高频引弧时，产生的高频电磁场强度在 60～110 V/m，超过参考卫生标准(20 V/m)数倍。但由于时间很短，对人体影响不大。如果频繁起弧，或者把高频振荡器作为稳弧装置在焊接过程中持续使用，则高频电磁场可成为有害因素之一。

(3) 有害气体——臭氧、氮氧化物和氩气。氩弧焊时，弧柱温度高，紫外线辐射强度远大于一般电弧焊，因此在焊接过程中会产生大量的臭氧和氮氧化物，尤其臭氧其浓度远远超出参考卫生标准。如不采取有效通风措施，焊工接触高浓度尘气，可能引起急性化学性肺炎或肺水肿，是氩弧焊最主要的有害因素。

此外，氩气的密度比空气大，易沉降在地下室及低洼处，大容量的氩气集聚会造成局部空间的缺氧，严重时导致施工人员窒息。

(二) 氩弧焊的安全防护措施

1. 通风措施

氩弧焊工作现场要有良好的通风装置，以排出有害气体及烟尘。除厂房通风外，可在焊接工作量大、焊机集中的地方，安装几台轴流风机向外排风。

此外，还可采用局部通风的措施将电弧周围的有害气体抽走，例如采用明弧排烟罩、排烟焊枪、轻便小风机等。

容器内、地下室施工，要进行氩气溶度的测量，加强自然通风，确保通风效果,然后才进入施工场地进行操作,并要有专人监护。

2. 防护射线措施

尽可能采用放射剂量极低的铈钨极。钍钨极和铈钨极加工时,应采用密封式或抽风式砂轮磨削,操作者应配戴口罩、手套等个人防护用品,加工后要洗净手脸。钍钨极和铈钨极应放在铝盒内保存。

3. 防护高频的措施

为了防备和削弱高频电磁场的影响,采取的措施有:

(1) 工件良好接地,焊枪电缆和地线要用金属编织线屏蔽。

(2) 适当降低频率。

(3) 尽量不要使用高频振荡器作为稳弧装置,减少高频通电作用时间。

(4) 其他个人防护措施。氩弧焊时,由于臭氧和紫外线作用强烈,宜穿戴非棉布工作服。在容器内焊接又不能采用局部通风的情况下,可以采用送风式头盔、送风口罩或防毒口罩等个人防护措施。

第三节　二氧化碳气体保护焊

用二氧化碳(CO_2)做保护气体的熔化极气体保护焊,称为二氧化碳气体保护焊,简称 CO_2 焊。这是目前焊接黑色金属材料重要的熔焊方法之一,在许多金属结构的生产中已逐渐取代了焊条电弧焊和埋弧焊。

一、CO_2焊概述

CO_2气体密度较大,电弧加热后体积膨胀也较大,所以能有效隔绝空气,保护熔池。但是 CO_2 是一种氧化性较强的气体,在焊接过程中会使合金元素烧损,产生气孔和金属飞溅。因此须用脱氧能力较强的焊丝或添加焊剂来保证焊接接头的内在质量。

CO_2焊是我国重点推广的一种焊接技术，主要用于低碳钢及低合金钢等焊接，也适用于易损零件的堆焊及铸钢件的补焊等。目前应用最普遍的是半自动细丝 CO_2焊。

二、CO_2焊的分类与特点

(一) CO_2焊的分类

CO_2焊的分类如图 4－17 所示。

- CO_2焊
  - 按焊丝
    - 细丝(直径小于 1.6 mm)
    - 粗丝(直径大于 1.6 mm)
    - 药芯焊丝
  - 按操作方式
    - 自动焊
    - 半自动焊

图 4－17　CO_2焊的分类

(二) CO_2焊的特点

1. 生产效率高

CO_2焊电弧的穿透力强，厚板焊接时可增加坡口的钝边和减小坡口；焊接电流密度大(通常为 100～300 A/mm^2)，故焊丝熔化率高；焊后一般不需清渣，所以 CO_2焊的生产率比焊条电弧焊高 1～3 倍。

2. 焊接成本低

CO_2气体价格便宜，焊前对焊件清理可从简，其焊接成本只有埋弧焊和焊条电弧焊的 40%～50%。

3. 焊接变形小

采用短路过渡技术可以用于全位置焊接，而且对薄壁构件焊接质量高，焊接变形小。因为电弧热量集中，受热面积小，焊接速度快，且 CO_2气流对焊件起到一定冷却作用，故可防止焊薄件烧穿和减少焊接变形。

4. 焊接质量好

CO_2焊中的CO_2气体具有很强的氧化性,抗锈能力强,焊缝含氢量低,焊接低合金高强度钢时冷裂纹的倾向小,可获得机械性能良好的焊缝。

5. 操作简便

明弧操作,便于观察电弧和控制熔池的状态,故操作较容易掌握,不易焊偏。同时更有利于实现机械化和自动化焊接。

6. 适用范围广

CO_2焊适用于焊接薄板,也能焊接中厚板,同时可进行全位置焊接,适用于低碳钢、低合金钢、不锈钢等焊接。除了适用于焊接结构制造外,还适用于修理,如磨损零件的堆焊以及铸铁补焊等。

但是CO_2焊也存在一些不足之处:

(1) 焊接过程中金属飞溅较多,特别是当焊接工艺参数匹配不当时,更为严重。如焊接材料选择不当,则飞溅较大,并且焊缝表面成形较差。

(2) 弧光较强,特别是大电流焊接时,电弧的光热辐射均较强。

(3) 焊接设备较复杂。

(4) 抗风能力较弱,室外作业需有防风措施。

(5) 纯CO_2焊在一般工艺范围内不能达到射流过渡,实际上常用短路过渡和滴状过渡,加入混合气体后才有可能获得射流过渡。

(6) 电弧气氛有很强的氧化性,不能焊接易氧化的金属材料。

三、CO_2焊接冶金过程

CO_2焊接过程在冶金方面主要表现在CO_2是一种氧化性气体,在高温时进行分解,具有强烈的氧化作用,把合金元素氧化烧损或造成气孔和飞溅。

（一）CO_2的氧化性

CO_2气体高温分解：$CO_2 = CO + \frac{1}{2}O_2$。$CO_2$、CO、$O_2$三者同时存在，CO 气体在焊接中不熔于金属，也不与之发生作用，CO_2和O_2则使 Fe 和其他元素氧化烧损。在熔滴过渡或在熔池中的氧化反应如下：

1. 直接氧化

与CO_2作用：$Fe + CO_2 = FeO + CO$；$Si + CO_2 = SiO + CO$；$Mn + CO_2 = MnO + CO$。

与高温分解的氧原子作用：$Fe + O = FeO$；$Si + 2O = SiO_2$；$Mn + O = MnO$。FeO 可熔于液体金属内成为杂质或与其他元素发生反应，SiO_2和 MnO 成为熔渣能浮出，生成的 CO 从液体金属中逸出。

2. 间接氧化

与氧结合能力比 Fe 大的合金元素把 Fe 从 FeO 中置换出来而自身被氧化，其反应如下：$Si + 2FeO = SiO_2 + 2Fe$；$Mn + FeO = MnO + Fe$；$C + FeO = CO + Fe$。生成的SiO_2和 MnO 成熔渣浮出，其结果是液体金属中 Si 和 Mn 被烧损而减少。一般CO_2焊接时，焊丝中约有 50%（质量分数）的 Mn 和 60%（质量分数）的 Si；被氧化烧损生成的 CO 在电弧高温下急剧膨胀，使熔滴爆破而引起金属飞溅。在熔池中的 CO 若逸不出来，便成为焊缝中的气孔。

所以直接和间接氧化的结果造成了焊缝金属力学性能降低，产生气孔和金属飞溅。解决CO_2焊氧化性的措施是脱氧。具体做法是在焊丝中（或在药芯焊丝的芯料中）加入一定量的脱氧剂，它们是与氧的亲和力比 Fe 大的合金元素，如 Al、Ti、Si、Mn 等。实践表明，采用 Si－Mn 联合脱氧效果最好，可以焊出高质量的焊缝，所以目前国内外广泛应用 H08Mn2Si 焊丝。加入焊丝中的 Si 和 Mn，在焊接过程中一部分被直接氧化和蒸发掉，一部分就用于

FeO的脱氧,其余部分留在焊缝金属中起着提高焊缝力学性能的作用。焊接碳钢和低合金钢用的焊丝,一般W(Si)为1%左右,经烧损和脱氧后剩0.4%~0.5%在焊缝金属中,Mn在焊丝中的质量分数一般为1%~2%;C与氧的亲和力比Fe大,为了防止气孔和减少飞溅以及降低焊缝中产生裂缝倾向,焊丝中W(C)一般都限制在0.15%以下。

(二)气孔问题

在熔池金属内部存在有溶解不了的或过饱和的气体,当这些气体来不及从熔池中逸出时,便随熔池的结晶凝固,而留在焊缝内形成气孔。

CO_2焊时气流对焊缝有冷却作用,又无熔渣覆盖,故熔池冷却快。此外,所用的电流密度大,焊缝窄而深,气体逸出路程长,于是增加了产生气孔的可能性。可能产生的气孔主要有三种:一氧化碳气孔、氢气孔和氮气孔。产生CO气孔的原因主要是焊丝中脱氧元素不足,使熔池中熔入较多的FeO,它和C发生强烈的碳还原铁的反应,便产生CO气体,因此只要焊丝中有足够脱氧元素Si和Mn,以及限制焊丝中C含量,就能有效地防止CO气孔。

产生N_2气孔的原因主要是CO_2保护不良或CO_2纯度不高。只要加强CO_2的保护和控制CO_2的纯度,即可防止。造成保护效果不好的原因一般是过小的气体流量、喷嘴被堵塞、喷嘴距工件过大、电弧电压过高(即电弧过长)、电弧不稳或作业区有风等。

产生H_2气孔是由于在高温时熔入了大量的H_2,结晶过程中不能充分排出,而留在焊缝金属中。电弧区的H_2主要来自焊丝、工件表面的油污和铁锈以及CO_2气体中所含的水分,前者易防止和消除,故后者往往是引起H_2气孔的主要原因,因此对CO_2气体进行提纯与干燥是必要的,但因CO_2气体具有氧化性,H_2和CO_2会化合,故出现H_2气孔的可能性相对较小,这就是被认为CO_2焊是低氢焊接的方法。

（三）飞溅问题

金属飞溅是 CO_2 焊接的主要问题，特别是粗丝大电流焊接飞溅更为严重，有时飞溅损失达焊丝熔化量的 30%～40%。飞溅增加了焊丝及电能消耗，降低焊接生产率和增加焊接成本。飞溅金属粘到导电嘴和喷嘴内壁上，会造成送丝和送气不畅而影响电弧稳定和降低保护作用，恶化焊缝成形。粘到焊件表面上又增加焊后清理工序。

引起金属飞溅的原因很多，大致有下列几个方面：

(1) 由冶金反应引起。焊接过程中熔滴和熔池中的碳被氧化生成 CO 气体，随着温度升高，CO 气体膨胀引起爆破，产生细颗粒飞溅。

(2) 作用在焊丝末端电极斑点上的压力过大。当用直流正接长弧焊时，焊丝为阴极，受到电极斑点压力较大，焊丝末端易成粗大熔滴和被顶偏而产生非轴向过渡，从而出现大颗粒飞溅。

(3) 由于熔滴过渡不正常而引起。在短路过渡时由于焊接电源的动特性选择与调节不当而引起金属飞溅。减小短路电流上升速度或减少短路峰值电流都可以减少飞溅。一般是在焊接回路内串入较大的不饱和直流电感即可减少飞溅。

(4) 由于焊接工艺参数选择不当而引起。主要是因为电弧电压升高，电弧变长，易引起焊丝末端熔滴长大，产生无规则的晃动，而出现飞溅。

减少飞溅的措施有：

(1) 选用合适的焊丝材料或保护气体。例如选用含碳量低的焊丝，减少焊接过程中产生 CO 气体；选用药芯焊丝，药芯中加入脱氧剂、稳弧剂及造渣剂等，造成气-渣联合保护；长弧焊时，加入 Ar 的混合气体保护，使过渡熔滴变细，甚至得到射流过渡，改善过渡特性。

(2) 在短路过渡焊接时，合理选择焊接电源特性，并匹配合适的可调电感,以便当采用不同直径的焊丝时,能调得合适的短路电流增长速度。

(3) 采用直流反接进行焊接。

(4) 当采用不同熔滴过渡形式焊接时,要合理选择焊接工艺参数,以获得最小的飞溅。

四、CO_2焊接材料

(一) 保护气体——CO_2

CO_2气体来源广,可由专门生产厂提供,也可从食品加工厂(如酒精厂)的副产品中获得。用于焊接的CO_2气体,其纯度要求大于99.5%。CO_2有固态、液态和气态三种状态。气态无色,易溶于水,密度为空气的1.5倍,沸点为−78℃。在不加压力下冷却时,气体将直接变成固体(称干冰);增加温度,固态CO_2又直接变成气体。CO_2气体受压力后变成无色液体,其相对密度随温度而变化。当温度低于−11℃时,比水重;当温度高于−11℃时,则比水轻。在0℃和一个大气压下,1 kg的CO_2液体可蒸发509 L CO_2气体。

供焊接用的CO_2气体,通常是以液态装于钢瓶中,容量为40 L的标准钢气瓶可灌入25 kg的液态CO_2,25 kg的液态CO_2约占钢瓶容积的80%,其余20%左右的空间充满气化了的CO_2。气瓶压力表上所指的压力值,即是这部分气化气体的饱和压力,该压力大小与环境温度有关,室温为20℃时,气体的饱和压力约为5.72 MPa。注意,该压力并不反映液态CO_2的贮量,只有当瓶内液态CO_2全部气化后,瓶内气体的压力才会随CO_2气体的消耗而逐渐下降。这时压力表读数才反映瓶内气体的贮量。故正确估算瓶内CO_2贮量是采用称钢瓶质量的办法。

一瓶装25 kg液化CO_2,若焊接时的流量为20 L/min,则可连续使用10 h左右。

CO_2气钢瓶外表漆成铝白色，标有“液化二氧化碳”黑色字样。

瓶装液态 CO_2 可溶解约占 0.05%质量的水，其余的水则成自由状态沉于瓶底。这些水分在焊接过程中随 CO_2 一起挥发，以水蒸气混入 CO_2 气体中，影响 CO_2 气体纯度。水蒸气的蒸发量与瓶中压力有关，瓶压越低，水蒸气含量越高，故当瓶压低于 980 kPa 时，就不宜继续使用，需重新灌气。当市售 CO_2 气体含水量较高时，在现场减少水分的措施是：

(1) 将新灌气瓶倒立静置 1～2 h，然后开启阀门，把沉积在瓶口部的自由状态的水排出，可放水 2～3 次，每次间隔 30 min，放后将瓶直立起来。

(2) 经倒置放水后的气瓶，使用前先打开阀门放掉瓶内上部纯度低的气体，然后再套接输气管。

(3) 在气路中设置高压干燥器和低压干燥器，进一步减少 CO_2 气体中的水分，一般用硅胶或脱水硫酸铜做干燥剂；用过的干燥剂，经烘干后还可重复使用。使用瓶装液态 CO_2 时，注意设置气体预热装置，因瓶中高压气体经减压而体积膨胀时，要吸收大量的热，使气体温度降到 0℃以下，会引起 CO_2 气体中的水分在减压器内结冰而堵塞气路，故在 CO_2 气体未减压之前须经过预热。

（二）焊丝

CO_2 焊用的焊丝对化学成分有特殊要求，主要是：

(1) 焊丝内必须含有足够数量的脱氧元素，以减少焊缝金属中的含氧量和防止产生气孔。

(2) 焊丝的含碳量要低，通常要求 $W(C) < 0.11\%$，以减少气孔和飞溅。

(3) 要保证焊缝具有满意的力学性能和抗裂性能。

此外，若要求得到更为致密的焊缝金属，则焊丝应含有固氮元素如 Al、Ti 等。

目前国内常用 CO_2 焊丝的直径为 0.6 mm、0.8 mm、1.0 mm、

1.2 mm、1.6 mm、2.0 mm 和 2.4 mm。近年来又发展直径为 3～4 mm的粗焊丝。

焊丝应保证有均匀外径,其公差为$_{-0.025}^{\ 0}$ mm,还应具有一定的硬度和刚度,一方面以防止焊丝被送丝滚轮压扁或压出深痕;另一方面,焊丝从导电嘴送出后要有一定的挺直度。因此,无论是何种送丝方式,都要求焊丝以冷拔状态供应,不能使用退火焊丝。

保存时,为了防锈,常采取焊丝表面镀铜或涂油。在焊前则把油污清除。低碳钢和低合金钢 CO_2 焊用的钢焊丝应符合《气体保护电弧焊用碳钢、低合金钢焊丝》(GB/T 8110—2008)要求,根据用户需要有镀铜和不镀铜的。其焊丝直径及其允许偏差见表 4-9。标准还规定了焊丝盘、焊丝卷和焊丝筒三种供应方式,并对焊丝盘和焊丝卷的尺寸做了规定。

表 4-9　焊丝直径及其允许偏差

焊丝直径(mm)	允 许 偏 差
0.5,0.6	+0.01 −0.03
0.8,1.0,1.2,1.4,1.6,2.0,2.5	+0.01 −0.04
3.0,3.2	+0.01 −0.07

合金钢用的焊丝冶炼和拔制困难,故 CO_2 焊用的合金钢焊丝逐渐向药芯焊丝方向发展。

五、CO_2 焊设备

CO_2 焊是熔化极气体保护电弧焊方法之一,其所用设备主要由焊接电源、焊枪、送丝机、供气系统、冷却系统和控制系统组成。

按 CO_2 焊的特点,在选用设备时还应注意下列问题:

（一）对电源特性要求

1. 对外特性要求

CO_2电弧的静特性是上升的，所以须选用平（恒压）的和下降外特性的电源。粗丝CO_2焊通常选用弧压反馈送丝焊机，须配用下降外特性电源，细丝CO_2焊通常选用等速送丝焊机，须配用平的或缓降外特性电源。

目前用于CO_2焊的平外特性整流电源，如变压器抽头式、自饱和电抗器式和晶闸管整流式等，其外特性都有一些向下倾斜，下降率一般不大于5 V/100 A。漏抗式缓降外特性整流电源，其输出回路已具有一定的感抗，在CO_2焊短路过渡的焊接时，可抑制短路电流增长速度和短路峰值电流，对减少飞溅起到一定作用。但其下降率允许在8 V/100 A左右，若下降过大，则稳态短路电流值很小，引弧性能变差。

2. 对动特性要求

CO_2焊普遍采用短路过渡的形式焊接，为了提高焊接过程的稳定性和减少飞溅，对电源动特性有较高的要求。既要具有合适的短路电流增长速度di/dt，短路峰值电流I_{max}和焊接电压恢复速度dv/dt，又要根据焊丝成分和直径不同能对短路电流增长速度di/dt进行调节。对于具有平特性的整流式，CO_2焊接电源通常在直流回路上串联可调电感。回路中电感值越大，di/dt就越小；反之，di/dt就越大。对于焊接电压恢复速度一般要求从短路到恢复到25 V所需的时间不得超过0.05 s。

（二）对供气系统的要求

CO_2焊的供气系统和氩弧焊基本相同，区别是在气路上要求接入预热器和干燥器，如图4－18所示。

预热器须接在减压器之前。对焊接质量要求高时，除在减压器之前设高压干燥器外，还在减压器之后接低压干燥器；若对焊接质

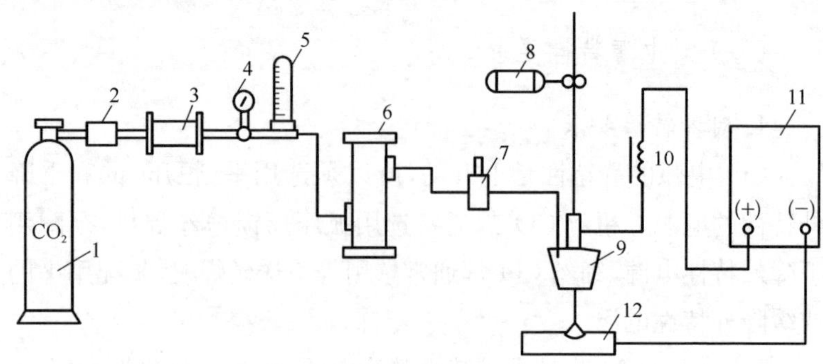

图 4-18　CO_2焊供气系统

1—CO_2气瓶;2—预热器;3—高压干燥器;4—气体减压阀;5—气体流量计;6—低压干燥器;7—电磁气阀;8—送丝机构;9—焊枪;10—可调电感;11—焊接电源;12—焊件

量要求不太高,或者当CO_2气体含水分较少时,亦可不用干燥器。

六、CO_2焊接工艺参数

CO_2焊的工艺参数与MIG焊基本相同,只是用短路过渡时,在直流焊接回路中多了短路电流峰值I_{max}和短路电流增长速度di/dt两个动态参数。而这两个参数可通过调节附加在直流回路上的电感来实现。自由过渡时,则无此要求。

(一)短路过渡焊接

在CO_2焊中,短路过渡焊接应用最广泛,主要在焊接薄板及全位置焊接时用。焊接的工艺参数有电弧电压、焊接电流、焊接回路电感、焊接速度、气体流量和焊丝伸出长度等。

1. 电弧电压及焊接电流

对一定焊丝直径及焊接电流(亦即送丝速度),必须匹配合适的电弧电压,才能获得稳定的飞溅最小的短路过渡过程。图4-19给出了四种直径焊丝适用的电弧电压和焊接电流范围。

2. 焊接回路的电感

短路过渡焊接要求焊接回路中有合适的电感量,用以调节短

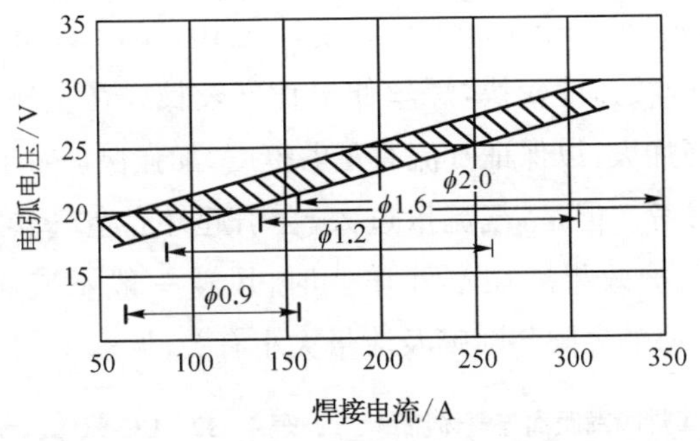

图 4-19 短路过渡焊接时适用的电流和电压范围

路电流增长速度 di/dt,使焊接过程的飞溅最小。通常细丝 CO_2 焊,焊丝熔化速度快,熔滴过渡周期短,需要较大的 di/dt。反之,粗丝要求 di/dt 小些。表 4-10 给出了不同直径焊丝的焊接回路电感参考值。此外,通过调节电感,还可以调节电弧燃烧时间,进而控制母材的熔深。增大电感则过渡频率降低,燃弧时间增加,熔深将增大。

表 4-10 CO_2 焊短路过渡焊接回路电感参考值

焊丝直径/mm	焊接电流/A	电弧电压/V	电感/mH
0.8	100	18	0.01～0.08
1.2	130	19	0.02～0.20
1.6	150	20	0.30～0.70

3. 焊丝伸出长度

短路过渡焊接所用的焊丝较细,若焊丝伸出过长,该段焊丝的电阻热大,易引起成段熔断,且喷嘴至工件距离增大,气体保护效果差,飞溅严重,焊接过程不稳定,熔深浅和气孔增多;若伸出过小,则喷嘴至工件距离减小,喷嘴挡着视线,看不见坡口和熔池状态;飞溅的金属易引起喷嘴堵塞,从而增加导电嘴和喷嘴的消耗。故一般焊丝伸出长度在 10～20 mm。

4. 气体流量

细丝(不大于 1.6 mm)短路过渡焊接时的气体流量一般为5～

15 L/min,粗丝(大于1.6 mm)焊接时在10～20 L/min,如果焊接电流较大,焊接速度较快,焊丝伸出长度较长或在室外作业,气体流量应适当加大,以保证气流有足够挺度,加强保护效果,表4-11的数据可参考。但是,气流量过大,会引起外界空气卷入焊接区,反而降低保护效果。在室外作业时,风速一般不应超过1.5～2.0 m/s,风速的界限与喷嘴及流量大小有关,见表4-12。

表4-11　CO_2焊喷嘴距离与气体流量

焊丝直径/mm	焊接电流/A	喷嘴距离/mm	气体流量/(L/min)
1.2	100	10～15	15～20
	200	15	20
	300	20～25	20
1.6	300	20	20
	350	20	20
	400	20～25	20～25

表4-12　CO_2气体流量与风速界限

喷嘴直径/mm	CO_2流量/(L/min)	风速界限/(m/s)
16	25	2.1
	30	2.5
	30	3.0
20	25	1.1
	30	1.4
	35	1.7

注:CO_2焊平焊。喷嘴到工件距离:10 mm。$I=450$ A,$U=35$ V,$V=40$ cm/min。

5. 焊接速度

焊枪移动过快,易引起焊缝两侧咬边,而且保护气体向后拖,影响保护效果;但焊速过慢,则易产生烧穿和焊缝组织变粗的缺陷。

6. 电源极性

CO_2焊一般应采用直流反接,可以获得飞溅小,电弧稳定,母材熔深大,焊缝成形好,而且焊缝金属含氢量低的效果。

(二) 颗粒过渡焊接

CO_2保护的细颗粒过渡焊接,又称CO_2长弧焊接。对于一定直径的焊丝，当增大焊接电流并配以较高电弧电压时，焊丝熔化以颗粒状态非短路形式过渡到熔池中。这种颗粒过渡的电弧穿透力强，熔深大，适合用于中厚板或大厚板焊接。

（三）典型 CO_2 焊接工艺参数

细丝 CO_2 半自动焊接工艺参数见表 4－13。

表 4－13　细丝 CO_2 半自动焊工艺参数

材料厚度/mm	接头形式	装配间隙 c/mm	焊丝直径/mm	电弧电压/V	焊接电流/A	气体流量/(L/min)
≤1.2 1.5		≤0.5	0.6 0.7	8～19 19～20	30～50 60～80	6～7 6～7
2.0 2.5		≤0.5	0.8 0.8	20～21	80～100	7～8
3.0 4.0		≤0.5	0.8～1.0	21～23	90～115	8～10
≤1.2 1.5 2.0 2.5 3.0 4.0		≤0.3 ≤0.3 ≤0.5 ≤0.5 ≤0.5 ≤0.5	0.6 0.7 0.7～0.8 0.8 0.8～1.0 0.8～1.0	19～20 20～21 21～22 22～23 21～23 21～23	35～55 65～85 80～100 90～110 95～115 100～120	6～7 8～10 10～11 10～11 11～13 13～15

注：当进行立焊、横焊、仰焊时，电弧电压应取表中下限值。

七、CO_2 焊接操作技术

主要介绍半自动几个操作要领。

（一）定位焊

装配过程中进行定位焊时，可参照如图 4－20 所示的尺寸进行。板愈薄，定位焊缝可短些，间距可密些。

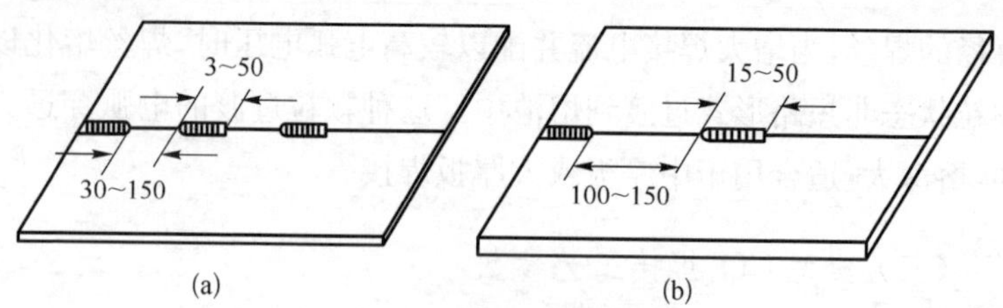

图 4－20　组装中定位焊的焊缝长度

(a) 薄板;(b) 中厚板

(二) 平焊

平板的对接缝和T形接头的角缝在平焊位置上进行操作有前倾焊法和后倾焊法两种,所列特征和适用范围见表4－14。

表 4－14　前倾焊与后倾焊的比较

焊接方法		熔深	焊道形状	工艺性	熔池保护效果	视野	适用范围
后倾焊		浅	平	不太好	好	焊时易见坡口	(1) 焊薄板 (2) 中板无坡口两面焊一道 (3) 角缝船形位置焊一道
前倾焊		深	凸	良好	不太好	焊时易见焊缝形状	中板和厚板带坡口

无垫板对接焊缝的根部焊道或打底焊道的运条方法如图4－21所示,做月牙形摆动焊丝,通过间隙时快些,达两侧时,稍作停留(0.5~1 s),使两侧之间形成金属过桥。要使反面成形好,装配精度要求高,工艺参数应控制严格。

终焊时填满弧坑的处理方法可参照如图4－22所示的几种方法。

图 4-21 无垫板对接根部焊道运条要领

（横摆到圆点"·"处稍停留 0.5～1 s）

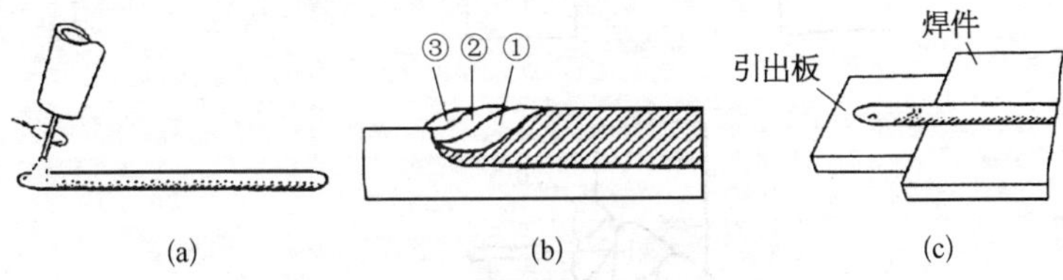

图 4-22 填满弧坑的几种处理方法

(a) 焊枪回转法；(b) 断续回焊法；(c) 用引出板法
①、②、③—第一、二、三层分别焊一道

T 形接头角焊缝平焊时注意焊丝的角度和位置，若左焊法焊脚尺寸在 5 mm 以下，用短路过渡单道焊按图 4-23a 操作；焊脚尺寸在 5 mm 以上，用射流过渡按图 4-23b 操作。若焊脚尺寸很大，须用多层多道焊，建议按图 4-23c，先用右焊法，后用左焊法。

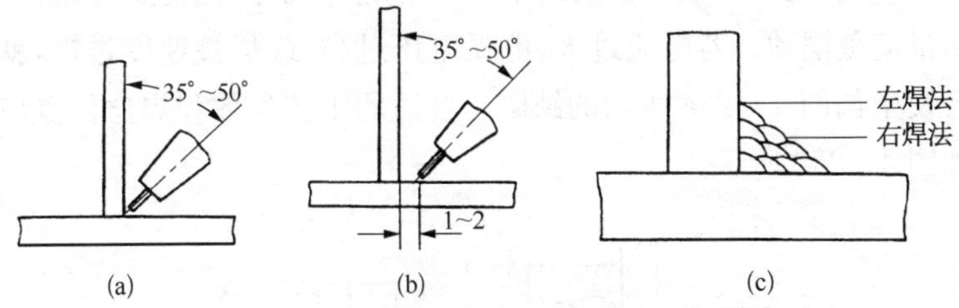

图 4-23 T 形接头角焊缝半自动 CO_2 焊操作

(a) $K<5$ mm，左焊(后倾)法用短路过渡；(b) $K<5$ mm，左焊法用射流过渡；
(c) 多层多道焊，先用右焊(前倾)法后用左焊(后倾)法

（三）横焊

厚板对接缝多层横焊，通常上板开单边 V 形坡口。宽坡口

时,焊丝做斜向前后摆动,窄坡口时做前后摆动,3 mm 以下薄板横焊不摆动直线焊,焊丝位置如图 4-24 所示。

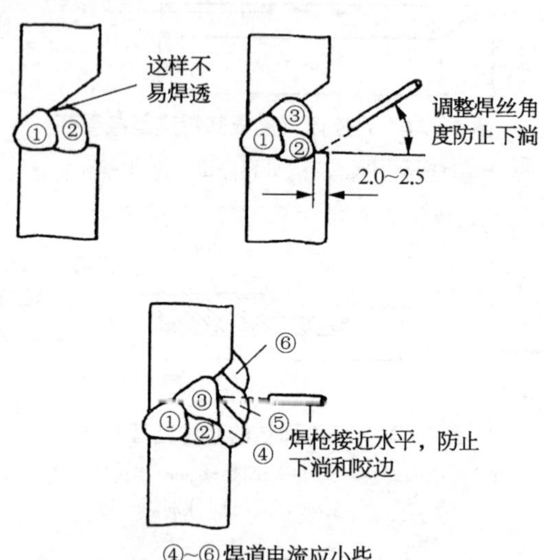

图 4-24　多层横焊操作要领

①—第一层焊一道;②、③—第二层要焊两道;④、⑤、⑥—第三层盖面层焊三道

有立向上和立向下两种焊法。一般 6 mm 以下的薄板用立向下焊,厚板用立向上焊。立向下焊时焊缝外观好,但易未焊透,应尽量避免摆动。若电流过大、电弧电压过高,或焊接速度过慢,就会发生如图 4-25a 所示的缺陷。合适的工艺参数和焊丝位置应如图 4-25b 所示。

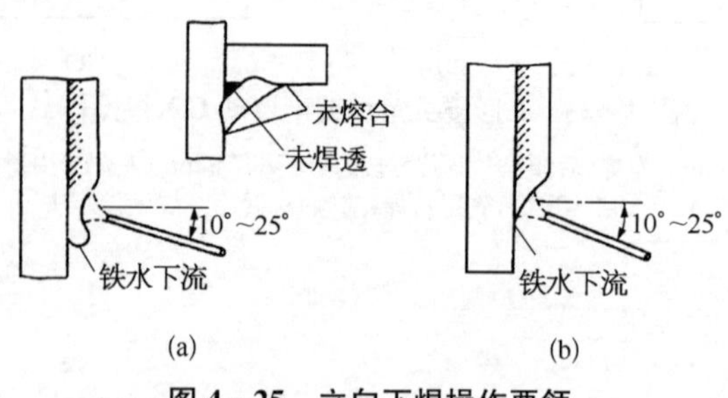

图 4-25　立向下焊操作要领

立向上焊的焊丝摆动方法如图 4－26a 所示，单道焊的焊脚尺寸最大为 12 mm。注意焊丝摆动位置，图中圆点“・”表示焊丝到此位置略停留 0.5～1.0 s。若停点在弧坑内，则焊道呈圆形(凸起)；正常应停在弧坑与母材交界处，如图 4－26b 所示。

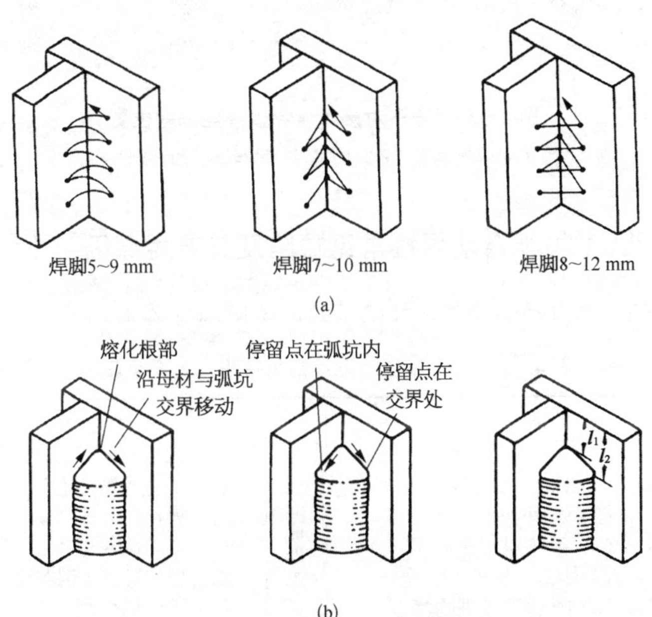

图 4－26 立向上焊操作要领

立向上焊开坡口无垫板的对接焊缝，其根部焊道的摆动如图 4－27 所示。摆动速度要比平焊摆动快 2～2.5 倍。

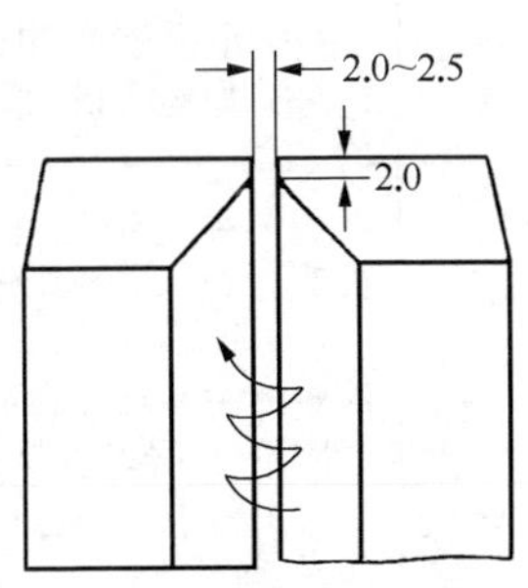

图 4－27 开坡口无垫板对接立向上焊根部焊道的操作

(四) 管子对接环缝焊

管子处在水平位置绕自身轴回转进行焊接，如图 4－28 所示。对于薄壁管焊丝处于水平位置，相当于进行立向下焊。厚壁管应处于平焊位置焊。焊丝逆转动方向偏离最高点 l 距离，偏距 l 要适当。

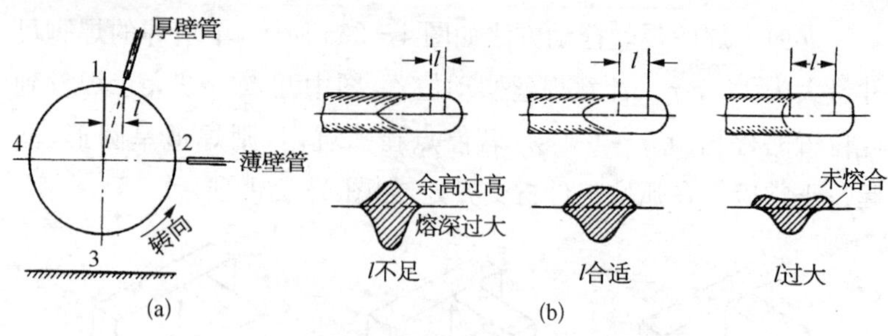

图 4-28　管子对接环缝焊接焊丝偏差位置

(a) 焊丝偏离位置；(b) 厚壁管焊丝位置的影响

八、CO_2半自动焊接常见缺陷及其产生原因

CO_2半自动焊接常见缺陷及其产生原因见表 4-15。

表 4-15　CO_2半自动焊接常见缺陷及其产生原因

缺陷	产生原因
气孔	(1) CO_2气体不纯或供气不足 (2) 焊时卷入空气 (3) 预热器不起作用 (4) 风大、保护不完全 (5) 喷嘴被飞溅物堵塞 (6) 喷嘴与工件的距离过大 (7) 焊接区表面被污染，油、锈、水分未清除 (8) 电弧过长、电弧电压过高 (9) 焊丝含硅、锰量不足
电弧不稳定	(1) 导电嘴松动或已磨损，或直径过大(与焊丝比) (2) 焊丝盘转动不均匀，送丝滚轮的沟槽已经磨损，加压滚轮紧固不良，导丝管阻力大等 (3) 焊接电流过低，电弧电压波动 (4) 焊丝干伸长过大 (5) 焊件上有锈、油漆和油污 (6) 接地线放的位置不当
焊缝成形不良	(1) 工艺参数不合适 (2) 焊丝位置不当，对中差 (3) 送丝滚轮的中心偏移 (4) 焊丝矫直机构调整不当 (5) 导电嘴松动
梨形裂缝	(1) 焊接电流太大 (2) 坡口过窄 (3) 电弧电压过低 (4) 焊丝位置不当，对中差
未焊透	(1) 焊接电流太小，送丝不均匀 (2) 电弧电压过低或过高 (3) 焊接速度过快或过慢(在坡口内) (4) 坡口角度小，间隙过小 (5) 焊丝位置不当，对中差

(续表)

缺陷	产生原因	缺陷	产生原因
飞溅	(1) 短路过渡时电感量不适当,过大或过小 (2) 焊接电流和电弧电压配合不当 (3) 焊丝和焊件清理不良	咬边	(1) 电弧太长,弧压过高 (2) 焊接速度过快 (3) 焊接电流太大 (4) 焊丝位置不当,没对中 (5) 焊丝摆动不当

九、药芯焊丝气体保护电弧焊

利用药芯焊丝做熔化极的电弧焊称药芯焊丝电弧焊(FCAW),有两种焊接形式:一种是焊接过程中使用外加保护气体(一般是纯 CO_2 或 CO_2+Ar)的焊接,称药芯焊丝气体保护电弧焊,它与普通熔化极气体保护电弧焊基本相同;另一种是不用外加保护气体,只靠焊丝内部的芯料燃烧与分解所产生的气体和渣做保护的焊接,称自保护电弧焊。自保护电弧焊与焊条电弧焊相似,不同的是使用盘状的焊丝,连续不断送到电弧中。这里重点介绍药芯焊丝气体保护电弧焊,因为它是一种很有发展前景而且已经在工程中广泛使用的焊接方法。

(一) 药芯焊丝气体保护电弧焊的工作原理和工艺特点

1. 工作原理

与实心焊丝气体保护焊的主要区别是所用焊丝的构造不同。药芯焊丝是在焊丝内部装有焊剂或金属粉末混合物(称芯料),焊接时(图 4-29),在电弧热的作用下熔化状态的芯料、焊丝金属、母材金属和保护气体相互之间发生冶金作用,同时形成

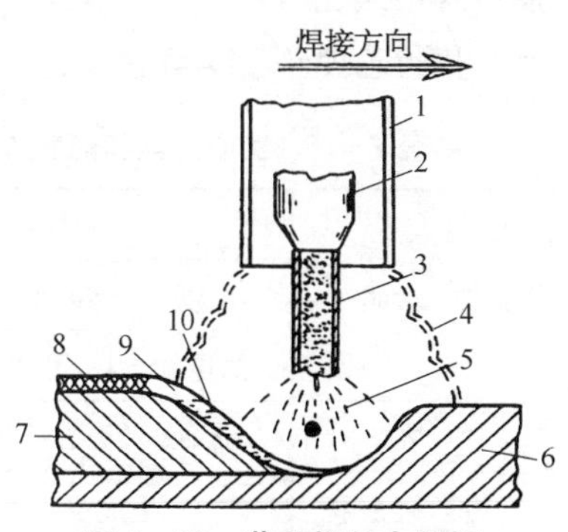

图 4-29 药芯焊丝电弧焊

1—喷嘴;2—导电嘴;3—药芯焊丝;4—保护气体;5—电弧;6—母材;7—焊缝金属;8—渣壳;9—熔渣;10—液态金属

一层较薄的液态熔渣包覆熔滴并覆盖熔池，对熔化金属构成又一层保护。所以实质上这是一种气渣联合保护的焊接方法。

2. 工艺特点

药芯焊丝气体保护电弧焊综合了焊条电弧焊和CO_2焊的工艺特点。如：

(1) 由于药芯成分改变了纯CO_2电弧气氛的物理、化学性质，因而飞溅少，且颗粒细，易于清除。又因熔池表面覆盖有熔渣，焊缝成形类似于焊条电弧焊，焊缝外观比实心焊丝CO_2焊的美观。

(2) 与焊条电弧焊相比，热效率高，电流密度比焊条电弧焊大(可达100 A/mm^2)，生产率为焊条电弧焊的3～5倍。既节省了填充金属，又提高了焊接速度。

(3) 与实心焊丝CO_2焊相比，通过调整药芯的成分就可以焊接不同钢种，适应性强，若研制适用同样钢种的实心焊丝在技术上将遇到许多困难。

(4) 对焊接电源无特殊要求，交流和直流均可使用，平特性和陡降特性都适应，因为药芯成分能改变电弧特性。

但是，药芯焊丝CO_2焊也有不足，主要是送丝比实心焊丝困难，芯料易吸潮，须对药芯焊丝严加保存和管理。表4-16是实心焊丝和药芯焊丝CO_2焊接工艺性和适用性比较。

表4-16　实心焊丝和药芯焊丝CO_2焊工艺性和适用性比较

<table>
<tr><td colspan="3" rowspan="3">性　能</td><td colspan="4">焊　　丝</td></tr>
<tr><td colspan="2">实心焊丝</td><td colspan="2">药芯焊丝</td></tr>
<tr><td>大电流</td><td>小电流</td><td>大直径</td><td>小直径</td></tr>
<tr><td rowspan="5">工艺性能</td><td colspan="2">熔深</td><td>最深</td><td>最浅</td><td>略浅</td><td>很深</td></tr>
<tr><td rowspan="2">熔渣</td><td>表层膜</td><td colspan="2">生成少</td><td>覆盖焊缝</td><td>薄而均匀覆盖</td></tr>
<tr><td>清渣</td><td colspan="2">不用</td><td colspan="2">容易(清渣)</td></tr>
<tr><td colspan="2">飞溅物</td><td>略多</td><td>多</td><td>略多</td><td>少</td></tr>
<tr><td colspan="2">咬边</td><td>稍易出现</td><td>不易出现</td><td colspan="2">不易出现</td></tr>
</table>

（续表）

<table>
<tr><th colspan="3" rowspan="3">性　能</th><th colspan="4">焊　丝</th></tr>
<tr><th colspan="2">实心焊丝</th><th colspan="2">药芯焊丝</th></tr>
<tr><th>大电流</th><th>小电流</th><th>大直径</th><th>小直径</th></tr>
<tr><td rowspan="4">工艺性能</td><td rowspan="4">气孔</td><td rowspan="2">风的影响</td><td colspan="4">敏感</td></tr>
<tr><td colspan="2">表面不易出现</td><td colspan="2">表面容易出现</td></tr>
<tr><td rowspan="2">母材污染</td><td colspan="4">比焊条电弧焊敏感</td></tr>
<tr><td colspan="2">表面不易出现</td><td colspan="2">表面容易出现</td></tr>
<tr><td rowspan="6">适用性</td><td colspan="2">适用钢种</td><td colspan="2">低碳钢，500 MPa、600 MPa 级高强度钢，耐大气腐蚀钢，低合金耐热钢</td><td>低碳钢，500 MPa、600 MPa 级高强度钢，表面硬化堆焊，低合金耐热钢</td><td>低碳钢、500 MPa级高强钢</td></tr>
<tr><td colspan="2">板厚</td><td>中厚板</td><td>薄板</td><td>中厚板</td><td>中厚板</td></tr>
<tr><td colspan="2">焊接位置</td><td>水平（横向）</td><td>全位置</td><td>水平（横向）</td><td>水平（横向）①</td></tr>
<tr><td colspan="2">坡口精度不良</td><td>敏感</td><td>不敏感</td><td>略敏感</td><td>敏感</td></tr>
<tr><td colspan="2">用途</td><td>汽车、其他车辆、工业机械、一般罐体</td><td>汽车、其他车辆、工业机械、管子和其他轻薄构件</td><td>对外观要求严格的一般罐体、工程机械</td><td>对外观要求严格的一般罐体、工程机械</td></tr>
<tr><td colspan="2">最大电流</td><td>500 A</td><td>250 A</td><td>500 A</td><td>500 A</td></tr>
</table>

注：① 当用小电流或 CO_2＋Ar 混合气体保护时，可进行全位置焊接。

（二）药芯焊丝气体保护焊工艺

1. 接头设计与准备

凡是适于焊条电弧焊的接头形式同样适于药芯焊丝气体保护焊。但是，药芯焊丝气体保护焊的熔深比焊条电弧焊大，因此在适用厚度范围和坡口设计上有些差别，可采用比焊条电弧焊的坡口角度更小、根部间隙更窄和钝边更大的坡口，这样能减少填充金属量。但必须保证在叠层焊时焊丝干伸长保持不变和根部可达，且在焊接过程中能灵活操纵焊丝。在平焊或横焊位置上焊接的角焊缝,其焊脚尺寸可比焊条电弧焊减小2～3 mm,这是因熔深大于焊条电弧焊,并不因此影响接头强度。

2. 焊接工艺参数

药芯焊丝气体保护电弧焊的工艺参数主要有焊接电流、电弧电压、焊接速度、焊丝伸出长度、保护气体流量和焊丝位置等。

由于药芯焊丝气体保护电弧焊使用的焊剂成分改变了电弧的特性,因此可以按药芯熔渣的性质在交流或直流电源、平外特性或下降外特性电源中选用。现以采用直流平特性电源的药芯焊丝CO_2焊工艺为例,介绍焊接工艺参数的选定。

1) 焊接电流

当其他条件不变时,焊接电流与送丝速度成正比。药芯焊丝CO_2焊低碳钢的送丝速度与焊接电流的关系为:电流增大,焊丝的熔敷速度提高,熔深加大;若电流过大,则产生凸形焊道,焊缝外观变坏;若电流过小,则产生颗粒熔滴过渡,且飞溅严重。

2) 电弧电压

为了获得良好的焊缝成形,当改变送丝速度来提高或减小焊接电流时,电源的输出电压也应随之改变,以保持电弧电压与电流的最佳关系。但是在焊接过程中电弧电压与弧长密切相关,如果电弧电压太高(弧长过长),会造成大的飞溅,焊道变宽,成形不规则;若电弧电压太低(弧长过短),则产生窄的凸状焊道,飞溅也变大,熔深变浅。

3) 焊丝伸出长度

焊丝伸出长度是指超出导电嘴的未熔化的焊丝长度。它被电阻加热,其电阻热与伸出长度成正比。当伸出长度太长时,会产生不稳定的电弧和飞溅过大;若伸出太短,飞溅物易堆积在喷嘴上,影响气体流动或堵塞,使保护不良而引起气孔等。通常焊丝伸出长度为19～38 mm,而喷嘴端到工件距约19～25 mm。

4）焊接速度

焊接速度影响焊缝熔深和形状，其他因素不变时，低焊速的熔深比高焊速的大，大电流焊时低焊速可能引起焊缝金属过热；焊速过快将引起焊缝外观不规则。一般焊接速度在 30～76 cm/min。

5）保护气体流量

若流量不足则对熔滴过渡和焊接熔池保护不良，引起焊缝气孔和氧化；流量过大，可能造成紊流、把空气卷入，同样引起焊缝金属氧化和产生气孔。正确的流量由焊枪喷嘴形式和直径、喷嘴到工件的距离以及焊接环境决定。通常在静止空气中焊接时流量约在 16～21 L/min，若在流动空气环境中或喷嘴到工件距离较长时流量应加大，可能达 26 L/min。

十、CO_2焊安全操作技术

(1) CO_2焊时，电弧光辐射比焊条电弧焊强，因此应加强防护。

(2) CO_2焊时，飞溅较大，尤其是粗丝焊接，会产生大颗粒飞溅，焊工应有必需的防护用具，防止灼伤人体。

(3) CO_2气体在焊接电弧高温下会分解生成对人体有害的 CO 气体，焊接时还会排出其他有害气体和烟尘，特别是在容器内施焊，更应加强通风，且容器外应有人监护。

(4) CO_2气体预热器所使用的电压不得高于 36 V。

(5) 大电流粗丝 CO_2焊时，应防止焊枪水冷系统漏水破坏绝缘，发生触电事故。

(6) 工作结束时，立即切断电源和气源。

(7) CO_2气瓶内装有液态 CO_2，满瓶压力约为 5～7 MPa，但当受到外加的热源时，液态 CO_2便迅速蒸发为气体，使瓶内压力升高，接受的热量越大，则压力增高越大，造成爆炸的危险性就越大。因此 CO_2气瓶不能接近热源及太阳下暴晒，使用时应遵守《气瓶安全监察规定》的规定。

第四节　埋弧焊

一、埋弧焊概述

(一) 埋弧焊的基本原理

埋弧焊是电弧在焊剂层下燃烧进行焊接的方法。埋弧焊接装置如图4-30所示。各组成部分的工作是：焊剂漏斗在焊接区前方不断输送焊剂于焊件的表面上；送丝机构由电动机带动压轮，保证焊丝不断地向焊接区输送；焊丝经导电嘴而带电，保证焊丝与工件之间形成电弧；通常焊剂漏斗、送丝机构、导电嘴等安装在一个焊接机头或小车上(图中没示出)，通过机头或小车上的行走机构以一定的焊接速度向前移动，控制箱(盒)对送丝速度和机头行走速度以及焊接工艺参数等进行控制与调节，小型的控制盒常设在小车上，大的控制箱则作为配套部件而独立设置。弧焊电源向电弧不断提供能量。

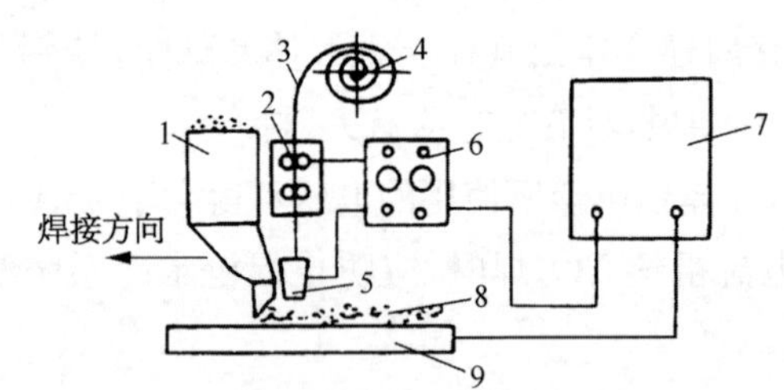

图4-30　埋弧焊接装置示意图

1—焊剂漏斗；2—送丝机构；3—焊丝；4—焊丝盘；5—导电嘴；
6—控制箱(盒)；7—弧焊电源；8—焊剂；9—焊件

埋弧焊的基本原理如图4-31所示。其焊接过程是：焊接电弧是在焊剂层下的焊丝与母材之间产生，电弧热使其周围的母材、焊丝和焊剂熔化以致部分蒸发，金属和焊剂的蒸发气体形成一个气泡，电弧就在这个气泡内燃烧。气泡的上部被一层熔化了的焊剂——熔渣构成的外膜所包围，这层外膜以及覆盖在上面的未熔化焊剂共同对焊接起隔离空气、绝热和屏蔽光辐射作用。焊丝熔化的熔滴落下与已局部熔化的母材混合而构成金属熔池，部分熔渣因密度小而浮在熔池表面。随着焊丝向前移动，电弧力将熔池中熔化金属推向熔池后方，在随后的冷却过程中，这部分熔化金属凝固成焊缝。熔渣凝固成渣壳，覆盖在焊缝金属表面上。在焊接过程中，熔渣除了对溶池和焊缝金属起机械保护作用外，还与熔化金属发生冶金反应(如脱氧、去杂质、渗合金等)，从而影响焊缝金属的化学成分。

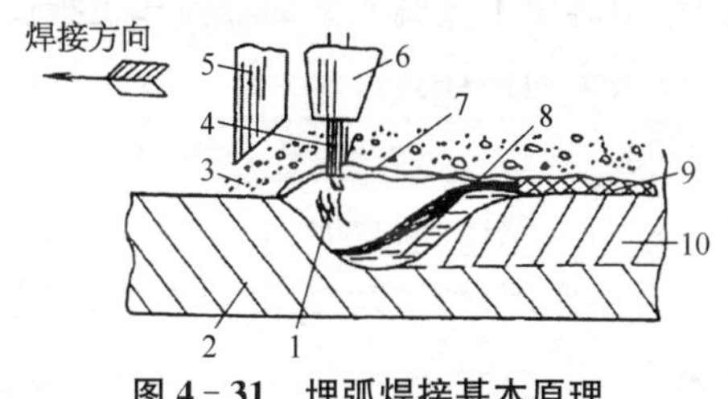

图 4-31 埋弧焊接基本原理

1—焊接电弧；2—母材；3—焊剂；4—焊丝；5—焊剂漏斗；6—导电嘴；7—熔渣；8—金属熔池；9—渣壳；10—焊缝

(二) 优缺点

埋弧焊是在自动或半自动下完成焊接的，与焊条电弧焊或其他焊接方法比较有如下优缺点：

1. 优点

1) 生产率高

埋弧焊时，焊丝从导电嘴伸出长度短，可以提高焊接电流(或电流密度)，一般可提高 4～5 倍。因此，熔透能力和焊丝熔敷率大大提高，一般不开坡口，单面一次焊，熔深可达 20 mm。另外，由于焊剂和熔渣的隔热作用，电弧热散失少，飞溅少，故热效率高，可提高焊接速度。厚度 8～10 mm 钢板对接，单丝埋弧焊速度可达到

30～50 m/h,而焊条电弧焊不超过 6～8 m/h。

2) 焊缝质量高

埋弧焊时,焊剂和熔渣能有效地防止空气侵入熔池而免受污染,还可降低焊缝冷却速度,从而可以提高接头的力学性能;由于焊接工艺参数可以通过自动调节保持稳定,焊缝表面光洁平直,焊缝金属的化学成分和力学性能均匀而稳定;对焊工技术水平要求不高。

3) 节省焊接材料和能源

较厚的焊件不开坡口也能熔透,从而焊缝中所需填充金属——焊丝量显著减少,省去了开坡口和填充坡口所需能源和时间;熔渣的保护作用避免了金属元素的烧损和飞溅损失;不像焊条电弧焊那样,有焊条头的损耗。

4) 劳动条件好

由于焊接过程的机械化和自动化,焊工劳动强度大大降低;没有弧光对焊工的有害作用;焊接时放出的烟尘和有害气体少,改善了焊工的劳动条件。

2. 缺点

(1) 埋弧焊是靠颗粒状焊剂堆积覆盖而形成对焊接区的保护条件,故主要适用于平焊(即俯焊)位置焊接。其他位置埋弧焊因装置过于复杂未被应用。

(2) 最适于长焊缝的焊接。其适应性和灵活性不如焊条电弧焊,特别短焊缝埋弧焊的效率低。不适于焊接厚度小于 1 mm 的薄板,因为小电流焊接电弧不稳定。

(3) 焊接时用的辅助装置较多。如焊剂的输送和回收装置,焊接衬垫、引弧板和引出板;焊丝的去污锈和缠绕装置等,有时尚需与焊接工装配合才能使用。

(三) 分类

埋弧焊按焊接过程机械化程度分,有自动埋弧焊和半自动埋弧焊。前者从引弧、送丝、焊丝移动、保持焊接工艺参数稳定，到停止送丝熄弧等过程全部实现机械化；后者仅焊丝向前移动由焊工通过焊枪来操作，其余均由机械操作。

按焊丝的数目分有单丝埋弧焊和多丝埋弧焊。前者只使用一根焊丝，在生产中应用最普遍；后者则采用双丝、三丝和更多焊丝，目的是提高生产率和改善焊缝成形。大多数情况是每一根焊丝由一个电源来供电。有些是沿着同一焊道多根焊丝以纵向前后排列，一次完成一条焊缝。有些是横向平行排列，同时一次完成多条焊缝的焊接，如电热锅炉生产中的水冷壁(膜式壁)焊缝的焊接。

按送丝方式分有等速送丝埋弧焊和变速送丝埋弧焊两大类。前者焊接过程焊丝送进速度恒定，适用于细焊丝、高电流密度焊接的场合，要求配备具有缓降的、平的或稍为上升的外特性弧焊电源；后者焊接过程焊丝送进速度随弧压变化而变化，适用于粗焊丝、低电流密度焊接场合，要求配备具有陡降的或恒流的外特性弧焊电源。

按电极形状分有丝极埋弧焊和带极埋弧焊，后者作为电极的填充材料为卷状的金属，主要用于耐磨、耐蚀合金表面堆焊。

二、埋弧焊适用范围

(一) 材料范围

其是指被焊金属——母材的范围。埋弧焊最广泛用于$W(C)<0.30\%$、$W(S)<0.05\%$的低碳钢的焊接生产。其次是用于低合金钢和不锈钢的焊接。对中、高碳钢和合金钢不常使用埋弧焊，因为焊时常须采用比较复杂的工艺措施。

埋弧焊可以在普通结构钢基体的表面上堆焊覆层，使其具有耐蚀或其他性能。

(二) 厚度范围

埋弧焊最适于焊接中厚以上的钢板，这样能发挥大电流高熔深的优点。随着厚度增加,在待焊部位开适当坡口以保证焊透和改善焊缝成形。表4-17列出了一般可焊厚度范围。

表4-17 埋弧焊焊接厚度范围

	0.13	0.4	1.6	3.2	4.8	6.4	10	12.7	19	25	51	102	205
单层无坡口			←	—	—	—	—	→					
单层带坡口						←	—	—	—	→			
多层焊								←	—	—	—	—	→

三、埋弧焊工艺及影响因素

埋弧焊时使用的焊接材料为焊丝和焊剂。与焊条电弧焊用的电焊条中焊芯和药一样,焊丝与焊剂直接参与焊接过程中的冶金反应,它们的化学成分和物理特性都会影响焊接的工艺过程,并通过焊接过程对焊缝金属的化学成分、组织和性能发生影响。正确选择焊丝并与焊剂配合使用是埋弧焊接技术的一项关键内容。

(一)焊缝形状与尺寸及对其影响的因素

焊缝的形状与尺寸影响到焊缝的质量和工作性能,焊接时必须进行控制。

焊缝形状是指焊接接头中经熔化及随后冷凝而形成焊缝的截面形状,它由焊接熔池形状所决定。一般用熔深 H、焊缝宽度 B 和余高 a 三个参数来表征焊缝的形状和尺寸,如图4-32所示。

1. 焊缝成形系数

熔深 H 反映焊接的熔透程度,决定着焊接接头的承载能力,是说明焊缝质量的重要指标之一。焊缝宽度 B 不直接反映接头的承载能力,但它和熔深 H 构成的焊缝的基本形状却影响着焊缝的质量,常用焊缝成形系数 $\varphi=B/H$ 来描述。当 φ 小时,说明焊缝窄而深,这样的焊缝往往在熔池金属冷凝过程中气体难以逸出而易产生气孔,同时熔池的结晶方向有利于焊接裂纹的生成。另

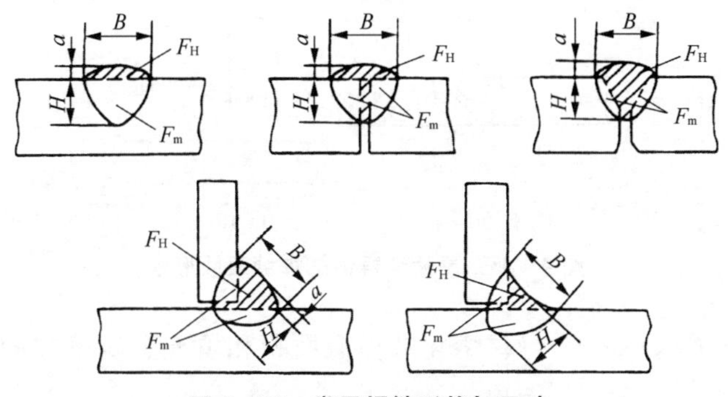

图 4-32 常见焊缝形状与尺寸

外，这样的焊缝反映其焊接热量较集中，其接头的热影响区较小。当 φ 大时，说明焊缝浅而宽，这样的焊缝根部不易焊透。通常埋弧焊接头的焊缝成形系数 $\varphi>1.3$ 较为合理。若是埋弧堆焊，为了保证堆焊层成分和高的堆焊生产率，其焊缝成形系数 φ 一般要求较大，可达 10。

2. 余高系数

焊后焊缝产生凹陷是不允许的。焊缝余高是为了避免熔池金属凝固时产生凹陷而留出的工艺允许偏差，它的存在还能增大焊缝工作截面，从而提高其承受静载的能力。但是，余高过大，则在焊趾处引起应力集中，使接头的疲劳寿命下降。所以要加以限制，使余高 a 与焊缝宽度 B 应有一个合理的比例关系，常用余高系数——B 与 a 之比（即 B/a）来表示这种关系。一般要求 $B/a>4\sim8$，为了提高焊件的疲劳寿命，最好的办法是把对接接头的焊缝余高去掉，或把角焊缝焊成凹面的或者焊后加工焊趾，使余高向母材平滑过渡，如图 4-33 所示。

3. 焊缝熔合比

熔焊时，被熔化的母材在焊缝金属中所占的体积分数称焊缝熔合比。可见熔合比 γ 可用下式表示：

$$\gamma=F_m/(F_m+F_H)$$

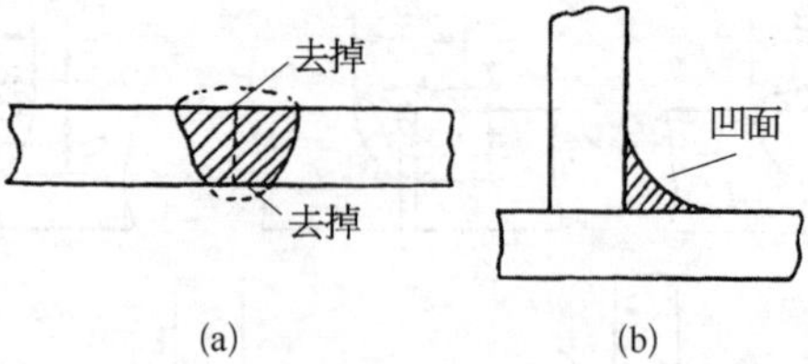

图 4-33 高疲劳寿命的焊缝表面形状

式中 F_m、F_H——母材熔化的横截面积和填充金属熔敷的横截面积(mm^2)。

熔合比 γ 随坡口和熔池的形状与尺寸的改变而改变，在焊接中碳钢、合金钢和有色金属时，可以通过改变熔合比的大小来调整焊缝的化学成分和组织，这是防止焊缝产生冶金缺陷、提高焊缝力学性能的有效途径。

(二) 影响焊缝形状及尺寸的因素

影响焊缝形状及尺寸的因素可归纳为焊接工艺参数、工艺因素和结构因素三方面。

1. 焊接工艺参数

埋弧焊接的工艺参数主要是焊接电流、电弧电压和焊接速度等。

1) 焊接电流

其他条件不变时，做平面堆焊，焊接电流对焊缝形状及尺寸的影响如图 4-34 所示。熔深 H 几乎与焊接电流成正比，即 $H = K_m I$，K_m 为熔深系数，它随电流种类、极性、焊丝直径以及焊剂化学成分而异。对 $\phi 2$ 和 $\phi 5$ 焊丝实测的 K_m 值分别为 1.0～1.7 和 0.7～1.3，这些数据可作为按熔深要求初步估算焊接电流的出发点。其余条件相同时，减小焊丝直径，可使熔深增加而缝宽减小。为了获得合理的焊缝成形，通常在提高焊接电流的同时，相应地提高电弧电压。

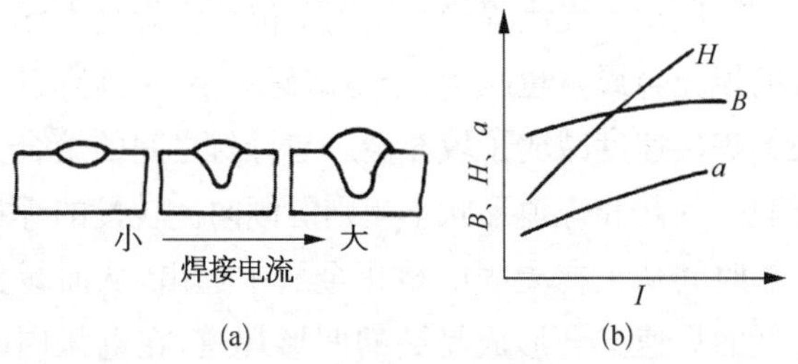

图 4-34 焊接电流对焊缝成形的影响

B—焊缝宽度；H—熔深；a—余高

2）电弧电压

在其他条件不变的情况下，电弧电压对焊缝形状及尺寸的影响如图 4-35 所示。电弧电压与电弧长度有正比关系，埋弧焊接过程中为了电弧燃烧稳定总要求保持一定的电弧长度，若弧长比稳定的弧长偏短，意味着电弧电压相对于焊接电流偏低，这时焊缝变窄而余高增加；若弧长过长，即电弧电压偏高，这时电弧出现不稳定，缝宽变大，余高变小，甚至出现咬边。在实际生产中电弧电压和电流的关系，在焊接电流增加时，电弧电压也相应增加，或熔深增加的同时，熔宽也相应增加。但是，在每一挡焊接电流上约有 10 V 的电压变动范围，较低的电压焊出窄焊道，而较高电压将焊出宽焊道，超出 10 V 的工作范围焊缝金属的质量下降。

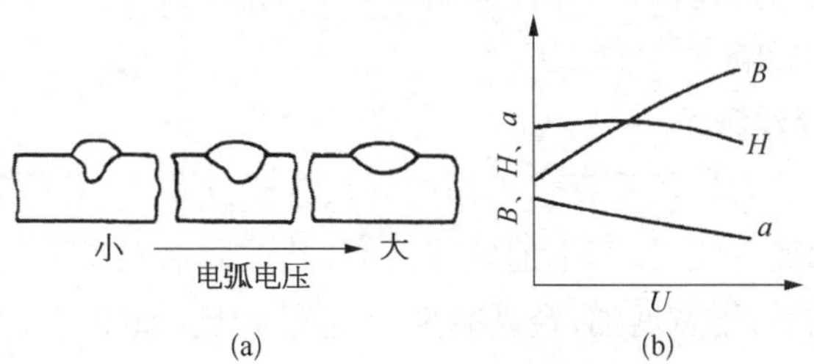

图 4-35 电弧电压对焊缝成形的影响

3）焊接速度

在其他条件不变的情况下，焊接速度对焊缝形状及尺寸的影响如图4－36所示。提高焊接速度则单位长度焊缝上输入热量减小。加入的填充金属量也减少,于是熔深减小、余高降低和焊道变窄。过快的焊接速度减弱了填充金属与母材之间的熔合并加剧咬边、电弧偏吹、气孔和焊道形状不规则的倾向。较慢的焊接速度使气体有足够时间从正在凝固的熔化金属中逸出,从而减少气孔倾向。但过低的焊速又会形成易裂的凹形焊道,在电弧周围流动着大的熔池,引起焊道波纹粗糙和夹渣。

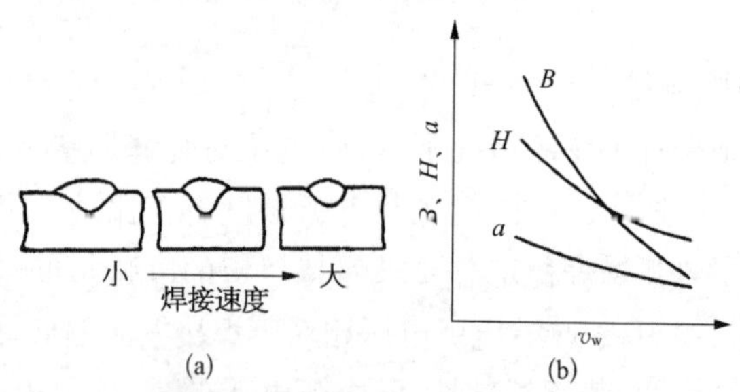

图4－36　焊接速度对焊缝成形的影响

实际生产中为了提高生产率,在提高焊接速度的同时必须加大电弧的功率(即同时加大焊接电流和电弧电压保持恒定的热输入量),才能保证稳定的熔深和熔宽。

2. 工艺因素

主要指焊丝倾角、焊件倾斜度和焊剂层的宽度与厚度等对焊缝成形的影响。

1) 焊丝倾角

通常认为焊丝垂直水平面的焊接为正常状态,若焊丝在前进方向上偏离垂线,如产生前倾或后倾,其焊缝形状是不同的,后倾焊熔深减小,熔宽增加,余高减少,前倾恰相反,如图4－37所示。

2) 焊件倾斜度

其是指焊件倾斜后使焊缝轴线不处在水平线上,出现了上坡焊或下坡焊。上坡焊随着斜角β增加,重力引起熔池向后流动,母材的边缘熔化并流向中间,熔深和熔宽减小,余高加大。当倾斜度

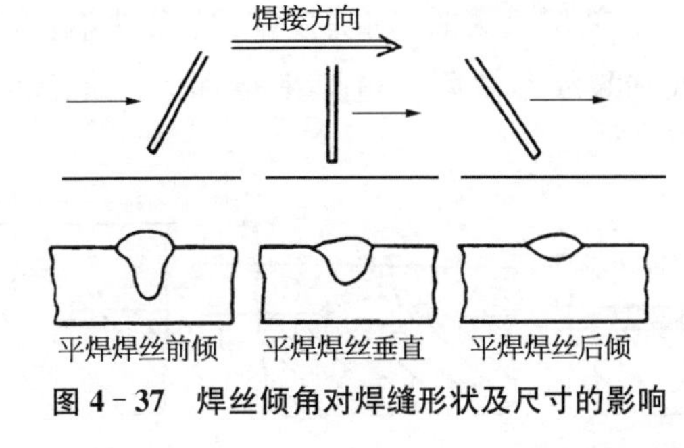

图 4－37　焊丝倾角对焊缝形状及尺寸的影响

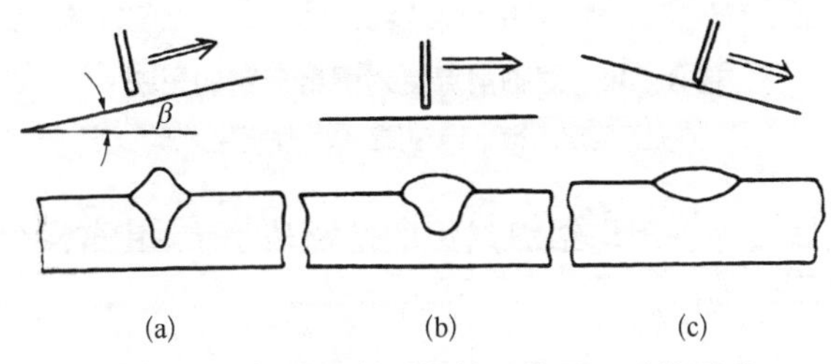

图 4－38　焊件倾斜对焊缝形状及尺寸的影响

(a) 上坡焊；(b) 平焊；(c) 下坡焊

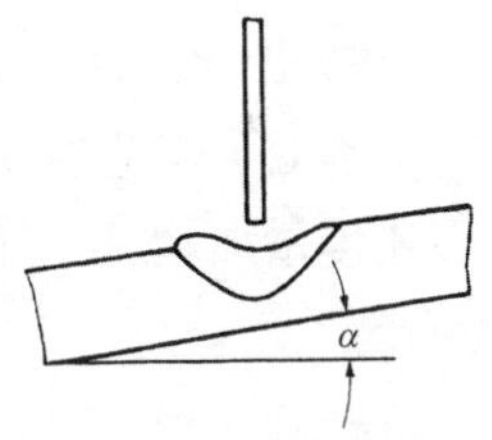

图 4－39　侧面倾斜对焊缝形状的影响

$\beta>6°\sim12°$，则余高过大，两边出现咬边，成形明显恶化，如图4－38a所示。应避免上坡焊，或限制倾角小于 6°(约 1∶10)。下坡焊效果与上坡焊相反，若 β 过大，焊缝中间表面下凹，熔深减小，熔宽加大，就会出现未焊透、未熔合和焊瘤等缺陷。在焊接圆筒状工件的内、外环缝时，一般都采用下坡焊，以减少烧穿的可能性，并改善焊缝成形。厚 1.3 mm 薄板高速焊接，$\beta=15°\sim18°$。下坡焊效果好。随着板厚增加，下坡焊斜角相应减少，以加大熔深。侧面倾斜也对焊缝形状造成影响，如图 4－39 所示。一般侧向倾斜度应限制在 3°(或 1∶20)内。

3）焊剂层厚度

在正常焊接条件下，被熔化焊剂的重量约与被熔化的焊丝的重量相等。焊剂层的厚度对焊缝外形与熔深的影响如图

4－40所示。焊剂层太薄时，则电弧露出，保护不良，焊缝熔深浅，易生气孔和裂纹等缺陷。过厚则熔深大于正常值，且出现峰形焊道。

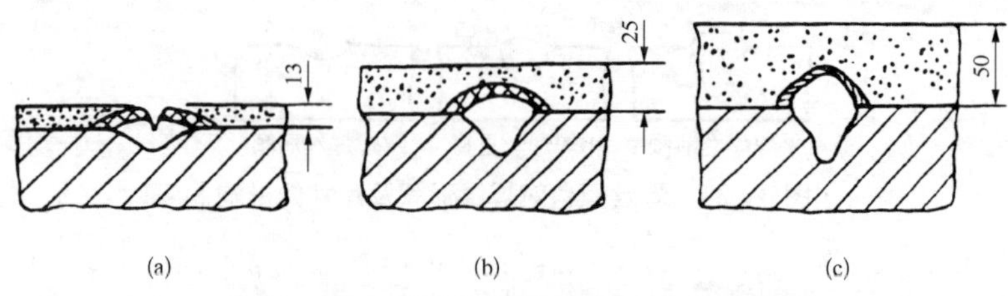

图4－40　焊剂层厚度对焊缝形状的影响

(a) 焊剂层太薄；(b) 正常；(c) 焊剂层太厚

在同样条件下用烧结焊剂焊的熔深浅宽大，其熔深仅为熔炼焊剂的70％～90％。

4）焊剂粗细

焊剂粒度增大时，熔深和余高略减，而熔宽略增，即焊缝成形系数φ、余高系数β增大，而熔合比γ稍减。

5）焊丝直径

在其他工艺参数不变的情况下，减小焊丝直径，意味着焊接电流密度增加，电弧窄因而焊缝熔深增加，宽深比减小，如图4－41所示。

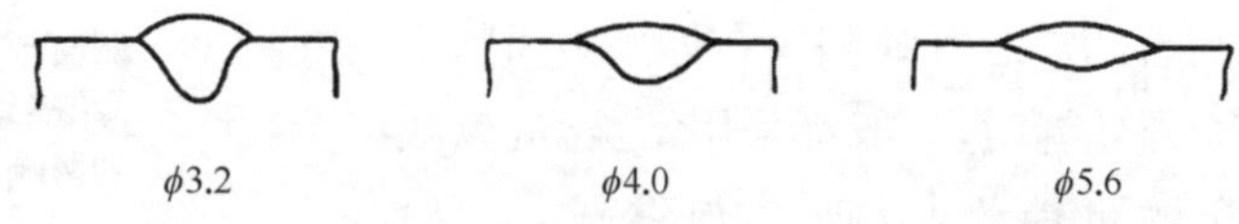

图4－41　焊丝直径对堆焊焊缝形状及尺寸的影响

(碳钢埋弧焊U=30 V，I=600 A，V=76 cm/min)

6）极性

直流正极性(焊件接正极)焊缝的熔深和熔宽比直流反接的小，而交流电介于两者之间。

综合上述各焊接工艺参数对焊缝形状的影响见表4－18。

表 4－18　工艺参数对焊缝形状和焊缝组成比例的影响(交流电焊接)

<table>
<tr><th rowspan="3">焊缝特征</th><th colspan="11">下列各项值增大时焊缝特征的变化</th></tr>
<tr><th rowspan="2">焊接电流≤1 500 A</th><th rowspan="2">焊丝直径</th><th colspan="2">电弧电压</th><th colspan="2">焊接速度</th><th rowspan="2">焊丝后倾角度</th><th colspan="2">焊件倾斜角</th><th rowspan="2">间隙和坡口</th><th rowspan="2">焊剂粒度</th></tr>
<tr><th>自 22～24 V 至 32～34 V</th><th>自 34～36 V 至 50～60 V</th><th>10～40 m/h</th><th>40～100 m/h</th><th>上坡焊</th><th>下坡焊</th></tr>
<tr><td>熔深 H</td><td>剧增</td><td>减</td><td>稍增</td><td>稍减</td><td>几乎不变</td><td>减</td><td>剧减</td><td>减</td><td>稍增</td><td>几乎不变</td><td>稍减</td></tr>
<tr><td>熔宽 B</td><td>稍增</td><td>增</td><td>增</td><td>剧增(但直流正接时例外)</td><td colspan="2">减</td><td>增</td><td>增</td><td>稍减</td><td>几乎不变</td><td>稍增</td></tr>
<tr><td>余高 a</td><td>剧增</td><td>减</td><td colspan="2">减</td><td colspan="2">稍增</td><td>减</td><td>减</td><td>增</td><td>减</td><td>稍减</td></tr>
<tr><td>形状系数 B/H</td><td>剧减</td><td>增</td><td>增</td><td>剧增(但直流正接时例外)</td><td>减</td><td>稍减</td><td>剧减</td><td>增</td><td>减</td><td>几乎不变</td><td>增</td></tr>
<tr><td>余高系数 B/a</td><td>剧减</td><td>增</td><td>增</td><td>剧增(但直流正接时例外)</td><td colspan="2">减</td><td>剧增</td><td>增</td><td>减</td><td>增</td><td>增</td></tr>
<tr><td>母材熔合比 γ</td><td>剧增</td><td>减</td><td>稍增</td><td>几乎不变</td><td>剧增</td><td>增</td><td>减</td><td>减</td><td>稍增</td><td>减</td><td>稍减</td></tr>
</table>

3. 结构因素

其主要指接头形式、坡口形状、装配间隙和工件厚度等对焊缝形状和尺寸的影响。表 4－19 列出了其他焊接条件相同的情况下，坡口形状和装配间隙对对接接头焊缝形状的影响。

通常是增大坡口深度或宽度时，或增大装配间隙时，则相当于焊缝位置下沉，其熔深略增，熔宽略减，余高和熔合比则明显减小。

表 4-19　接头的坡口形状与装配间隙对焊缝形状的影响

坡口名称	表面堆焊	I形坡口			V形坡口	
结构状态	平面	无间隙	小间隙	大间隙	小坡口角	大坡口角
焊缝形状		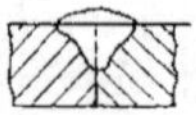	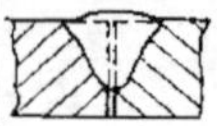	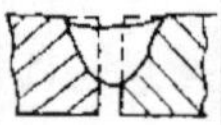	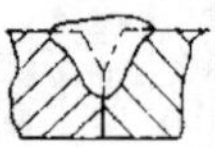	

因此,可以通过改变坡口的形状、尺寸和装配间隙来调整焊缝金属成分和控制焊缝余高。留或不留间隙与开坡口相比,两者的散热条件有些不同,一般开坡口的结晶条件较为有利。

对T形接头和搭接接头的角焊缝,若处在船形位置平焊,其焊缝形状就相当于开90°角的V形坡口对接焊缝的形状相同。若水平横焊,角焊缝的形状还要受到焊条运条的角度、速度和方式的影响。

工件厚度 t 和散热条件对焊缝形状也有影响,当熔深 $H \leqslant (0.7 \sim 0.8)t$ 时,则板厚与工件散热条件对熔深影响很小,但散热条件对熔宽及余高有明显影响。用同样的工艺参数在冷态厚板上施焊时,所得的焊缝比在中等厚度板上施焊时的熔宽较小而余高较大。当熔深接近板厚时,底部散热条件及板厚的变化对熔深的影响变得明显。焊缝根部出现热饱和现象而使熔深增大。

(三) 焊接接头设计与坡口加工

1. 焊接接头设计

埋弧焊接头应是根据结构特点(主要是焊件厚度)、材质特点和埋弧焊工艺特点综合考虑后进行设计。最常用的接头形式是对接接头、T形接头、搭接接头和角接头。每一种接头的焊缝坡口的基本形式和尺寸现已标准化。对于碳钢和低合金钢埋弧焊焊接接头的坡口是按工件不同厚度从标准《埋弧焊的推荐坡口》(GB/T 985.2—2008)中选用,为了正确地选用或者由于特殊的需要而必须自行设计接头坡口形式和尺寸时，应掌握如下要点：

(1) 根据埋弧焊熔深大的特点，最经济的是不开坡口的，又称 I 形坡口的接头设计。这样的接头如果采用单道焊接的话，通过调节装配间隙和背面加或不加衬垫，就可焊接不同厚度范围的钢板。

如果不留间隙和背面不加衬垫进行单面单道焊，一般可焊到厚为 8 mm 的钢板，最高可达 14 mm；双面单道焊一般可达 16 mm 的钢板。如果留一定间隙且背面采用某种形式的衬垫，单面单道焊的厚度可达 12 mm 以上，随间隙加大，一次可焊厚度也增加。

(2) 接头开坡口的目的主要是使焊丝很好地接近接头根部，保证熔透。此外，还可改善焊缝成形、调整母材的熔合比和焊缝金属结晶形态等。若结构只能做单面焊，则开 V 形或 U 形坡口；若可做两面施焊，可开双 V 形(或 X 形)或双 U 形坡口。在同样厚度下，V 形坡口较 U 形坡口消耗较多的填充金属，板愈厚，消耗愈多。但 U 形坡口加工费较高。

一般情况下，板厚为 12～30 mm 时，开单 V 形坡口，30～50 mm 时可开双面 V 形(即 X 形)口，20～50 mm 时可开 U 形坡口，50 mm 以上时可开双面 U 形坡口。

(3) 无论是坡口焊缝还是角焊缝的焊接，在装配时一般都给定装配间隙，主要是为了保证根部熔透和改善焊缝外形。确定装配间隙时，要考虑坡口形状和尺寸以及背面有无衬垫等情况。如果所开坡口的角度较小，则须加大装配间隙。但是，过大的间隙易烧穿，还需较多的焊缝填充金属，增加焊接成本和焊件的变形。通常装配间隙不应大于焊丝直径。如果间隙过小，则在焊缝根部易发生未焊透或夹渣。双面焊时就会增加背面清根的工作量。

对多道焊在施焊第一焊道时，如果背面有焊接衬垫，其间隙可以加大，坡口角可相应减小。

钝边主要是用来补充金属的厚度，可避免烧穿的倾向，如果采

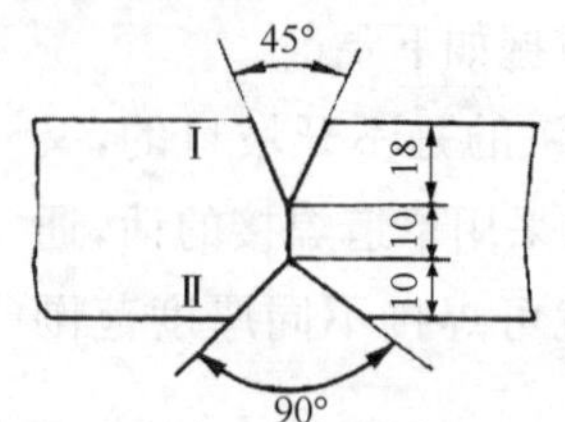

图 4-42　双面单道开坡口对接接头的设计

Ⅰ(先焊面)：$I = 1\ 250$ A, $U = 38$ V, $V = 20$ cm/min;
Ⅱ(后焊面)：$I = 1\ 250$ A, $U = 38$ V, $V = 20$ cm/min

用永久性焊接衬垫单面焊，建议不用钝边。

(4) 对双面单道开坡口对接接头焊接时，如果先焊面与后焊面采用同样的工艺参数，则其坡口形状和尺寸要做适当调整，如图 4-42 所示的实例。

2. 坡口加工

坡口的加工可以用机械方法和热切割方法进行。机械加工的坡口，加工后坡口处要去油污，热切割后要去熔渣。埋弧焊的坡口要求加工精度较高，坡口角度的允许偏差一般不大于±5°，钝边高不大于±1 mm。

(四) 组装和定位焊

1. 接头组装

接头组装是指组合件或分组件的装配，它直接影响焊缝质量、强度和变形。当厚板埋弧焊时需严格控制组装质量，接头必须均匀地对准，并具有均匀的根部间隙，应严格控制错边和间隙的允许偏差。当出现局部间隙过大时，可用性能相近的焊条电弧焊修补。不允许随便塞进金属垫片或焊条头等。

2. 定位焊

定位焊是为装配和固定焊件接头的位置而进行的焊接。通常由焊条电弧焊来完成，使用与母材性能相接近而抗裂抗气孔性能好的焊条。焊缝的位置一般在第一道埋弧焊缝的背面，板厚<25 mm 的定位焊缝长 50～70 mm，间距 300～500 mm；板厚>25 mm，其焊缝长 70～100 mm，间距 200～300 mm。施焊时注意防止钢板变形，对高强度钢、低温钢易产生焊缝裂纹，焊前要预热。焊后需清渣，有缺陷的定位焊缝在埋弧焊前必须除掉，还必须保证埋弧焊也能将定位焊缝完全熔化。

（五）引弧板与引出板

为了在焊接接头始端和末端获得正常尺寸的焊缝截面，和焊条电弧焊一样在直的接缝始、末端焊前装配一块金属板，开始焊接用的板称引弧板，结束焊接用的板称引出板，用后再把它们割掉。

通常始焊和终焊处最易产生焊接缺陷，如焊瘤、弧坑等，使用引弧板和引出板就是把焊缝两端向外延长，避免这些缺陷落在接头的始、末端，从而保证了整条焊缝质量稳定均匀。

引弧板和引出板宜用与母材同质材料，以免影响焊缝化学成分，其坡口形状和尺寸也应与母材相同。平板长对接缝由于有定位焊拘束存在等原因，焊时易产生终端裂纹，对于板厚在 25 mm 以下的焊件，推荐采用开槽的引出板，如图 4－43 所示。引弧板和引出板尺寸的确定，是在长度方面要足以保证工件的焊缝金属在接头的两端有合适的形状，宽度方面足以支托所需的焊剂。

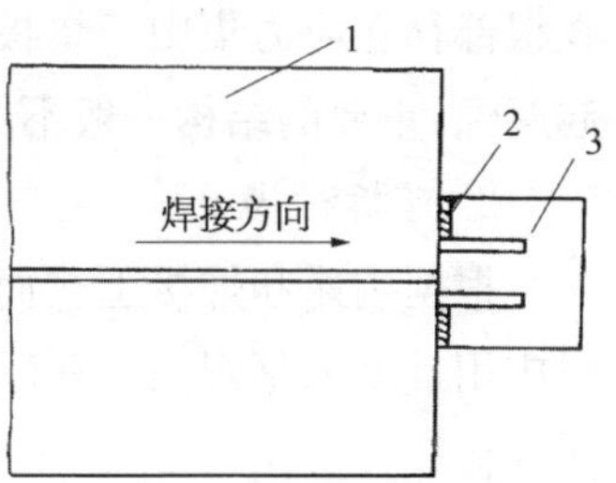

图 4－43　开槽引出板及其连接方式

1—焊件；2—连接焊缝；3—引出板

（六）焊接衬垫与打底焊

为了防止烧穿、保证接头根部焊透和焊缝背面成形，沿接头背面预置的一种衬托装置称焊接衬垫。埋弧焊接用的衬垫有可拆的和永久的。前者属临时性衬垫，焊后须拆除掉；后者与接头焊成一体，焊后不拆除。

1. 永久衬垫

其是用与母材相同的材料制成的板条或钢带，简称垫板。在装配间隙过大时，如安装现场，最后合拢的接缝其间隙不易控制的情况下，可采用这种衬垫，目的是防止焊时烧穿，附带作用是便于装配;在单面焊时,焊后无法从背面拆除衬垫的情况下也可采用。垫板的厚度视母板厚度而定,一般在3～10 mm,其宽度在20～50 mm。为了固定垫板,须采用短的断续定位焊;垫板与母材板边须紧贴,否则根部易产生夹渣。不等厚板对接时可用锁边坡口,如图4-44所示,其作用与垫板相同。

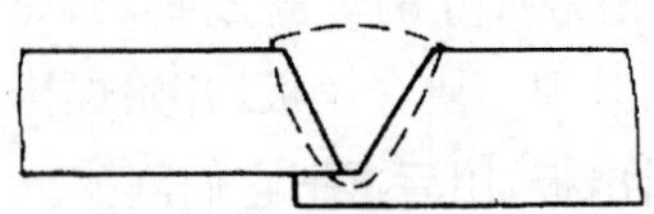

图4-44 带锁边坡口的接头

永久衬垫成为接头的组成部分使接头应力分布复杂化,主要在根部存在应力集中。垫板与母材之间存在缝隙,易积垢纳污引起腐蚀,重要的结构一般不用。

2. 可拆衬垫

根据用途和焊接工艺而采用各种形式的可拆衬垫,平板对接时应用最多的是焊剂垫和焊剂-铜垫,其次是移动式水冷铜衬垫和热固化焊剂垫。

1) 焊剂垫

双面埋弧焊焊接正面第一道焊缝时,在其背面常使用焊剂垫以防止烧穿和泄漏。图4-45是其中两种结构形式,适用于批量较大、厚度在14 mm以上的钢板对接。单件小批量生产时,可使用较为简易的临时性工艺垫,进行反面焊时须把临时工艺垫去掉。

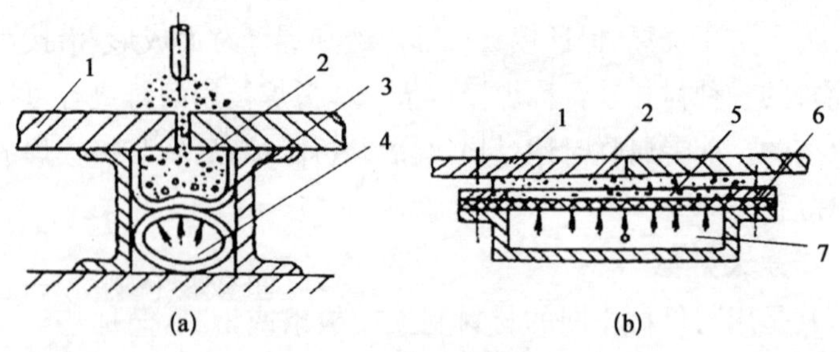

图4-45 焊剂垫

1—焊件;2—焊剂;3—帆布;4—充气软管;5—橡皮膜;6—气槽压板;7—气槽

单面焊用的焊剂垫必须既要防止焊接时烧穿，还要保证背面焊道强制成形。这就要求焊剂垫上托力适当且沿焊缝分布均匀，否则会出现如图 4－46 所示的缺陷。

(a)　　(b)

图 4－46　焊剂垫上托力不正常引起的缺陷

2）焊剂-铜垫

单面焊背面成形埋弧焊工艺常使用的衬垫之一，是在铜垫表面撒上一层约 3～8 mm 焊剂的装置，如图 4－47 所示。铜垫应带沟槽，其形状和尺寸见表 4－20。沟槽起强制焊缝背面成形作用，而焊剂起保护铜垫作用，其颗粒宜细些，牌号可与焊正式焊缝用的相同。这种装置对焊剂上托力均匀与否不甚敏感。

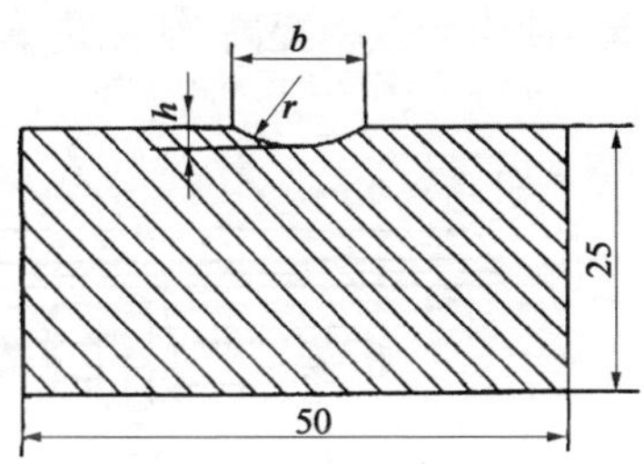

图 4－47　焊剂-铜垫的截面

表 4－20　铜垫截面尺寸　　(mm)

钢板厚度	槽宽 b	槽深 h	槽曲率半径 r
4～6	10	2.5	7.0
6～8	12	3.0	7.5
8～10	14	3.5	9.5
12～14	18	4.0	12

3）水冷铜垫

铜热导率较高，直接用作衬垫有利于防止焊缝金属与衬垫熔合。铜衬垫应具有较大的体积，以散走较多热量防止熔敷第一焊道时发生熔化。在批量生产中应做成能通冷却水的铜衬垫，以排除在连续焊接时积累的热量。铜衬垫上可以开成形槽以控制焊缝背面的形状和余高。不管有无水冷却,焊接时不许电弧接触铜衬垫。长焊缝焊接可以做成移动式的水冷铜垫,如图 4－48 所示。它是一块短的水冷铜滑块,其长度以焊接熔池底部能凝固不焊漏为宜,把它装在焊件接缝的背面,位于电弧下方,靠焊接小车上的拉紧弹簧,通过焊件的装配间隙(一般 3～6 mm)将其强制紧贴在焊缝背面。随同电弧一起移动,强制焊缝背面成形。这种装置适于焊接 6～20 mm 板厚的平对接接头。其优点是一次焊成双面成形,使生产效率提高,缺点是铜衬垫磨损较大,填充金属消耗多。

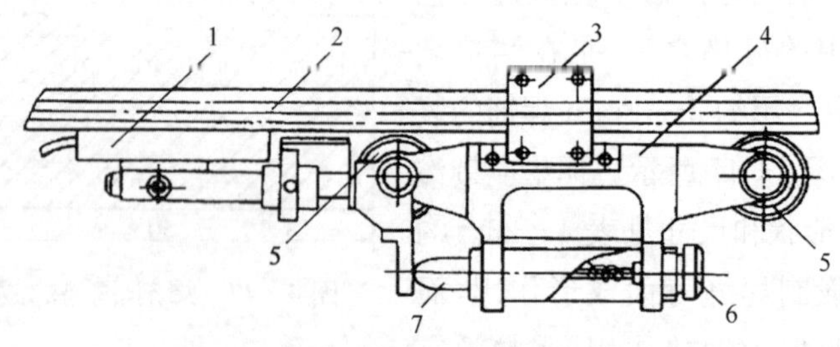

图 4－48　移动式水冷成形铜滑块结构

1—铜滑块;2—铜板;3—拉片;4—拉紧滚轮架;5—滚轮;6—夹紧调节装置;7—顶杆

此外,还有利用陶瓷焊垫,其主要成分为氧化硅和氧化铝,呈中性,既不熔入熔池,也不与焊缝金属发生反应。

3. 打底焊道

焊接有坡口的对接接头时,在接头根部焊接的第一条焊道,称打底焊道。使用打底焊道的主要目的是保证埋弧焊能焊透而又不至于烧穿。其作用与焊接衬垫基本相同。通常是在难以接近、接头熔透或装配不良、焊件翻转困难而又不便使用其他衬垫方法时使用。焊接方法可以是焊条电弧焊、等离子弧焊或 TIG 焊等。使用的焊条或填充焊丝必须使其焊缝金属具有相似于埋弧焊焊缝金属的化学成分和性能。打底焊道尺寸应足够大,以承受住施工过程中所施加的任何载荷。焊完打底焊道之后,须打磨或刨削接头根部，以保证在无缺陷的清洁金属上熔敷第一道正面埋弧焊缝。

如果打底焊道的质量符合要求，则可保留作为整个接头的一部分。焊接质量要求高时，可在埋弧焊缝完成之后用氧气切割、碳弧气刨或机械加工方法将此打底焊道除掉。然后再焊上永久性的埋弧焊缝。

（七）焊前和层间的清理

在焊接前须将坡口和焊接部位表面锈蚀、油污、氧化皮、水分及其他对焊接有害物质清除干净，方法可以是手工清除，如钢丝刷、风动或电动的手提砂轮或钢丝轮等；也可用机械清除，如喷砂（丸）等，或用气体火焰烘烤法（将母材表面加热到200～315℃）。大批量生产的情况下，常安排焊前预处理工序。

在熔敷下一焊道之前，必须将前一焊道熔渣、表面缺陷、弧坑及焊接残余物，用刷、磨、锉、凿等方法去除掉。

（八）自动埋弧焊接常规工艺与技术

熔深大是自动埋弧焊接的基本特点，若不开坡口不留间隙对接单面焊，一次能熔透14 mm以下的焊件，若留5～6 mm间隙就可熔透20 mm以下的焊件。因此，可按焊件厚度和对焊透的要求决定是采用单面焊还是双面焊，是开坡口焊还是不开坡口焊。

1. 对接焊缝单面焊（工艺）

当焊件翻转有困难或背面不可达而无法进行施工的情况下须做单面焊。无须焊透的工艺最为简单，可通过调节焊接工艺参数、坡口形状与尺寸以及装配间隙大小来控制所需的熔深，是否使用焊接衬垫则由装配间隙大小来决定。要求焊透的单面焊必须使用焊接衬垫，使用焊接衬垫的方式与方法前面已述及。应根据焊件的重要性和背面可达程度而选用。

2. 对接焊缝双面焊

工件厚度超过12～14 mm的对接接头，通常采用双面埋弧焊,不开坡口可焊到厚 20 mm 左右,若预留间隙,厚度可达到 50 mm。

焊接第一面时,所用的埋弧焊工艺和技术与前述单面焊不要求焊透的相似,有悬空、在焊剂垫上焊和临时工艺垫焊等方法。

1) 悬空焊

一般不留间隙或留不大于 1 mm 的间隙,若双面只焊一道并要求焊透的话,第一面焊接的熔深约为焊件厚度的一半,反面焊接的熔深要求达到焊件厚度的 60%～70%,以保证完全焊透。

2) 在焊剂垫上焊

焊接第一面时,采用预留间隙不开坡口的方法最经济,应尽量采用。所用的焊接工艺参数应保证第一面的熔深超过焊件厚度的 60%～70%,待翻转焊件焊反面焊缝时,采用同样的焊接工艺参数即能保证完全焊透。

3) 在临时工艺垫上焊

通常是单件或小批量生产时,而不开坡口预留间隙对接双面焊时使用临时性工艺垫。若正反面采用相同焊接工艺参数,为了保证焊透则要求每一面焊接时熔深达板厚的 60%～70%。反面焊之前应清除间隙内的焊剂和焊渣。

3. 角焊缝的埋弧焊焊剂工艺

焊接 T 形接头、搭接接头和角接接头的角焊缝时,最理想的焊接方法是船形焊,其次是横角焊。

1) 船形焊

其是把角焊缝处于平焊位置进行焊接的方法,相当于开 90°V 形坡口平对接焊,如图 4－49 所示,通常采用左右对称的平焊(角焊缝两边与垂线各成 45°),适于焊脚尺寸大于 8 mm 的角焊缝的埋弧焊接。一般间隙不超过 1～1.5 mm,否则必须采取衬垫以防烧穿或铁水和熔渣流失的措施。

2) 横角焊

焊脚尺寸小于 8 mm 可采用横角焊或者当焊件的角焊缝不可

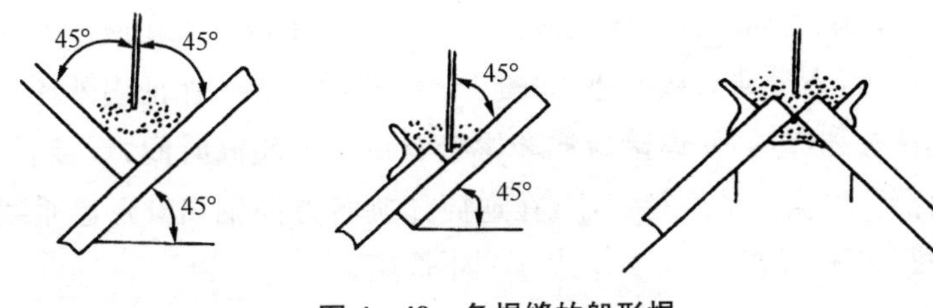

图 4-49　角焊缝的船形焊

能或不便于采用船形焊时，也可采用横角焊，如图 4-50 所示。这种焊接方法有装配间隙也不会引起铁水或熔渣的流淌，但焊丝的位置对角焊缝成形和尺寸有很大影响。一般偏角 α 在 30°～40°，每一道横角焊缝截面积一般不超过 40～50 mm²。相当于焊脚尺寸不超过 8 mm×8 mm，否则会产生金属溢流和咬边。大焊脚尺寸须用多道焊，图 4-51 为双道焊的工艺。

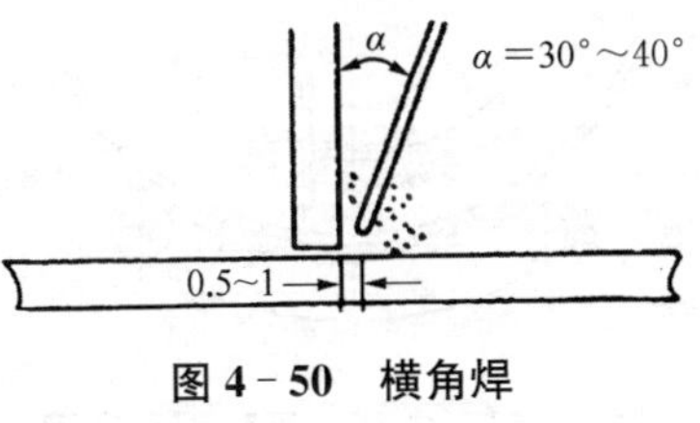

图 4-50　横角焊

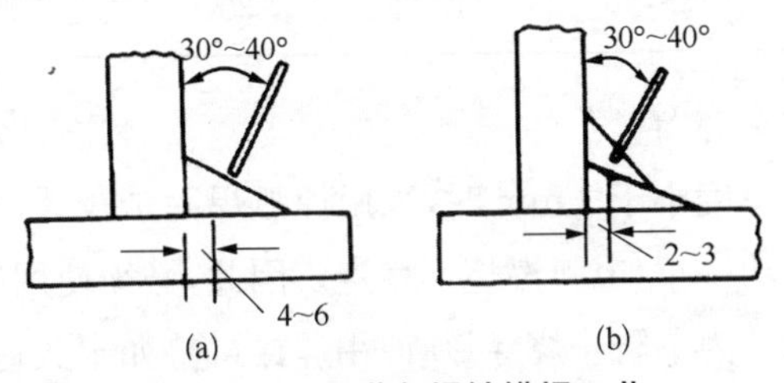

图 4-51　双道角焊缝横焊工艺

4. 筒体对接环焊缝

锅炉、压力容器和管道等多为圆柱形筒体，筒体之间对接的环焊缝常采用自动埋弧焊来完成，一般都要求焊透。

若双面焊，则先焊内环缝后焊外环缝。焊接内环缝时，焊接接头须在筒体内部施焊，在背(外)面采用焊剂垫，图 4-52 是其中一种示意图。在焊接外环缝之前，必须对已焊内环缝清根，最常用的方法是碳弧气刨，既可清除残渣和根部缺陷，还开出沟槽，像坡口一样保证熔透和改善焊缝成形。外环缝的焊接是机头在筒体外面上方进行,不需放焊接衬垫,如图4-53所示。为了保证内外环缝成形良好和焊透,使焊接熔池和熔渣有足够的凝固时间,焊接时,焊丝都应根据筒体直径大小,在逆筒体旋转方向偏离其形心垂线一个距离 e。偏距 e 可参考表4-21选用。

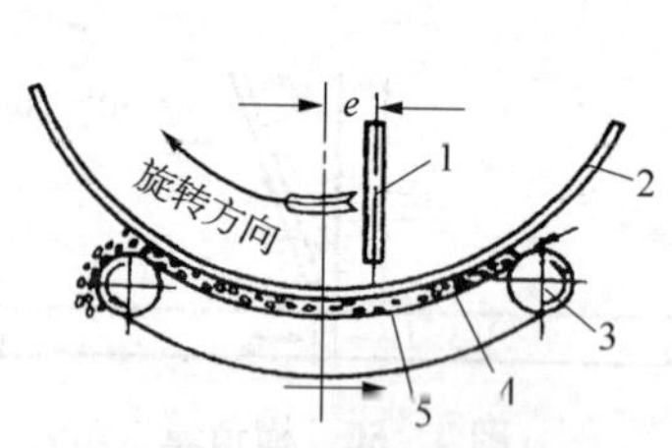

图4-52 内环缝埋弧焊示意图

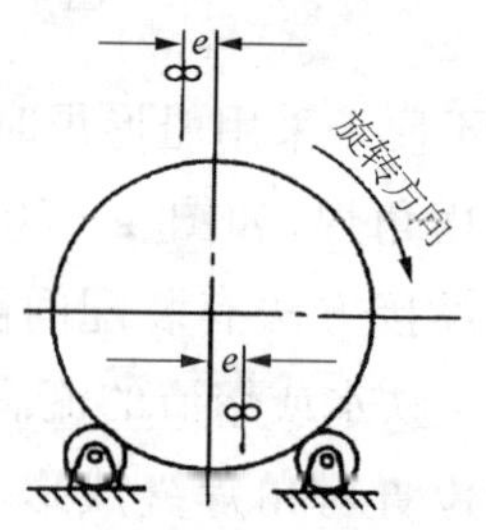

图4-53 外环缝埋弧焊示意图

表4-21 筒体环缝埋弧焊焊丝的偏距 e (mm)

筒体直径	219～426	800～1 000	<1 500	<2 000	<3 000
偏距 e	10～20	15～25	30	35	40

5. 薄板埋弧焊

当焊件厚度小于3 mm时,采用埋弧焊困难较大,主要是要求焊接的电弧功率小,电弧燃烧不稳定。因此,必须使用细焊丝和直流正接电源。为了防止烧穿,须使用焊接衬垫如永久衬垫或焊剂-铜垫等。此外,要严格控制装配间隙和焊接工艺参数,表4-22为供参考的工艺参数。

表4-22 薄板自动埋弧焊工艺参数

钢板厚度/mm	装配间隙/mm	焊丝直径/mm	焊接电流/A	电弧电压/V	焊接速度/(m/h)
1	0～0.2	1	85～90	26	50
1.5	0～0.3	1.6	110～120	26	50～60

（续表）

钢板厚度/mm	装配间隙/mm	焊丝直径/mm	焊接电流/A	电弧电压/V	焊接速度/(m/h)
2	0～1	1.6	130	28	50
3	0～1.5	3	400～425	25～28	70

薄板容易变形，定位焊的点距要适当短些。产量大时最好使用焊接夹具（如电磁平台上），在刚性固定下施焊。

（九）高效埋弧焊接工艺与技术

同时使用两根以上焊丝完成同一条焊缝的埋弧焊称为多丝埋弧焊。它既能保证获得合理的焊缝成形和良好的焊缝质量，又可大幅度提高焊接生产率。目前工业上应用最多的是双丝和三丝埋弧焊，在特殊情况下可用到十几根焊丝的埋弧焊。

根据焊丝的数量、焊丝之间的相对排列方式以及焊接电源的连接方式的变化，就可以获得不同技术与经济效果的多丝埋弧焊接系统。

以双丝埋弧焊为例，它的两根焊丝之间的排列有横列式和纵列式两种，如图 4－54 所示。横列式是一根焊丝位于另一根焊丝的一侧沿着焊接方向移动，它可以焊出较宽的焊缝，这对于装配不良的接头焊接或表面堆焊很有利；纵列式是沿着焊接方向一前一后向前移动，当两焊丝靠近（一般在 10～30 mm）时，两电弧共形成一个大熔池，其体积大，存在时间长，冶金反应充分，有利于气体逸出，冷凝过程不易生气孔等缺陷。当前后焊丝远离（一般大于 100 mm）时，两熔池则分离，如图 4－55 所示，后随电弧不是作用在基本金属上，而是作用在前导电弧已熔化而又凝固的焊道上。同时后随电弧必须冲开已被前一电弧熔化而尚未凝固的熔渣层，若前后焊丝使用不同的焊接电流和电压，就可以控制焊缝成形。通常使前导电弧获得足够大的熔深，使后随电弧获得所需的缝宽。

这种方法很适合水平位置平板拼接的单面焊背面成形工艺,对于厚板大熔深的焊接也十分有利。

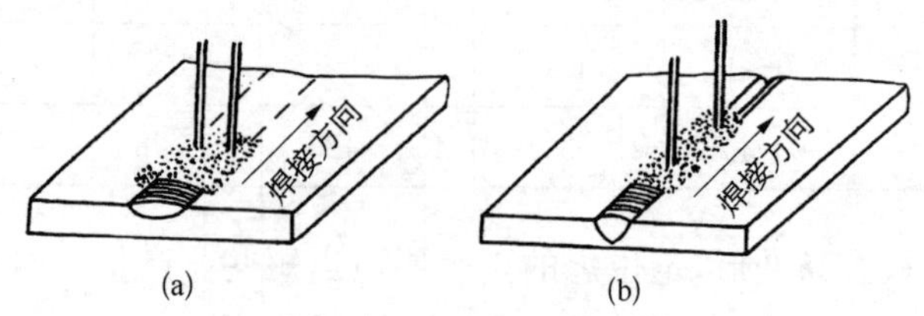

图 4-54 双丝埋弧焊焊丝排列方式

(a) 横列式;(b) 纵列式

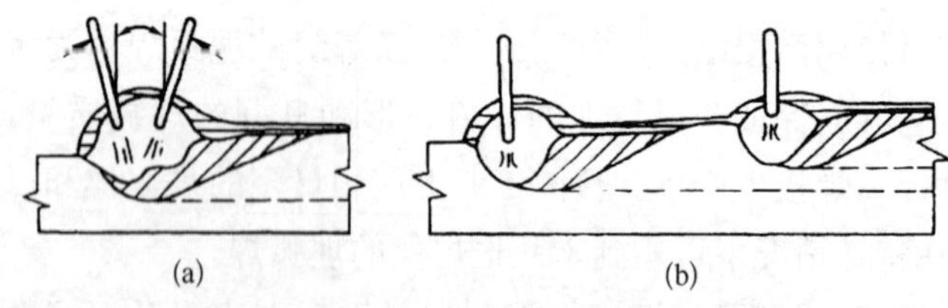

图 4-55 纵列式双丝埋弧焊的示意图

(a) 单熔池;(b) 双熔池(分列电弧)

双丝埋弧焊可以由一个电源同时供给两根焊丝用电。这种情况通常采用较小直径的焊丝,从一个共用导电嘴送出。两根焊丝靠得较近,形成一个长形熔池,以改善熔池的形状特征,在保持适当的焊道外形的情况下可以加快焊接速度。这种焊接工艺可以进行角焊缝的横焊和船形焊,以及对接坡口焊缝焊,其熔敷率比一般单丝埋弧焊高 40%以上,其焊接速度对薄件比单丝埋弧焊快 25%以上,对厚件快 50%~70%;由于焊接热输入小,可以减小焊接变形,对热影响区韧性要求高而对热敏的高强钢焊接很有利。

双丝埋弧焊两根焊丝对于只用一个电源供电的连接有两种不同的接法,图 4-56 是并联连接,图 4-57 为串联连接。并联连接的双丝是从各自的焊丝盘通过单一的焊接机头送出,而串联连接的两根焊丝既可以分别由两个送丝机构送进，也可以由同一个送丝机使两焊丝同步进出，焊接电源输出的两根电缆分别接到每根焊丝上。焊接时，电流从一根焊丝通过焊接熔池流到另一根焊丝。焊件与电源之间并不连接，几乎所有焊接能量都用于熔化焊丝，而很少进入工件中。因此这种连接很适于在母材上熔敷具有很小稀释率的堆焊层。

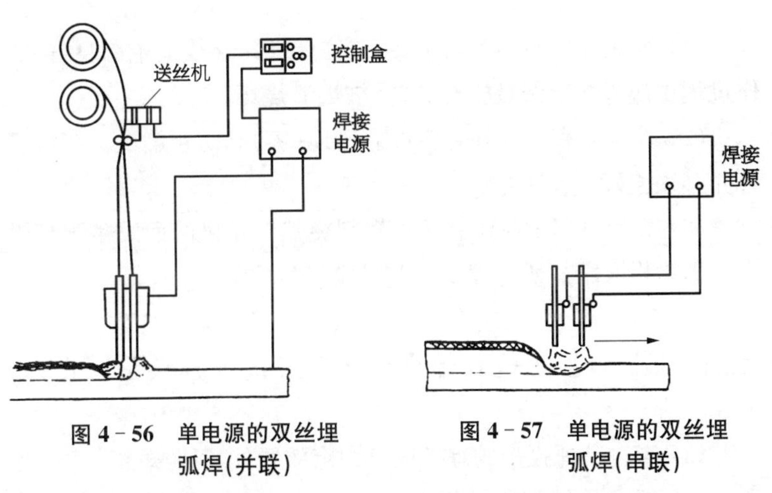

图 4-56 单电源的双丝埋弧焊(并联)

图 4-57 单电源的双丝埋弧焊(串联)

每一根焊丝对应都有一台焊接电源供电的多丝埋弧焊属多电源连接，这时每根焊丝有各自的送丝机构、电压控制机构和焊丝导电嘴，这样的焊接系统，可调节的参量多，如焊丝排列方式与相互位置、电弧电压、焊接电流和电源类型等都可以根据需要进行调节，因而可以获得最理想的焊缝形状和最高的焊接速度。电流类型可以是直流或交流，或者交、直流联用。使用直流电可以利用极性，而使用交流可使焊丝之间的磁偏吹减到最小。国产双丝埋弧焊机多数是前导焊丝用直流电，后随焊丝用交流电。三丝埋弧焊通常也是前导焊丝用直流电，后随焊丝用交流电，即 DC—AC—AC 方式。

用不同的焊接电流和电压，就可以控制焊缝成形。通常使前导电弧获得足够大的熔深,后随电弧获得所需的缝宽,对于厚板大熔深的焊接十分有利。

总之,多丝埋弧焊可以通过调节焊丝之间排列方式与间距、各焊丝的倾角和电弧功率获得所需焊缝形状和尺寸。焊接生产率随焊丝的增加而提高。

四、埋弧焊的安全操作技术

(1) 埋弧焊机的小车轮子要有良好绝缘,导线应绝缘良好,工作过程中应理顺导线,防止扭转及被熔渣烧坏。

(2) 控制箱和焊机外壳应可靠接地(零)和防止漏电。接线板罩壳必须盖好。

(3) 焊接过程中应注意防止焊剂突然停止供给而发生强烈弧光裸露灼伤眼睛。所以焊工作业时应戴防护眼镜。

(4) 操作前,焊工应穿戴好个人防护用品,如绝缘鞋、皮手套、工作服等;注意检查焊机各部分导线的连接是否良好、可靠。

(5) 半自动埋弧焊的焊把应有固定放置处,以防短路。

(6) 埋弧焊熔剂的成分里含有氧化锰等对人体有害的物质,焊接时虽不像手弧焊那样产生可见烟雾,但将产生一定量的有害气体和蒸气,所以在工作地点最好有局部的抽气通风设备。

(7) 弧焊使用的设备、机具发生电气故障或机械故障时,应立即停机,通知专门的维修工进行修理,不要自行动手拆修。

(8) 埋弧焊在进行大直径外环缝埋弧焊时,应执行登高作业的有关规定。

(9) 埋弧焊工作结束,必须切断焊接电源。自动焊车要放在平稳的地方;半自动埋弧焊的手把应搁放妥当,特别要防止手把带电部位与其他物件碰靠,造成短路产生电弧及飞溅而伤人。

第五节 其他金属焊接

一、电阻焊简述

电阻焊是将工件组合后通过电极施加压力，利用电流通过接头的接触面及邻近区域产生的电阻热进行焊接的方法。

电阻焊应用于航空、航天、电子、汽车、建筑、轨道交通、家用电器等行业，在汽车和飞机制造业中尤为重要，点焊机器人等先进的电阻焊技术已在生产中广泛应用。

根据工艺特点，电阻焊方法可分为点焊、缝焊、凸焊及对焊(图4-58)。

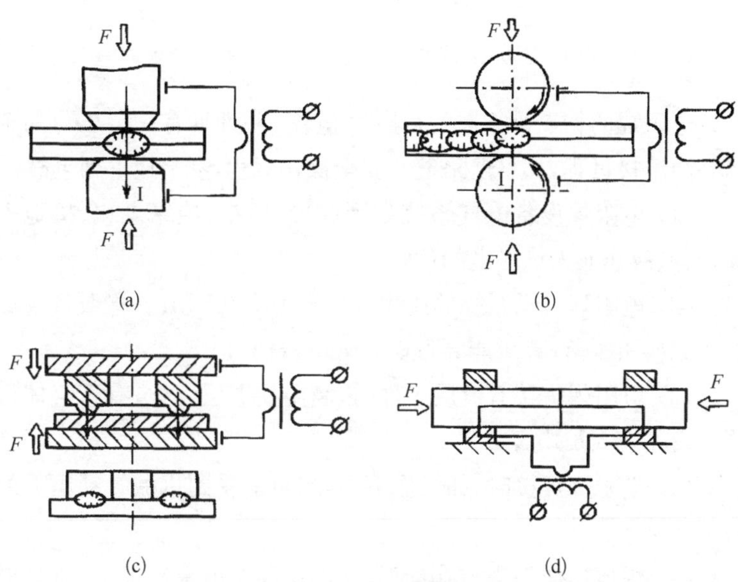

图 4-58 电阻焊接示意图

(a) 点焊；(b) 缝焊；(c) 凸焊；(d) 对焊

(一) 电阻焊的特点

电阻焊有两大显著特点：一是焊接的热源是电阻热，故称电阻焊；二是焊接时需施加压力，故属于压焊范畴。

电阻焊与电弧焊、气焊等方法比较有下列特点：

(1) 焊合处加热时间短，焊接速度快。特别是点焊，甚至1 s可焊接4～5个焊点。机械化、自动化程度高，故生产率高。

(2) 除消耗电能外，无须消耗焊条、焊剂、氧气、乙炔气等，因此节约材料，成本较低。

(3) 焊接时没有强烈的弧光、有害气体及烟尘(闪光对焊除外)，因此焊工劳动条件好。

(4) 正常的焊接接头可与母材相当，并具有较优良的韧性和动载强度，焊接变形小。

(5) 焊接设备较复杂，耗电量大，且价格较贵。

(二) 电阻焊时易造成的危害

电阻焊的特点是高频、高压、大电流，并且具有一定压力的金属高温熔接过程，如不严格遵守安全操作规程，易造成下列事故：

(1) 电阻焊设备电气系统如因腐蚀、磨损、绝缘老化、接地失效，会造成作业人员触电的危险。

(2) 电阻焊气动系统的压缩气体压力为0.5 MPa，橡胶气管如老化或接头脱落，有可能导致橡胶管甩击伤人。

(3) 电阻焊焊接有镀层工件时，高温使镀层气化，有害气体可能引发作业人员中毒。

(4) 电阻焊焊接时，如操作不当，有可能受到机械气动压力的挤压伤害。

(5) 焊接操作失当，在电流未全部切断时就提起电极，有可能造成电极工件间产生火花，造成烧穿工件，火花喷溅伤及作业人员。

(6) 电阻焊因操作不当，如电极压力过小，电流密度过大或工件不洁引起局部电流导通，有可能造成火花喷溅伤及作业人员。

(7) 点、缝焊搭接头的熔核尖角，工件的毛刺、锐边等，有可能造成作业人员的机械伤害。

(8) 电阻焊熔核的高温一般都超过工件金属的熔点，操作人员若防护不当，也可能造成灼烫伤害。

(9) 大功率单相交流焊机如操作不当，还可能危及电网的正常运行。

(10) 电阻焊的冷却水如处理不当或泄漏(>0.15 MPa)，会造成作业条件的恶化，有可能引发作业人员滑跌伤害或电气伤害。

(三) 电阻焊的安全操作技术

(1) 操作人员必须经特种作业安全技术培训和电阻焊焊接技术的专业培训，考核合格后，持证上岗。

(2) 操作人员需熟悉本岗位设备的操作性能和技术，严格按操作规程进行操作。

(3) 工作前应仔细、全面地检查焊接设备，使冷却水系统、气路系统及电气系统处于正常的状态，并调整焊接参数，使之符合工艺要求。

(4) 穿戴好个人防护用品，如工作帽、工作服、绝缘鞋及手套等，并调整绝缘胶垫或工作台装置。

(5) 启动焊机时，应先打开冷却水阀门，以防焊机烧坏。

(6) 在操作过程中，注意保持电极、变压器的冷却水畅通。

(7) 焊机绝缘必须良好，尤其是变压器一次侧电源线。

(8) 操作时应戴上防护眼镜，操作者的眼睛应避开火花飞溅的方向，以防灼伤眼睛。

(9) 在使用设备时，不要用手触摸电极头球面，以免灼伤。

(10) 装卸工件要拿稳，双手应与电极保持一定的距离，手指不能置于两待焊件之间。工件堆放应稳妥、整齐，并留出通道。

(11) 工作结束时,应关闭电源、气源、水源。

(12) 作业区附近不能有易燃、易爆物品;工作场所应通风良好,保持安全、清洁的环境。粉尘严重的封闭作业间,应有除尘设备。

(13) 机架和焊机的外壳必须有可靠的接地。

二、电渣焊简述

电渣焊是利用电流通过液体熔渣所产生的电阻热进行焊接的方法。根据使用的电极形状,可分为丝极电渣焊、板极电渣焊、熔嘴电渣焊等。

(一) 电渣焊的工作原理

电渣焊的工作原理如图 4-59 所示,把电源的一端接在电极上,另一端接在焊件上,电流经过电极并通过渣池后再到焊件。由于渣池中的液态熔渣电阻较大,通过电流时就产生大量的电阻热,将渣池加热到很高温度(1 700～2 000℃)。高温的熔渣把热量传递给电极与焊件,以使电极及焊件与渣池接触的部位熔化,熔化的液态金属在渣池中因其相对密度较熔渣大,故下沉到底部形成金属熔池,而渣池始终浮于金属熔池上部。随着焊接过程的连续进

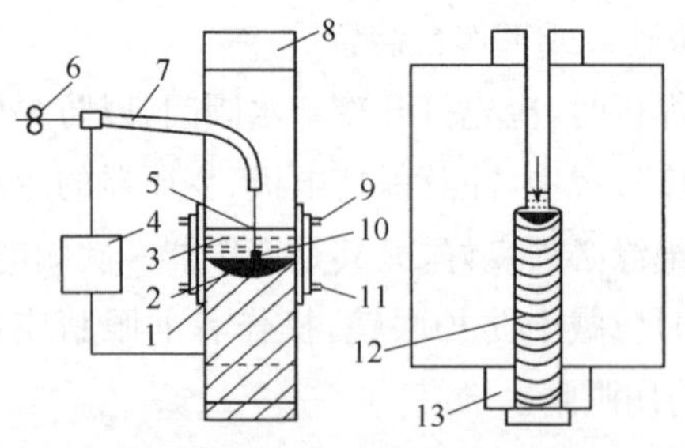

图 4-59 电渣焊示意图

1—水冷成形滑块;2—金属熔池;3—渣池;4—焊接电源;5—焊丝;6—送丝轮;7—导电杆;8—引出板;9—出水管;10—金属熔滴;11—进水管;12—焊缝;13—起焊槽

行，温度逐渐降低的熔池金属在冷却滑块的作用下，强迫凝固成形而成焊缝。

为了保证上述过程的进行，焊缝必须处于垂直位置，只有在立焊位置时才能形成足够深度的渣池，并为防止液态熔渣和金属流出，以及得到良好的成形，故采用强迫成形的冷却铜块。

（二）电渣焊设备

电渣焊设备一般由焊接电源、焊机本体（包括焊丝送进机构、焊丝摆动机构、机头移动机构及操纵盘等）、电控系统及水冷系统等部分组成。

1. 电源

从经济方面考虑，电渣焊多采用交流电源。为保持稳定的电渣过程及减小网路电压波动的影响，电渣焊电源应保证避免出现电弧放电过程或电渣-电弧的混合过程，否则将破坏正常的电渣过程。因此，电渣焊电源必须是空载电压低、感抗小（不带电抗器）的平特性电源。另外，电渣焊变压器必须是三相供电，其二次电压应具有较大的调节范围。由于电渣焊焊接时间长，中间无停顿，因此电渣焊的焊接电源应按暂载率100％考虑。

目前国内常见的电渣焊电源有BP1－3×1000和BP1－3×3000电渣焊变压器。

2. 机头

丝极电渣焊机头包括送丝机构、摆动机构及上下行走机构。

1）送丝机构和摆动机构

送丝机构是将焊丝从焊丝盘以恒定的速度经导电嘴送向渣池。送丝机是由单独的驱动电机和给送轮给送单根焊丝，也可利用多轴减速箱由一台电机带动若干，对给送轮给送多根焊丝，送丝速度可以均匀无级调节。焊丝的摆动是由做水平往复摆动的机构，通过整个导电嘴的摆动完成。摆动机构的作用是扩大单底层焊丝所焊的工件厚度，它的摆动幅度、摆动速度及摆至两端的停留时间均可控制和调整。

2) 升降机构

焊接垂直焊缝时,焊接机头借助升降机构随着焊缝金属熔池的上升而向上移动。升降机构可分有轨式和无轨式两种形式,焊接时升降机构的垂直上升可通过控制器用手工提升或自动提升。自动提升运动可利用传感器检测渣池位置加以控制。

3. 电控系统

电渣焊电控系统主要由送进焊丝的电机的速度控制器、焊机机头横向摆动距离及停留时间的控制器、升降机构垂直运动的控制器以及电流表、电压表等组成。

4. 水冷成形(滑)块

为了提高电渣焊过程中金属熔池的冷却速度,水冷成形(滑)块一般用纯铜板制成。环缝电渣焊用的固定式内水冷成形圈,当允许在工件内部留存(如柱塞等产品)时,也可以用钢板制成。

电渣焊一般采用专用设备,生产中较为常用的是 HS-1000 型电渣焊机。它适用于丝极和板极电渣焊,可焊接 60～500 mm 厚的对接立焊缝;60～250 mm 厚的 T 形接头、角接接头焊缝;配合焊接滚轮架,可焊接直径在 3 000 mm 以下、壁厚小于 450 mm 的环缝;以及用板极焊接 800 mm 以内的对接焊缝。

HS-1000 型电渣焊机,可按需要分别使用 1～3 根焊丝或板极进行焊接。它主要由自动焊机头、导轨、焊丝盘、控制箱等组成,并配有焊接不同焊缝形式的附加零件,焊接电源采用 BP1-3×1000 型焊接变压器。

(三) 电渣焊的特点

1. 大厚度焊件可以一次焊成

对于大厚度的焊件可以一次焊好,且不必开坡口。电渣焊可焊的厚度从理论上来说是没有限度的,但在实际生产中,因受到设备和电源容量的限制,故有一定的范围。通常用于焊接板厚

40 mm 以上的焊件，最大厚度可达 2 m，还可以一次焊接焊缝截面变化大的焊件。对这些焊件而言，电渣焊要比电弧焊的生产效率高得多。

2. 经济效益好

电渣焊的焊缝准备工作简单，大厚度焊件不需要进行坡口加工，只要在接缝处保持 20～40 mm 的间隙就可以进行焊接，这样简化了工序，并节省钢材。而且焊接材料消耗少，与埋弧焊相比，焊丝的消耗量减少 30%～40%，焊剂的消耗量仅为埋弧焊的 1/20～1/15。此外，由于在加热过程中，几乎全部电能都能传给渣池而转换为热能，因此电能消耗量也小，比埋弧焊减少 35%。焊件的厚度越大，电渣焊的经济效果越好。

3. 焊缝缺陷少

电渣焊时，渣池在整个焊接过程中总是覆盖在焊缝上面，一定深度的熔渣使液态金属得到良好的保护，以避免空气的有害作用，并对焊件进行预热，使冷却速度缓慢，有利于熔池中的气体、杂质有充分的时间析出，所以焊缝不易产生气孔、夹渣及裂纹等工艺缺陷。

4. 焊接接头晶粒粗大

这是电渣焊的主要缺点。由于电渣焊热过程的特点，造成焊缝和热影响区的晶粒粗大，以致焊接接头的塑性和冲击韧性降低，但是通过焊后热处理，能够细化晶粒，满足对机械性能的要求。

（四）电渣焊时易造成的危害

1. 有毒有害气体对人体的危害

在焊接时，焊剂中 CaF_2 分解会产生氟化氢（HF）气体。它是一种无色、有刺鼻味道的腐蚀剂，是有毒气体，会对人体产生危害。

2. 爆渣或漏渣时引起的灼烫伤

（1）当焊接面存在缩孔，焊接时熔穿，气体进入渣池，会引起严重的爆渣伤人。

(2) 当焊槽的引出板与焊件间的间隙大时,熔渣易漏入间隙引起爆渣伤人。

(3) 水分进入渣池引起爆渣伤人。其原因有:

① 供水系统发生故障,垃圾阻塞进水管(或出水管被压扁),引起水冷成形滑块熔穿。

② 焊丝、熔嘴板、板极将水冷成形滑块击穿造成漏水。

③ 耐火泥太潮湿,焊剂潮湿。

④ 电渣过程不稳。

3. 触电

电渣焊时应用较多的专用电源是三相弧焊变压器,它的容量大(160 kVA),每相可供焊接电流为1 000 A,有可能造成作业人员触电。

4. 弧焊变压器烧损事故

当电渣焊变压器绝缘不良或内部短路、二次线与焊件发生短路、导电嘴或熔嘴板极与焊件短路等时,会造成弧焊变压器烧损。

(五) 电渣焊的安全操作技术

1. 预防有毒有害气体的安全技术

(1) 尽量选用CaF_2含量低的焊剂。

(2) 工作场所应有通风净化装置,并对HF进行监测,HF在空气中的浓度应符合有关规定。

(3) 结构设计应尽量避免作业人员在狭窄的空间内操作,通风不良的结构应开排气孔。

(4) 进入半封闭的筒体、梁体作业时,时间不能过长,应有人在外监护、接应。

(5) 穿戴好个人防护用品。

2. 预防爆渣或漏渣时引起的灼烫伤的安全技术

(1) 焊接前应严格检查焊件有无缩孔等孔洞、裂纹等缺陷,如果有则应清除,并进行焊补后可进行电渣焊焊接。

(2) 提高装配质量,焊前仔细检查引出板与焊件间的间隙大小,防止漏渣伤人。

(3) 水冷成形滑块要保证冷却水畅通。

(4) 焊前焊剂应烘干。

(5) 焊件放置要牢固,不得倾斜。

(6) 水冷成形滑块与焊件要贴紧,以防漏渣。

(7) 焊件两侧不能站人,发生漏渣时要及时堵好。

(8) 电渣焊工作场地应有应急措施,如准备石棉泥等,以备发生漏渣时能及时堵塞。

(9) 起弧造渣后,探测渣池深度,探棍须沿水冷成形滑块向下试探,但探棍与水冷成形滑块、电极均不得接触,防止击穿水冷成形滑块而引起渣池爆溅。

(10) 操作者在工作时不能离开工作岗位。

(11) 选择合适的工艺参数以保证电渣过程稳定。

(12) 穿戴好劳动防护用品。

3. 预防触电的安全技术

(1) 作业人员应避免在带电情况下触及电极。

(2) 当需要在带电情况下触及电极时,必须戴干燥的皮手套。

(3) 作业人员不准在带电情况下同时接触两相电极。

(4) 电渣焊时使用的工具等必须绝缘良好。

(5) 当电气设备发生故障时,应及时找电工检修。

4. 电渣焊设备安全使用技术

(1) 使用前应先检查设备安全的完善性。

(2) 焊前认真检查电气设备、线路,并保证绝缘良好;认真检查机械运转是否正常。

(3) 焊前认真检查变压器冷却水畅通情况,保证焊接时变压器冷却水畅通。

(4) 严禁焊接过程中断水。

(5) 变压器与水冷成形滑块的冷却水接通后,方可接通电源。

(6) 导电嘴、板极、熔嘴在焊缝的位置要找准对中,并放置绝缘块,避免与焊件接触发生短路。一旦发生短路,应立即切断电源。

三、钎焊简述

钎焊是硬钎焊和软钎焊的总称。采用比母材熔点低的金属材料做钎料,将焊件和钎料加热到高于钎料熔点,低于母材熔化温度,利用液态钎料润湿母材,填充接头间隙,无压力条件下与母材相互扩散实现连接焊件的方法。

硬钎焊是指使用熔点高于450℃的硬钎料进行的钎焊;软钎焊是指使用熔点低于450℃的软钎料进行的钎焊。

(一) 钎焊的工作原理

钎焊时,钎焊接头的形成过程是:熔点比焊件金属低的钎料与焊件同时被加热到钎焊温度,在焊件不熔化的情况下,钎料和钎剂熔化并润湿钎焊接触面,依靠两者的扩散作用而形成新的合金,钎料在钎缝中冷却和结晶,形成钎焊接头,如图4-60所示。

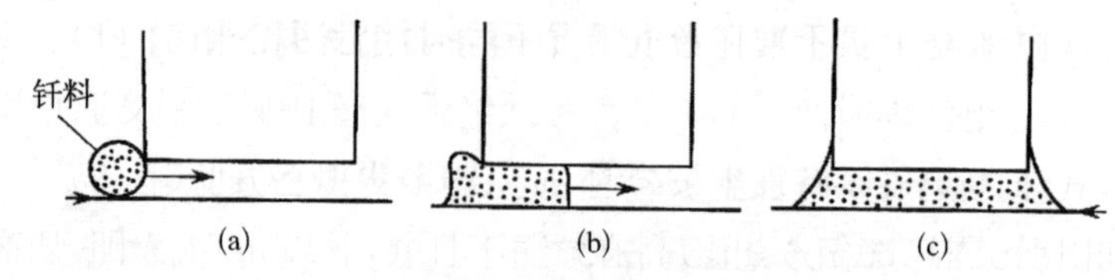

图4-60 钎焊过程示意图

(a) 在接头处安置钎料,并对焊件和钎料进行加热;(b) 钎料熔化并开始流入钎缝间隙;(c) 钎料填满整个钎缝间隙,凝固后形成钎焊接头

钎焊是焊接工艺中唯一焊后可拆卸的方法,其焊接温度低于母材熔化温度,焊接时母材不熔化。钎焊工艺方法包括火焰钎焊、电阻钎焊、感应钎焊、炉中钎焊、浸渍钎焊与电弧硬钎焊等。

(1) 火焰钎焊。火焰钎焊是用可燃气体与氧气(或压缩空气)

混合燃烧所形成的火焰对工件和钎料进行加热的一种钎焊方法。火焰钎焊所用的气体可以是乙炔、丙烷、石油气、雾化汽油等。

(2) 电阻钎焊。电阻钎焊是指将焊件直接通以电流或将焊件放在通电的加热板上利用电阻热进行钎焊的方法。

(3) 感应钎焊。感应钎焊是指利用高频、中频或工频交流电感应加热所进行的钎焊。

(4) 炉中钎焊。炉中钎焊是指将装配好的工件放在炉中加热并进行钎焊的方法。常用钎焊炉有四类,即空气炉、中性气氛炉、活性气氛炉和真空炉。

(5) 浸渍钎焊。浸渍钎焊是把工件浸入盐浴或金属浴溶液中,依靠这些液体介质起焊剂的作用来实现钎焊过程。浸渍钎焊分为盐浴或金属浴硬钎焊和金属浴软钎焊。

(6) 电弧硬钎焊。电弧硬钎焊是借助电弧加热焊件进行钎焊的一种方法。

(二) 钎焊的特点

钎焊与其他熔焊方法相比较,具有如下特点:

(1) 钎焊时,加热温度低于焊件金属的熔点,所以钎料熔化,焊件不熔化,焊件金属的组织和性能变化较少。钎焊后,焊件的应力与变形也较少,可以用于焊接尺寸精度要求较高的焊件。

(2) 它可以一次焊几条、几十条焊缝,甚至更多,所以生产率高。例如,自行车车架的焊接,一次就能焊接几条焊缝。它还可以焊接用其他焊接方法无法焊接的结构形状复杂的接头,如导弹的尾喷管、蜂窝结构、封闭结构等。

(3) 钎焊不仅可以焊接同种金属,也适宜焊接异种金属,甚至可以焊接金属与非金属。例如,原子能反应堆中的金属与石墨的钎焊,因此应用范围很广。

(4) 既可以钎焊极细极薄的零件,也可钎焊厚薄及粗细差别很大的零件。

目前钎焊技术获得了很大的发展,解决了其他焊接方法所不能解决的问题。在电机、机械、无线电真空、仪表等工业部门都得到广泛的应用,特别在航空、火箭、空间技术中发挥着重要的作用,成为一种不可替代的工艺方法。

钎焊的主要缺点是：在一般的情况下,钎焊缝的强度和耐热能力都较基体金属低。为了弥补强度低的缺点,可以用增加搭接接触面积的办法来解决;钎焊对工件连接表面的清理工作和工件装配质量要求都很高。

(三) 钎焊安全操作技术

1. 火焰钎焊安全技术

采用氧-乙炔火焰钎焊时,应严格遵守气焊与气割的安全操作技术。

2. 电阻钎焊安全技术

电阻钎焊使用的设备,它的原理与电阻焊的设备基本相同,因此电阻钎焊焊工的安全技术及电阻钎焊设备应采取的安全技术与电阻焊基本相同。

3. 炉中钎焊安全技术

炉中钎焊包括空气炉中钎焊、保护气氛炉中钎焊、真空炉中钎焊。常用的保护气体为氢、氩和氮,氩、氮不燃烧,使用比较安全,氢为易燃易爆气体,使用时要严加注意。

(1) 采用氢做保护气体的钎焊时,要严防氢气泄漏。当空气中混入4%～75%氢和氧气中混入4%～95%氢时,遇到明火就会引起剧烈的放热反应而爆炸。

(2) 防止氢气爆炸的主要措施有加强通风,除氢气炉操作间整体通风外,设备上方要安装局部排风设施。设备启动前必须先通风,定期检查设备和供气管道是否漏气。若发现漏气,必须修复后才能使用。氢气炉启动前,应先向炉内充氮气以排除炉内空气,然后通氢气排除氮气,绝对禁止直接通氢气排除炉内空气。熄炉时也要先通氮气排氢气，然后才可停炉。密闭氢气炉必须安装防爆装置，炉旁应常备氮气瓶，当氢气突然中断供气时，应立即通氮气保护炉腔和焊件。

(3) 氢气炉操作间内禁止使用明火，电源开关用防爆开关，氢气炉接地要良好。

(4) 钎焊完毕，炉内温度降到 400℃以下时，才可关闭扩散泵电源，待扩散泵冷却至低于 70℃时，才可关闭机械泵电源，保证钎焊件和炉腔内部不被氧化。

(5) 禁止在真空炉中钎焊含有 Zn、Mg、Pb、Cd 等易蒸发元素的金属或合金，以保持炉内清洁不受污染。

4. 感应钎焊安全技术

感应钎焊时，必须对高频电磁场泄漏采取严格的防护措施，以降低对环境和人体的污染，使其达到无害的程度。

1) 防高频

生产实践经验表明，对高频加热电源最有效的防护是对其泄漏出来的电磁场进行有效的屏蔽。通常是采用整体屏蔽，将高频设备和馈线、感应线圈等都放置在屏蔽室内，操作人员在屏蔽室外进行操作。屏蔽室的墙壁一般用铝板、铜板或钢板制成，板厚一般为 1.2～1.5 mm。操作时对需要观察的部位可装活动门或开窗口，一般用 40 目(孔径 0.45 mm)的铜丝屏蔽活动门或窗口。

2) 防触电

为了高频加热设备工作安全，要求安装专用接地线，接地电阻要小于 4 Ω。而在设备周围，特别是工人操作位置要铺耐压 35 kV 绝缘橡胶板。设备检修一般不允许带电操作。停电检修时，必须切断总电源开关，并用放电棒将各个电容器组放电后，才允许进行检修工作。

3) 设备启动操作前

应仔细检查冷却水系统，只有当水冷系统工作正常时，才允许通电预热振荡管。

5. 浸渍钎焊安全技术

(1) 浸渍钎焊分为盐浴或金属浴硬钎焊和金属浴软钎焊两种。盐浴钎焊时所用的盐类,多含有氯化物、氟化物和氰化物,它们在钎焊加热过程中会严重地挥发出有毒气体。另外,在钎料中又含有挥发性金属,如锌、镉、铍等,这些金属蒸气对人体十分有害,如铍蒸气甚至有剧毒。在软钎焊中(使用熔点低于450℃的钎料),所含的有机溶液蒸发出来的气体对人体也十分有害。因此,对上述这些有害气体和金属蒸气,必须采取有效的通风措施进行排除。

(2) 在浸渍钎焊过程中,特别重要的是必须把浸入盐浴槽中的焊件彻底烘干,不得在焊件上留有水分,否则当浸入盐浴槽时,瞬间即可产生大量蒸气,使溶液发生剧烈爆溅,造成严重的火灾和烧伤人体;在向盐浴槽中添加钎剂时,也必须事先把钎剂充分烘干,否则也会引发爆溅。

6. 清洗钎件的安全技术

(1) 清洗钎件油脂所用的化工产品或有机溶液等,会挥发有毒气体,吸入较多后能引起中毒。必须在操作工位上安装抽风机,或操作人员穿戴防护服、手套和防毒面罩。

(2) 清洗钎件的化工产品或有机溶液也是易燃易爆物品,储存、运输和使用中必须严格执行有关化工产品的安全规定。

(3) 现场要设洗眼器及冲淋装置。

第五章
气焊与热切割安全操作技术

第一节　气焊与气割的概述

气焊与气割是利用气体火焰与氧气混合燃烧产生的热量来熔化金属达到焊接和切割的方法。

一、气焊与气割的工作原理

（一）气焊的工作原理

气焊是利用气体火焰作为热源将两个工件的接头部分熔化，并熔入填充金属，熔池凝固后使之成为一个整体的一种熔化焊接方法。气焊示意如图 5－1 所示。由于所用的设备和工具简单，通用性大，焊接较薄、较小的工件时不易焊穿，无电源情况下也能使用，因此仍然被应用于小口径管道和薄壁机件的制造和安装，以及修补损坏的机件和铸件缺陷等。

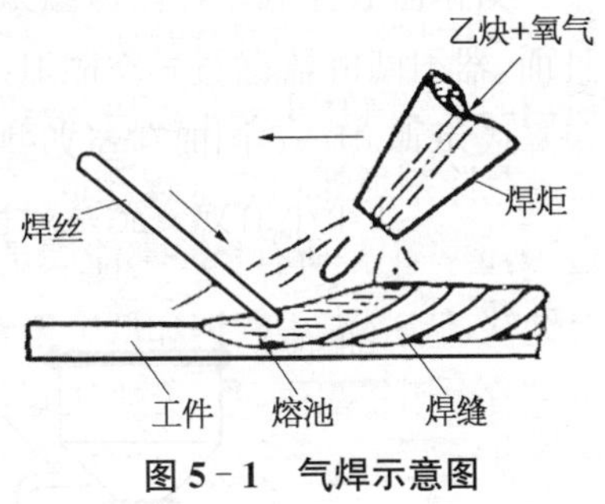

图 5－1　气焊示意图

（二）气割的工作原理

气割是利用气体火焰的热能将工件切割处预热到一定温度后，喷出高速切割氧流，使其燃烧并放出热量实现切割的方法。钢

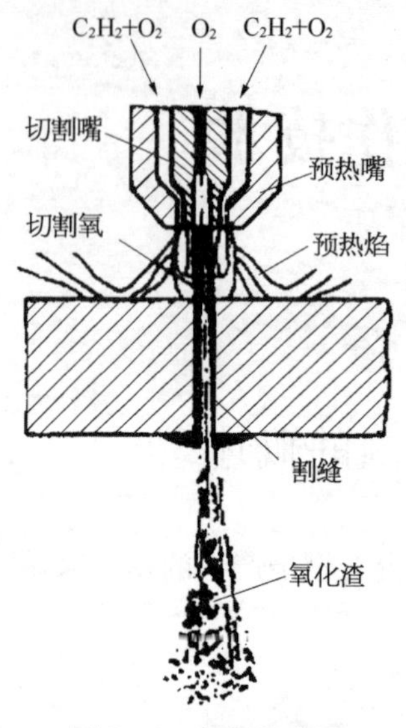

图5-2　气割示意图

材气割示意图如图5-2所示。气割的效率高、成本低、设备简单,并能对各种位置进行切割和在工件上切割各种外形复杂的零件。因此,它被广泛用于手工工件下料、焊接坡口和铸件浇冒口的切割。气割一般常用于切割各种碳钢和普通低合金钢。

一般把切割分为火焰切割、电弧切割和冷切割三类。下面主要介绍热切割。热切割是利用热能使材料分离的方法。

1. 火焰切割

火焰切割是用可燃气体、可燃固体或液体燃料的气化物与氧或空气混合燃烧所形成的火焰对工件进行加热使之熔化,利用氧化铁燃烧过程中产生的高温烧损金属,再用流体将其吹开的一种切割方法。金属的气割过程实质是铁在纯氧中的燃烧过程,而不是熔化过程。可燃气体与氧气的混合及切割氧的喷射是利用割炬来完成的,气割所用的可燃气体主要是乙炔、液化石油气和氢气。气割时应用的设备器具除割炬外均与气焊相同。气割过程是预热→燃烧→吹渣的过程,但并不是所有金属都能满足这个过程的要求。可气割的金属有纯铁、低碳钢、中碳钢和低合金钢以及钛等,而铸铁、不锈钢、铝和铜等难以用气割作业。火焰切割是传统的热切割方式,其切割金属厚度范围从1 mm到1 m。火焰切割设备或厚金属板成本低,切割薄板方面有其不足之处。

火焰切割时常用的火焰有乙炔火焰、石油气火焰、煤气火焰、天然气火焰等。

2. 碳弧气刨

使用石墨棒或碳棒与工件间产生的电弧将金属熔化,并用压缩空气将其吹掉，实现在金属表面上加工沟槽的方法。碳弧气刨具有效率高、噪声小、价格低廉和适用性广等优点，目前已广泛应用于铸造、锅炉、造船、化工等行业。

3. 等离子弧切割

等离子弧切割是利用等离子弧的热能实现切割的方法，是一种常用的金属和非金属材料切割工艺方法。

等离子弧的温度高，远远超过所有金属以及非金属的熔点。因此等离子弧切割过程不是依靠氧化反应，而是靠熔化来切割材料，因而比氧化切割方法的适用范围大得多，能够切割绝大部分金属和非金属材料。

利用环形气流技术形成细长稳定的等离子电弧，保证了能够平稳且经济地切割任何导电的金属。

4. 激光切割

激光切割就是利用激光束的热能实现切割的方法，具有精度高、切割快速、不受切割图案限制、切口平滑等特点。激光切割共有三类：激光熔化切割、激光火焰切割、激光气化切割。在激光熔化切割中，工件被局部熔化后借助气流把熔化的材料喷射出去。因为材料的转移只发生在其液态情况下，所以该过程被称为激光熔化切割。激光火焰切割与激光熔化切割的不同之处在于使用氧气作为切割气体，借助于氧气和加热后的金属之间的相互作用，产生化学反应使材料进一步加热。由于此效应，对于相同厚度的结构钢，用该方法可得到的切割速率比熔化切割要快。在激光气化切割过程中，材料在割缝处发生气化，此情况下需要非常高的激光功率。激光切割常常被归为冷切割。

（三）气焊与热切割的安全特点

热切割的共同特点是作业时必定产生大量的热和金属氧化物，作业环境较差，伴随有大量热、烟雾、灰尘、噪声和光污染等。

气焊或气割使用的乙炔、液化石油气、氢气等都是易燃易爆气体,氧气瓶、乙炔瓶、液化石油气瓶和乙炔发生器都属于压力容器。在补焊燃料容器和管道时,还会遇到其他许多易燃易爆气体和各种压力容器。由于气焊与气割操作需要与可燃气体和压力容器接触,同时又使用明火,如果焊接设备或安全装置有缺陷(故障),或者违反安全操作规程,就可能造成爆炸和火灾事故。

在气体火焰的作用下,尤其是气割时氧气射流的喷射,使火星、熔珠和铁渣四处飞溅,易造成烫伤事故。而且较大的熔珠和铁渣能飞溅到距离操作点 5 m 以外的地方,引着易燃易爆物品,造成火灾和爆炸。

气焊与气割的火焰温度高达 3 000℃以上,被焊金属在高温下蒸发,冷凝形成烟尘,在焊接铅、镁、铜等有色金属及其合金时,除了有毒金属蒸气外,焊粉还散放出氯盐和氟盐等燃烧产物。

黄铜的焊接过程中放出大量的锌蒸气,铅的焊接过程中放出铅和氧化铅等有毒蒸气。在焊补操作过程中,还会遇到其他有毒物质,尤其是在密闭容器、管道内的气焊操作,可能造成焊工中毒。

二、气焊与气割用的气体

能够燃烧的并能在燃烧过程中释放出大量能量的气体,称为可燃气体;本身不能燃烧,但能帮助其他可燃物质燃烧的气体为助燃气体。

气焊与气割常用的助燃气体是氧气,常用的可燃气体有乙炔(C_2H_2)、氢气(H_2)和液化石油气等。下面着重介绍一下工业上常用的助燃、可燃气体的性质。

(一) 氧气

1. 氧气的物理化学性质

氧气(O_2)是一种无色无味无毒的气体。在标准状态下,氧气的密度是 1.43 kg/m^3,比空气略重,在空气中约占 21%,微溶于水。常压下,氧气在-183℃时变为淡蓝色的液体,在-218℃时变成雪花状的淡蓝色的固体。工业上用的大量氧气主要采用液态空气分离法制取。就是把空气引入制氧机内，经过高压和冷却，使之凝结成液体，然后让它在低温下挥发，根据氧气与氮气的沸点不同，来制取氧气。

氧气不能燃烧，但能助燃，是强氧化剂，与乙炔混合燃烧时的温度可达 3 200℃以上。

2. 氧气的安全特点

有机物在氧气里的氧化反应具有放热的性质即在反应进行时放出大量的热量。增高氧的压力和温度，会使氧化反应显著加快，在一定的条件下，由于物质氧化得越来越多和氧化过程温度增高而增加放出的热量，使有机物在压缩或加热的氧气里的氧化过程加速进行。当压缩的气态氧与矿物油、油脂或细微分散的可燃物质（碳粉、有机物纤维等）接触时，能够发生自燃，时常成为失火或爆炸的原因。氧的突然压缩所放出的热量、摩擦热和金属固体微粒碰撞热、高速度气流中的静电火花放电等，也都可以成为火灾的最初因素。因此，当使用氧气时，尤其是在压缩状态下，必须经常注意不要使它与易燃物质相接触。

氧气能与所有可燃气体和液体燃料的蒸气混合而形成爆炸性混合气，这种混合气具有很宽的爆炸极限范围，所以氧气减压表禁油。

多孔性有机物质（炭、炭黑、泥炭、羊毛纤维等），浸透了液态氧（所谓液态炸药），当遇火源或在一定的冲击力下就会产生剧烈的爆炸。

氧气越纯，则可燃混合气燃烧的火焰温度越高。

根据《工业氧》（GB/T 3863—2008）的规定，工业用的氧气可分为两个等级，一级纯度的含氧量不低于 99.5％（体积分数），二级纯度的含氧量不低于 99.2％（体积分数），且均无游离水。氧气用压缩机压进氧气瓶或各种管道，氧气瓶内工作压力为 15 MPa，输送管道内的压力为 0.5～15 MPa。

(二) 乙炔

1. 乙炔的物理化学性质

乙炔(C_2H_2),又名电石气,是不饱和的碳氢化合物。在常温和大气压力下,它是一种无色气体,工业用乙炔中,因为混有硫化氢(H_2S)及磷化氢(PH_3)等杂质,故具有特殊的臭味。在标准状态下,密度为1.179 kg/m³,比空气稍轻。-83℃时乙炔可变成液体,-85℃时乙炔将变为固体,液体和固体乙炔在一定条件下可能因摩擦和冲击而爆炸。乙炔是理想的可燃气体,与空气混合燃烧时所产生的火焰温度为2 350℃,而与氧气混合燃烧时所产生的火焰温度为3 000~3 300℃,因此用它足以熔化金属进行焊接。乙炔完全燃烧反应式如下:

$$2C_2H_2 + 5O_2 \longrightarrow 4CO_2 + 2H_2O + Q(\text{放热})$$

从上式看出,1体积的乙炔完全燃烧需要2.5体积的氧。

2. 乙炔的爆炸性及溶解性

乙炔是一种危险的易燃易爆气体。它的自燃点低(305℃),点火能量小(0.019 mJ)。在一定条件下,容易因分子的聚合,分解而发生着火、爆炸。

乙炔火焰的传播速度在空气中为2~3.7 m/s,在氧气中为13.5 m/s。可见一旦着火,传播速度是十分快的,这就更增加了乙炔的危险性。

1) 纯乙炔的分解爆炸性

纯乙炔的分解爆炸性,首先取决于它的压力和温度,同时与接触介质、乙炔中的杂质、容器形状等有关。

(1) 当温度超过200~300℃时,乙炔分子就开始聚合,而形成其他更复杂的化合物,如苯(C_6H_6)等。聚合作用是放热的,气体温度越高,聚合作用速度越快,因而放出的热量就会促成更进一步的聚合。当温度高于500℃时,未聚合的乙炔就会发生爆炸分解。

如果在聚合过程中将热量急速排除，则反应只限于一部分乙炔的聚合作用，而分解爆炸则可避免。

(2) 乙炔的分解爆炸与触媒剂有关，当压力为 0.4 MPa 时，与发热的小铁管表面接触而产生爆炸的最低温度为：

有铁屑时为 520℃；有黄铜时为 500～520℃；有活性炭时为 400℃；有碳化钙时为 500℃；有氧化铁时为 280℃；有氧化铜时为 240℃；有氧化铝时为 490℃；有紫铜屑时为 460℃；有铁锈(氧化铁)时为 280～300℃。

这些触媒剂能把乙炔分子吸附在自己表面上，结果使乙炔的局部浓度增高而加速了乙炔分子之间的聚合和爆炸分解。

(3) 乙炔的分解爆炸与存放的容器形状和大小有关。容器的直径越小，则越不容易爆炸。在毛细管中，由于管壁冷却作用及阻力，爆炸的可能性会大为降低。根据这个原理，当前使用的乙炔胶管孔径都较小，管壁也比较薄，对防止乙炔在管道内爆炸是有作用的。

(4) 乙炔与铜、银、水银等金属或其盐类长期接触时，会生成乙炔铜(Cu_2C_2)和乙炔银(Ag_2C_2)等爆炸性混合物，当受到摩擦冲击时就会发生爆炸。因此凡供乙炔使用的器材都不能用银和含铜量 70%以上的铜合金制造。

(5) 乙炔与氯、次氯酸盐等化合，在日光照射下以及加热等外界条件下就会发生燃烧和爆炸。所以乙炔燃烧失火时，绝对禁止使用四氯化碳灭火。

2) 乙炔与空气、氧气和其他气体混合气的爆炸性

(1) 乙炔及其他可燃气体凡与空气或氧气混合时就提高了爆炸危险性。乙炔和其他可燃气体与空气和氧气混合气的爆炸范围见表 5－1。

乙炔与空气或纯氧的混合气如果其中任何一种达到了自燃温度(与空气混合气体的自燃温度为 305℃，与氧气混合气体的自燃温度为 300℃)，就是在大气压力下也能爆炸。是否会达到自燃温度而导致爆炸，基本上只取决于其中乙炔的含量。

表 5-1 可燃气体与空气和氧气混合气的爆炸极限

可燃气体名称	可燃气体在混合气中含量(%)(容积)	
	空气中	氧气中
乙炔	2.2～81.0	2.8～93.0
氢	3.3～81.5	4.6～93.9
一氧化碳	11.4～77.5	15.5～93.9
甲烷	4.8～16.7	5.0～59.2
天然气	4.8～14.0	
石油气	3.5～16.3	

(2) 乙炔中混入与其不发生化学反应的气体,如氮气、甲烷、一氧化碳、水蒸气、石油气等,或把乙炔熔解在液体里,能够降低乙炔的爆炸性。这是因为乙炔分子之间被其他气体或液体的微粒所隔离,因而使进行爆炸的连锁反应条件变坏的缘故。

乙炔能够溶解在许多液体中,特别是有机液体中,如丙酮等。在15℃、0.1 MPa时,1个体积丙酮能溶解23个体积乙炔,在压力增大到1 568 kPa时,1体积丙酮能溶解约360个体积的乙炔。因此加入丙酮能大大增加乙炔的存储量。同时乙炔压入气瓶后,便溶解于丙酮中,并被分布在多孔性填料的细孔内,乙炔分子被细孔壁所隔离。因此1个分子的分解不会扩散到邻近其他分子,一部分乙炔发生爆炸分解,也不会传及瓶内的全部气体。人们就是利用乙炔这个特性,将乙炔装入乙炔瓶内来储存、运输和使用。

(三) 液化石油气

1. 液化石油气的物理化学性质

液化石油气(简称“石油气”)是石油炼制工业的副产品,其主要成分是丙烷(C_3H_8),大约占50%～80%,其余是丙烯(C_3H_6)、丁烷(C_4H_{10})、丁烯(C_4H_8)等。在常温和大气压力下,组成石油气的这些碳氢化合物以气态存在。但是只要加上不大的压力(一般为 0.8～1.5 MPa)即变为液体,液化后便于装入瓶中储存和运输。在标准状态下,石油气的密度为 1.8～2.5 kg/m^3,比空气重,但其液体的比重则比水、汽油轻。

石油气燃烧的温度比乙炔火焰温度低,丙烷在氧气中燃烧的温度为 2 000～2 800℃,用于气割时,金属预热时间需稍长,但可减少切口边缘的过烧现象,切割质量较好,在切割多层叠板时,切割速度比乙炔快 20%～30%。石油气除越来越广泛地应用于钢材的切割外,还用于焊接有色金属。

2. 石油气有以下特点和安全要求

(1) 石油气易挥发,闪点低,其中的主要成分丙烷挥发点为 -42℃,闪点为 -20℃,所以在低温时,它的易燃性也是很大的。

(2) 石油气燃烧的化学反应式(以丙烷为代表)为

$$C_3H_8 + 5O_2 \longrightarrow 3CO_2 + 4\ H_2O + 2\ 350\ \text{kJ/mol}$$

即 1 份丙烷(石油气)需要 5 份氧气与之化合(但实际需要量要比理论上多 10%)才能完全燃烧。若供氧不足,燃烧不充分,会产生一氧化碳,使人中毒,严重时有致命危险。

(3) 液化石油气的燃点比乙炔高,因此使用时比乙炔安全。但石油气和氧气混合气有较宽的爆炸极限,范围为 3.2%～64%。

(4) 气态石油气比空气重(比重约为空气的 1.5 倍),易于向低处流动而滞留积聚。

(5) 石油气瓶内部的压力与温度成正比。在 -40℃时,压力为 0.1 MPa,在 20℃时为 0.7 MPa,40℃时为 2 MPa。所以石油气瓶与热源、暖气电等应保持 1.5 m 以上的安全距离,更不许用火烤。液化石油气瓶的瓶体温度不能超过 45℃。其他必须遵守氧气瓶和乙炔气瓶的使用规则。

(四) 氢气

1. 氢气的物理化学性质

氢气是一种无色无味的气体,密度为 0.07 kg/m^3,为空气的

6.9%,是最轻的气体。它具有最大的扩散速度和很高的导热性,其导热效能比空气大7倍,极易漏泄,点火能力低,被公认为是一种极危险的易燃易爆气体。

氢气在空气中的自燃点为560℃,在氧气中的自燃点为450℃。氢燃烧火焰的温度可达2 770℃。

2. 氢气的爆炸性

氢具有很强的还原性。在高温下,它可以从金属氧化物中夺取氧而使金属还原。它广泛地被应用于水下火焰切割,以及某些有色金属的焊接和氢原子焊等。氢与空气混合可形成爆鸣气,其爆炸极限为4%~80%(体积分数),氢气与氧气混合气的爆炸极限为4.65%~93.9%(体积分数),氢气与氯气的混合物为1∶1时,见光即爆炸,当温度达240℃时即能自燃。氢与氟化合能发生爆炸,甚至在阴暗处也会发生爆炸,因此它是一种很不安全的气体。

第二节　气焊与气割设备、工具及安全操作技术

一、气焊与气割用设备

氧气瓶属于压缩气瓶,乙炔瓶属于溶解气瓶,石油气瓶属于液化气瓶。

(一) 氧气瓶

1. 氧气瓶的构造

氧气瓶是储存和运输氧气的专用高压容器,其构造如图5-3所示。它由瓶体、瓶箍、瓶阀、瓶帽、防震圈、手轮、瓶头等组成,瓶体表面为天蓝色,并用黑漆标明“氧气”字样,用以区别其他气瓶。

为使氧气瓶平稳直立的放置，制造时把瓶底挤压成凹弧面形状。为了保护瓶阀在运输中免遭撞击，在瓶阀的外面套有瓶帽。氧气瓶在出厂前都要经过严格检验，并需对瓶体进行水压试验。试验压力应达到工作压力的1.5倍，即14.7 MPa×1.5＝22.05 MPa。

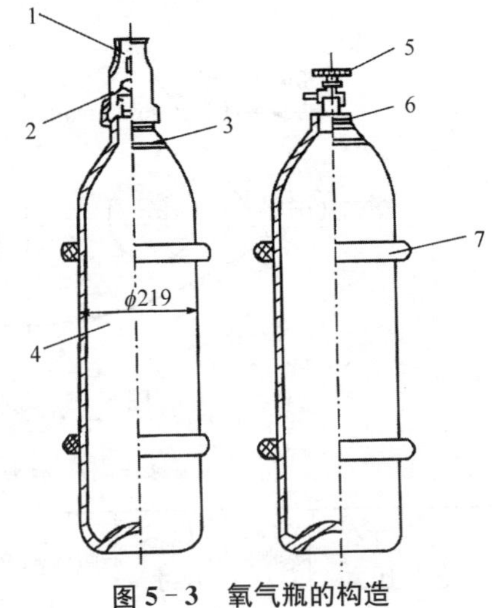

图5－3　氧气瓶的构造

1—瓶帽；2—瓶阀；3—瓶箍；4—瓶体；5—手轮；6—瓶头；7—防震圈

氧气瓶一般使用3年后应进行复验，复验内容有水压试验和检查瓶壁腐蚀情况。有关气瓶的容积、重量、出厂日期、制造厂名、工作压力，以及复验情况等项说明，都应在钢瓶收口处钢印中反映出来，如图5－4、图5－5所示。

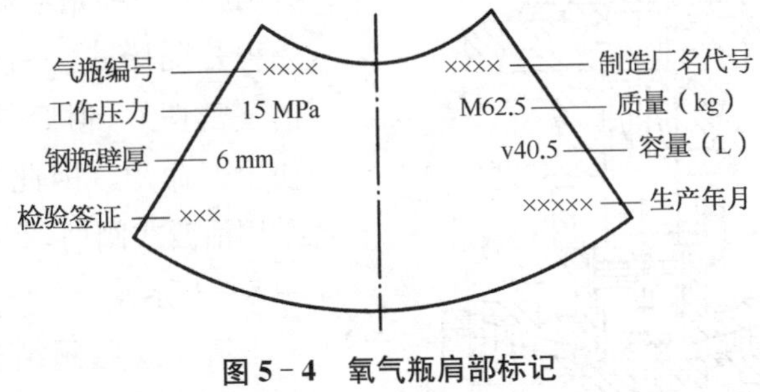

图5－4　氧气瓶肩部标记

目前，我国生产的氧气钢瓶规格(表5－2)，氧气瓶的额定工作压力为14.7 MPa，最常见的容积为40 L，当瓶内压力为15 MPa(表压)时，该氧气瓶的氧气储存量为6 000 L。

2. 氧气瓶阀

氧气瓶阀是控制氧气瓶内氧气进出的阀门。氧气阀门构造分

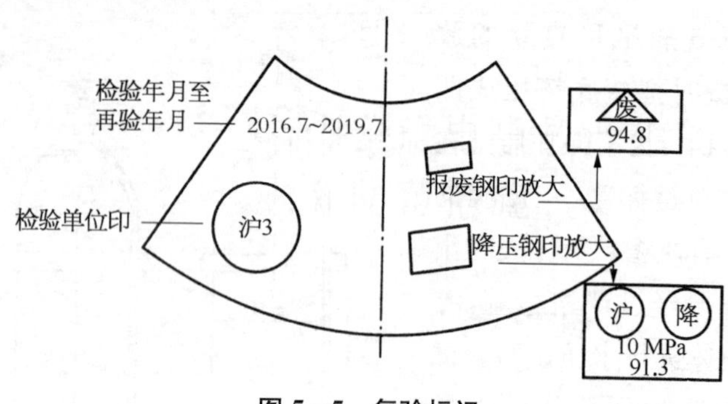

图5-5 复验标记

表5-2 氧气瓶规格

颜色	工作压力/MPa	容积/L	外径尺寸/mm	瓶体高度/mm	质量/kg	水压试验压力/MPa	采用瓶阀规格
天蓝	15	33	219	1 150±20	45±2	22.5	QF-2型铜阀
		40		1 370±20	55±2		
		44		1 490±20	57±2		

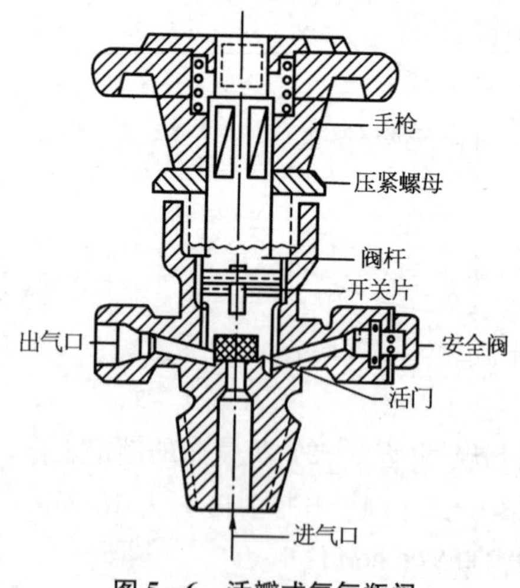

图5-6 活瓣式氧气瓶阀

为两种：一种是活瓣式，另一种是隔膜式。隔膜式阀门气密性好，但容易损坏，使用寿命短。因此目前多采用活瓣式阀门，其结构如图5-6所示。

活瓣式瓶阀结构主要由阀体、密封垫圈、手轮、压紧螺母、阀杆、开关片、活门及安全装置等组成。除手轮、开关片、密封垫圈外，其余都是由黄铜或青铜压制和机加工而成的。为使瓶口和瓶阀紧密结合，将阀体和氧气瓶口结合的一端，加工成锥形管螺纹，以旋入气瓶口内；阀体的出气口处，加工成定型螺纹，用以连接减压器。阀体的出气口背面装有安全装置。

使用氧气时，将手轮逆时针方向旋转，是开启氧气阀门。旋转手轮时，阀杆也随之转动，再通过开关片使活门一起转动，造成活门向上或向下移动。活门向上移动，气门开启，瓶内的氧气从出气口喷出。活门向下压紧时，由于活门内嵌有用尼龙材料制成的气门垫，因此可以使活门密闭。瓶阀活门上下移动的范围为 1.5～3 mm。

（二）乙炔气瓶

1. 乙炔气瓶的构造

乙炔气瓶是储存和运输乙炔气的压力容器，其外形与氧气瓶相似，但比氧气瓶略短(1.12 m)，直径略大(250 mm)，瓶体表面涂白漆，并印有“乙炔气瓶”“不可近火”等红色字样。因乙炔不能用高压压入瓶内储存，所以乙炔瓶的内部构造较氧气瓶要复杂得多。乙炔瓶内有微孔填料布满其中，而微孔填料中浸满丙酮，利用乙炔易溶解于丙酮的特点，使乙炔稳定、安全地储存在乙炔气瓶中，具体构造如图 5－7 所示。

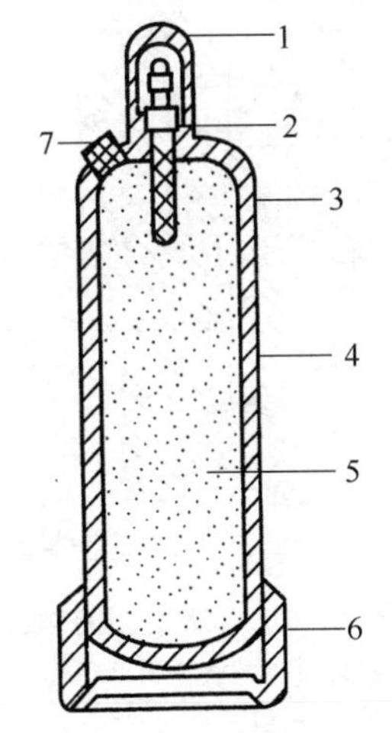

图 5－7　乙炔气瓶的构造

1—瓶帽；2—瓶阀；3—分解网；4—瓶体；5—微孔填料(硅酸钙)；6—底座；7—易熔塞

瓶阀下面中心连接一锥形不锈钢网，内装石棉或毛毡，其作用是帮助乙炔从丙酮溶液中分解出来。瓶内的填料要求多孔且轻质，目前广泛应用的是硅酸钙。

为使气瓶能平稳直立地放置，在瓶底部装有底座，瓶阀装有瓶帽。为了保证安全使用，在靠近收口处装有易熔塞，一旦气瓶温度达到100℃左右时，易熔塞即熔化，使瓶内气体外逸，起到泄压作用。另外，瓶体装有两道防震胶圈。

乙炔气瓶出厂前，需经严格检验，并做水压试验。乙炔气瓶的设计压力为 3 MPa，试验压力应高出 1 倍。在靠近瓶口的部位，还应标注出容量、重量、制造年月、最高工作压力、试验压力等内容。使用期间，要求每 3 年进行一次技术检验，发现有渗漏或填料空洞的现象，应报废或更换。

乙炔气瓶的额定工作压力为 1 470 kPa，乙炔瓶的容量为40 L，能溶解 6～7 kg 乙炔。使用乙炔时应控制排放量，否则会连同丙酮一起喷出，造成危险。

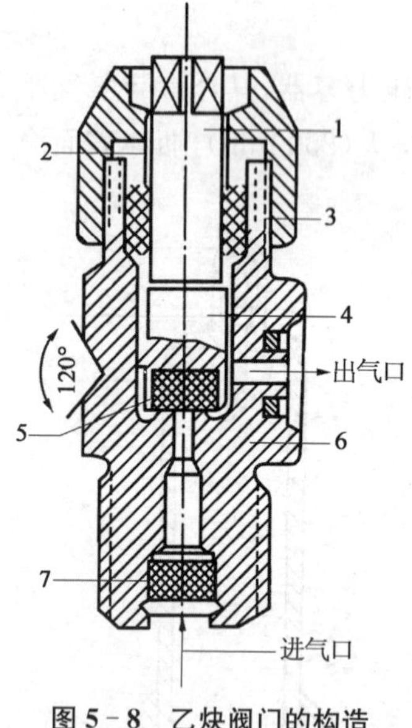

图 5-8　乙炔阀门的构造

1—阀杆；2—压紧螺母；3—密封圈；4—活门；5—尼龙垫；6—阀体；7—过滤件

2. 乙炔瓶阀

乙炔瓶阀是控制乙炔瓶内乙炔进出的阀门，它的构造如图 5-8 所示。

它主要包括阀体、阀杆、密封垫圈、压紧螺母、活门和过滤件等几部分。乙炔阀门没有手轮，活门开启和关闭是靠方孔套筒扳手完成的。当方孔套筒扳手按逆时针方向旋转阀杆上端的方形头时，活门向上移动是开启阀门，反之则是关闭。乙炔瓶阀体是由低碳钢制成的，阀体下端加工成 ϕ27.8×14 牙/in 螺纹的锥形尾，以使旋入瓶体上口。由于乙炔瓶阀的出气口处无螺纹，因此使用减压器时必须带有夹紧装置与瓶阀结合，减压器的出口处必须安装经技监部门认可的乙炔气瓶专用回火保险器。回火保险器作用是当焊(割)炬发生回火时，立即切断乙炔通路，防止继续燃烧。

(三) 液化石油气瓶

液化石油气瓶是储存液化石油气的专用容器,按用量及使用方式不同,气瓶储存量分别有 10 kg、15 kg 或 36 kg 等多种规格,如企业用量较大,还可以制造容量为 1 t、2 t 或更大的储气罐。气瓶材质选用 16Mn 钢或优质碳素钢,气瓶的最大工作压力为1.6 MPa,水压试验压力为 3 MPa。气瓶通过试验鉴定后,应将制造厂名、编号、重量、容量、制造日期、试验日期、工作压力、试验压力等项内容,固定在气瓶的金属铭牌上,应标有制造厂检验部门的钢印。该种气瓶属焊接气瓶,气瓶外表涂银灰色,并有"液化石油气"红色字样。

二、常用气瓶的安全管理

(一) 各种气瓶的鉴别

为了让使用者从气瓶外表能区别各种气体和危险程度,避免气瓶在充灌、运输、储存和使用时造成混淆而发生事故。因而各种气瓶根据《气瓶安全监察规定》涂刷不同的颜色,并按规定颜色标写气体名称。焊接、气割中常用的各种气体,其气瓶外表的颜色标志见表 5-3。

表 5-3　各种气瓶的颜色标志

气瓶名称	涂漆颜色	字　　样	字样颜色
氧气瓶	天蓝	氧	黑
乙炔气瓶	白	乙炔	红
液化气瓶	银灰	液化石油气	红
丙烷气瓶	褐	液化丙烷	白
氢气瓶	深绿	氢	红
氩气瓶	灰	氩	绿
二氧化碳气瓶	铝白	液化二氧化碳	黑
氮气瓶	黑	氮	黄

（二）各种气瓶的连接形式

氧气瓶、乙炔瓶、液化气瓶等为了使用安全并避免发生错误，因而采用不同的连接形式，见表5－4。

表5－4　各种气瓶的连接形式

气瓶名称	连接形式
氧气瓶	顺旋螺纹
乙炔气瓶	夹　紧
液化气瓶	倒旋螺纹
丙烷气瓶	倒旋螺纹

（三）气瓶的储存及运输管理制度

气瓶使用单位的运输操作和管理人员必须严格遵守有关气瓶安全管理的规章制度。

(1) 放置整齐，并留有适当宽度的通道。

(2) 气瓶应直立放置，并设有栏杆或支架加以固定，防止跌倒。氧气瓶卧放时必须固定，瓶头都朝向一边，堆放整齐，高度不应超过5层。

(3) 气瓶运输(含装卸)时，瓶必须佩戴好瓶帽(有防护罩的除外)，并要拧紧。

(4) 不得靠近热源，不受日光暴晒。

(5) 不准与相互抵触的易燃易爆品储存在一起。

(6) 充装、运输、储存气瓶的场所严禁动火和吸烟。

(7) 易燃物品、油脂和带有油污的物品不准与氧气瓶同车运输。

(8) 运输气瓶的车、船不得在繁华市区、重要机关附近停靠，车、船停靠时，司机与押运人员不得同时离开。气瓶应按车厢横向装放。

(9) 装有气瓶的车辆应有“危险品”安全标志。

(10) 轻装轻卸，防止震动，装卸时禁止采用抛、摔及其他容易引起撞击的方法。

(11) 储存氧气、乙炔、液化气瓶必须设置专用仓库，周围禁止堆放易燃物品，并禁绝火种。

(四) 乙炔瓶的安全使用规则

乙炔瓶内的最高压力是1.5 MPa，由于乙炔是易燃、易爆的危险气体，所以在使用时必须谨慎，除了必须遵守氧气瓶的使用要求外，还必须严格遵守下列各点。

(1) 乙炔瓶应该直立放置，卧置会使丙酮随乙炔流出，甚至会通过减压器流入乙炔胶管和割炬内，引起燃烧和爆炸。

(2) 乙炔瓶不应受到剧烈震动，以免瓶内多孔性填料下沉而形成空洞，影响乙炔的储存，引起乙炔瓶爆炸。

(3) 乙炔瓶体温度不能超过40℃，乙炔在丙酮中的溶解度随着温度的升高而降低。

(4) 当乙炔瓶阀冻结时，严禁用明火直接烘烤，必要时只能用小于40℃的热水解冻。

(5) 乙炔瓶内的乙炔不能全部用完，最后要留0.05～0.1 MPa的乙炔气，并将气瓶阀门关紧。

三、气焊与气割的工具

(一) 减压器

将高压气体降为低压气体的调节装置称为减压器。

1. 减压器的作用

减压器又称压力调节器，它的作用有两个：减压与稳压。

2. 减压器的分类

(1) 按用途不同可分为集中式和岗位式。

(2) 按构造不同可分为单级式和双级式。

(3) 按工作原理不同可分为正作用式和反作用式。

目前国内生产的减压器主要是单级反作用式和双级混合式两类(目前使用 QD-2A 单极氧气减压器,它的安全阀泄气压力为 1.568～1.72 MPa)。

3. 减压器的安全使用技术

(1) 安装氧气减压器之前,先打开氧气瓶阀门吹除污物,以防灰尘和水分带入减压器内,然后关闭氧气瓶阀门再装上减压器。在开启气瓶阀时,操作者不应站在瓶阀出气口前面,以防止高压气体突然冲击伤人。

(2) 应预先将减压器调压螺钉旋松后才能打开氧气瓶阀,开启氧气瓶阀时要缓慢进行不要用力过猛,以防高压气体损坏减压器及高压表。

(3) 减压器不得附有油脂,如有油脂,应擦洗干净后再使用。

(4) 调节工作压力时,应缓缓地旋转调压螺钉,以防高压气体冲坏弹性薄膜装置或使低压表损坏。

(5) 用于氧气的减压器应涂蓝色,乙炔减压器应涂白色,不得相互换用。

(6) 减压器冻结时,可用热水或蒸汽解冻,不许用火烤。冬天使用时,可在适当距离安装红外线灯加温减压器,以防冻结。

(7) 减压器停止使用时,必须先把调节螺钉旋松再关闭氧气瓶阀,并把减压器内的气体全部放掉,直到低、高压表的指针指向零值为止,高压氧是指压力在 3 MPa 以上。

(8) 开启氧气瓶阀后,检查各部位有无漏气现象,压力表是否工作正常,待检查完毕后再接氧气橡皮管。

(9) 减压器必须定期检修,压力表必须定期校验,以确保调压可靠和读数准确。

4. 减压器的故障排除

减压器由于使用不当或其他因素会产生各种故障,现将故障特征、可能产生的原因及消除方法列于表5-5。

表5-5 减压器的常见故障及其消除方法

故障特征	可能产生的原因	消除方法
减压器连接部分漏气	(1) 螺纹配合松动 (2) 垫圈损坏	(1) 把螺帽扳紧 (2) 调换垫圈
安全阀漏气	活门垫料与弹簧产生变形	调整弹簧或更换活门垫料
减压器罩壳漏气	弹性薄膜装置的膜片损坏	应拆开更换膜片
调压螺钉虽已旋松，但低压表有缓慢上升的自流现象(或称直风)	(1) 减压活门或活门座上有垃圾 (2) 减压活门或活门座损坏 (3) 副弹簧损坏	(1) 去除垃圾 (2) 调换减压活门 (3) 调换副弹簧
减压器使用时，遇到压力下降过大	减压活门副密封不良或有垃圾	去除垃圾或调换密封垫料
工作过程中，发现气体供应不上或压力表指针有较大摇动	(1) 减压活门产生了冻结现象 (2) 氧气瓶阀开启不足	(1) 用热水或蒸汽加热方法消除，切不可用明火加温，以免发生事故 (2) 加大瓶阀开启程度
高、低压力表指针不回到零值	压力表损坏	修理或者调换后再使用

(二) 焊炬、割炬

1. 焊炬

焊炬是气焊及软、硬钎焊时，用于控制火焰进行焊接的工具。焊炬的作用是将可燃气体和氧气按一定比例混合，并以一定的速度喷出燃烧,生成具有一定能量、成分和形状的稳定火焰。

焊炬的好坏直接影响着焊接质量。因此,要求焊炬能很好地调节和保持氧气和可燃气体比例以及火焰大小,并使混合气体喷出速度等于燃烧速度,以形成稳定的燃烧;同时焊炬本身的质量要轻,气密性要好,还要耐腐蚀和耐高温。

气焊炬按气体的混合方式分为射吸式焊炬和等压式焊炬两类,按火焰的数目分为单焰和多焰两类,按可燃气体的种类分为乙炔用、氢用、汽油用等,按使用方法分为手工和机械两类。

(1) 射吸式焊炬。射吸式焊炬是可燃气体靠喷射氧流的射吸作用与氧气混合的焊炬。乙炔靠氧气的射吸作用吸入射吸管。因此它适用于低压及中压乙炔气(0.001~0.1 MPa)。射吸式焊炬的结构如图5-9所示。

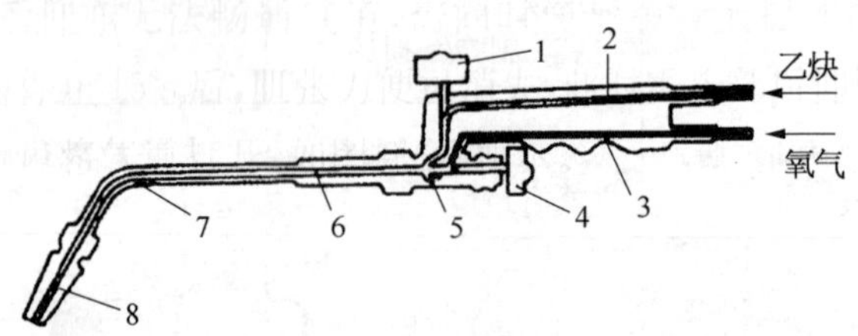

图 5-9　射吸式焊炬

1—乙炔阀;2—乙炔导管;3—氧气导管;4—氧气阀;5—喷嘴;6—射吸管;7—混合室气管;8—焊嘴

(2) 等压式焊炬。等压式焊炬是指燃烧气体和氧气两种气体具有相等或接近于相等的压力。燃烧气依靠自己的压力与氧混合。

等压式焊炬结构十分简单,只要保证进入焊炬的压力正常,火焰就能稳定燃烧。焊炬在施焊使用时,发生回火的可能性很小。但这种焊炬不能使用低压乙炔发生器,只能使用乙炔瓶或中压乙炔发生器。

等压式焊炬的主要结构如图5-10所示。

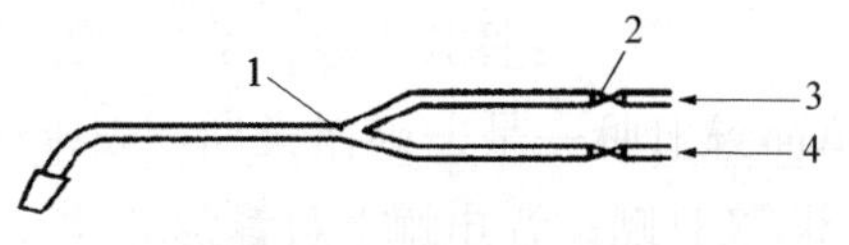

图 5-10　等压式焊炬

1—混合室；2—调节阀；3—氧气导管；4—乙炔导管

2. 割炬

割炬是气割的主要工具，可以安装或更换割嘴，调节预热火焰气体流量和控制切割氧流量。

割炬按可燃气体与氧气混合的方式不同可分为射吸式割炬和等压式割炬两种，割炬的型号及主要技术数据见表 5-6。目前射吸式割炬使用较多，按用途不同可分为普通割炬、重型割炬和焊割两用炬等。

割嘴的构造与焊嘴不同，如图 5-11 所示，焊嘴上的喷射孔是小圆孔，所以火焰呈圆锥形；而割嘴上的混合气体喷射孔是环形或梅花形的，因此作为气割预热火焰的外形呈环状分布。

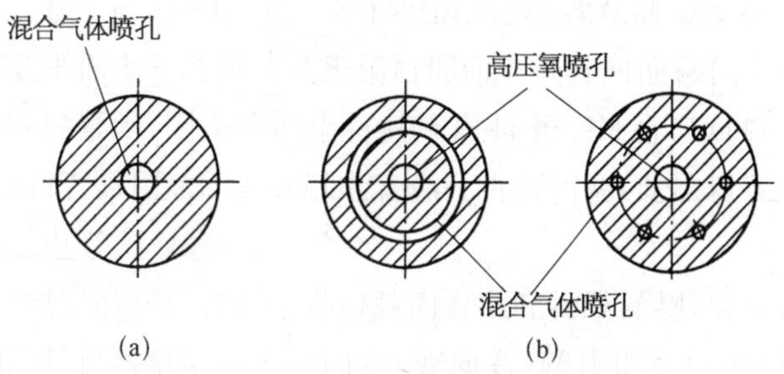

图 5-11　焊嘴与割嘴的截面比较

(a) 焊嘴；(b) 割嘴

1) 射吸式割炬的工作原理

气割时，先逆时针方向稍微开启预热氧调节阀，再打开乙炔调节阀，使氧气与乙炔在喷嘴内混合后，经过混合气体通道从割嘴喷出，并立即点火，经适当调节后形成所需的环形预热火焰，对割件进行预热。待割件预热至燃点时，即逆时针方向开启高压氧调节

表 5-6 割炬的型号及主要技术数据

割炬型号	G01-30			G01-100			G01-300				G02-100				
结构形式	射吸式										等压式				
割嘴号码	1	2	3	1	2	3	1	2	3	4	1	2	3	4	5
割嘴切割氧孔径/mm	0.7	0.9	1.1	1.0	1.3	1.6	1.8	2.2	2.6	3.0	0.7	0.9	1.1	1.3	1.6
切割低碳钢厚度/mm	3～30			10～100			100～300				3～100				
氧气工作压力/MPa	0.2	0.25	0.3	0.3	0.4	0.5	0.5	0.65	0.8	1.0	0.2	0.25	0.3	0.4	0.5
乙炔工作压力/MPa	0.001～0.1										0.04	0.04	0.05	0.05	0.06
可换割嘴个数	3						4								
可见切割氧流长度/mm	≥60	≥70	≥80	≥80	≥90	≥100	≥110	≥130	≥150	≥170	≥60	≥70	≥80	≥90	≥100
割炬总长度/mm	500			550			650				550				

注：割炬型号含义：G—割炬；0—手工；1—射吸式；2—等压式；30、100、300—切割低碳钢的最大厚度分别为 30 mm、100 mm、300 mm。

阀，此时高速氧气流将割缝处的金属氧化并吹除，随着割炬的不断移动即在割件上形成割缝。射吸式割炬工作原理如图 5－12 所示。

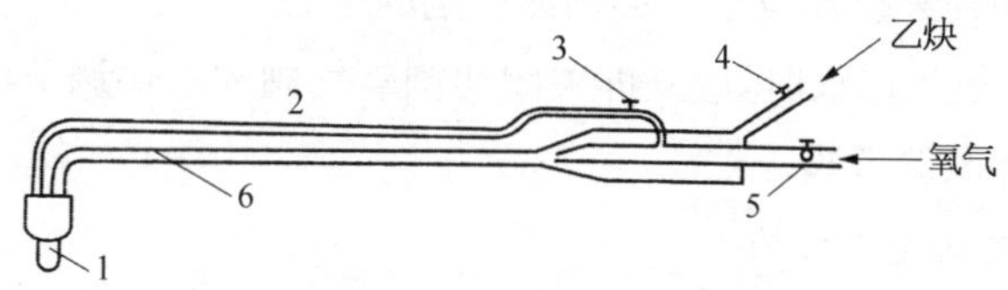

图 5－12　射吸式割炬工作原理图

1—割嘴；2—切割氧通道；3—切割氧开关；4—乙炔调节阀；5—预热氧气调节阀；6—混合气体管路

2）割炬安全使用要求

（1）焊炬和割炬应符合《射吸式焊炬》（JB/T 6969—1993）和《射吸式割炬》（JB/T 6970—1993）等标准的要求。

（2）由于割炬内通有高压氧气，因此割嘴的各个部分和各处接头的紧密性要特别注意，以免漏气。割炬的每个连接部位应具备良好的气密性。

（3）切割时，飞溅出来的金属微粒与熔渣微粒较多，喷孔易堵塞，孔道内易黏附飞溅物，因此要经常用通针通，以免发生回火。射吸式割炬的构造如图 5－13 所示。

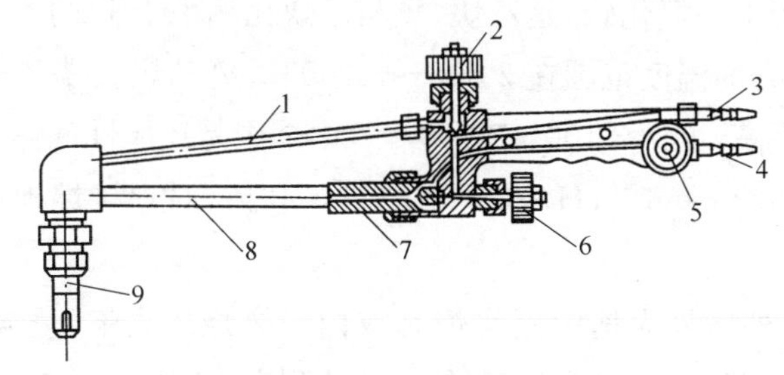

图 5－13　射吸式割炬的构造

1—切割氧气管；2—切割氧气阀；3—氧气管；4—乙炔管；5—乙炔调节阀；6—预热氧调节阀；7—射吸管；8—混合气管；9—割嘴

(4) 内嘴必须与高压氧通道紧密连接,以免高压氧漏入环形通道而把预热火焰吹熄。

(5) 装配割嘴时,必须使内嘴与外嘴严格保持同心,才能保证切割用的纯氧射流位于环形预热火焰的中心。

(6) 发生回火时,应立即关闭切割氧气阀和乙炔调节阀,然后关闭预热氧调节阀。

3. 气割气焊火焰

采用乙炔与氧混合燃烧所形成的火焰称为氧乙炔火焰。氧和乙炔气体混合燃烧发生化学反应的方程式为

$$2C_2H_2 + 5O_2 \longrightarrow 4CO_2 + 2H_2O$$

通过调节氧气阀门和乙炔阀门,可改变氧气和乙炔的混合比例,得到三种不同的火焰:中性焰、碳化焰和氧化焰。气焊时一般采用中性焰,它由焰芯、内焰和外焰三部分组成。

(1) 焰芯是火焰中靠近焊炬(或割炬)喷嘴孔的呈锥状而发亮的部分。其长度随混合气体的喷射速度加大而增长,在此区域主要是乙炔加热分解为游离碳和氢,是为乙炔燃烧的准备阶段。炽热的游离碳使焰芯发出明亮的白光,但温度却不很高。

(2) 内焰是火焰中含碳气体过剩时,在焰芯周围明显可见的富碳区,只在碳化焰中有内焰。颜色较暗,在此区域碳和氧剧烈燃烧后产生一氧化碳,是乙炔(氧与乙炔比例小于1)的不完全燃烧阶段,它的温度范围在2 800～3 200℃,离芯焰尖端2～4 mm处温度最高,可达3 100～3 200℃。内焰中是还原性气体,故CO体积占60%～66%,H_2体积占34%～40%,对焊接熔池能起保护作用。

(3) 外焰是火焰中围绕焰芯或内焰燃烧的火焰,呈淡蓝色。在此区域吸取了空气中的氧,使乙炔达到完全燃烧,生成物为二氧化碳和水蒸气,并有周围空气中的氧和氮混入,故具有一定的氧化性,温度也比较低。

（三）回火保险器

在气焊气割过程中，气体火焰伴有爆鸣声进入焊(割)炬，并熄灭或在喷嘴重新点燃的现象称回火。回火有持续回火和回烧两种。

发生回火的根本原因是：由于混合气体从焊炬或割炬的喷射孔内喷出的速度小于混合气体燃烧速度。

为了防止火焰倒燃进入乙炔瓶或乙炔发生器内，就必须在乙炔软管与乙炔瓶或乙炔发生器的中间装置专门的防止回火的设备，这个专门的设备就是回火保险器。回火保险器的作用：当焊炬或割炬发生回火时，一是把倒燃的火焰与乙炔发生器(或乙炔瓶)隔绝开来；二是在回火发生后立即断绝乙炔的来路，这样待残留在回火保险器内的乙炔烧完后，倒燃的火焰也就自行熄灭了。

1. 回火保险器的分类

(1) 按通过的乙炔压力不同可分为低压式(0.01 MPa 以下)和中压式(0.01～0.05 MPa)两种。

(2) 按作用原理不同可分为水封式和干式两种。

(3) 按构造不同可分为开式和闭式两种。

(4) 按装置的部位不同可分为集中式和岗位式两种。

目前国内常用的水封式回火保险器，有低压开式和中压闭式两种类型，常用的干式回火保险器主要有中压防爆膜式和中压干式等类型。

2. 回火保险器的安全使用技术

(1) 安装在乙炔发生器上的回火保险器，其流量、压力必须与该发生器的乙炔生产率、压力相适应。

(2) 多人使用一个乙炔发生器时，除在发生器附近安置一个总的回火保险器外，应在每个工作岗位上再安装一个回火保险器。每个岗位上的回火保险器只允许接一把焊炬或割炬。

(3) 使用期满1年应对泄压阀(用压缩空气)进行泄压值调试,确保严密性。

(4) 严禁使用漏气及泄压装置失灵的回火保险器。

(5) 回火保险器的防爆膜在回火爆破后,必须及时更换符合安全规定的防爆膜。

(6) 若发现流量少、阻力增加,可能是过滤器被水或某物堵塞,应旋下端盖,取出过滤器,浸于丙酮中清洗,并用压缩空气吹干后方可装配,再经阻火性能试验合格后方可继续使用。

(7) 弹簧、复位拉簧、O形密封圈等应每年更换一次。

(四) 辅助工具

(1) 护目镜。焊工应根据材质和需要选择镜片颜色和深浅。护目镜的作用是:保护焊工眼睛不受火焰亮光的刺激;防止金属微粒的飞溅而损伤眼睛。

(2) 点火枪。使用手枪式点火枪最为安全方便。

(3) 胶管。氧气瓶和乙炔瓶中的气体须用胶管输送到焊炬和割炬中。胶管按照《气体焊接设备 焊接、切割和类似作业用橡胶软管》(GB/T 2550—2016)的规定,氧气胶管为蓝色,允许工作压力为1.5 MPa;乙炔胶管为红色,允许工作压力为0.3 MPa。

通常,氧气管的内径为8 mm,乙炔管的内径为10 mm。无论氧气管和乙炔管均要耐磨、耐高温。连接焊、割炬胶管长度不能短于10 m,一般以10～15 m为佳,太长了会增加气体流动阻力,消耗气体。焊、割炬用胶管禁止接触油污及漏气,并且严禁互换使用。

四、气焊与气割的安全操作技术

(一) 氧气瓶的安全操作技术

(1) 室内或室外使用氧气瓶时,都必须将氧气瓶妥善安放,以防止倾倒。在露天使用时，氧气瓶必须安放在冷棚内，以避免太阳光的强烈照射。

(2) 氧气瓶一般应该直立放置，只有在个别情况下才允许卧置，但此时应该把瓶颈稍微搁高一些，并且在瓶的旁边用木块等东西塞好，防止氧气瓶滚动而造成事故。

(3) 严禁氧气瓶阀、氧气减压器、焊炬、割炬、氧气胶管等沾上易燃物质和油脂等，以免引起火灾或爆炸。

(4) 取瓶帽时，只能用手或扳手旋转，禁止用铁锤等敲击。

(5) 在瓶阀上安装减压器之前，应缓慢地拧开瓶阀，吹掉出气口内杂质，并再轻轻地关闭阀门。装上减压器后，要缓慢地开启阀门，以防开得太快，高压氧流速过急产生静电火花而引起减压器燃烧或爆炸。

(6) 在瓶阀上安装减压器时，与阀口连接的螺母要拧紧，以防止开气时脱落，人体要避开阀门喷出方向，并慢慢开启阀门。

(7) 冬季要防止氧气瓶冻结，如已冻结，只能用热水和蒸汽解冻。严禁用明火直接加热，也不准敲打，以免造成瓶阀断裂。

(8) 氧气瓶不可放置在焊割施工的钢板上及有电流通过的导体上。

(9) 氧气瓶停止工作时，应松开减压器上的调压螺钉，再关闭氧气阀门。

(10) 当氧气瓶与乙炔瓶、氢气瓶、液化石油气瓶并排放置时，氧气瓶与可燃气瓶必须相距 5 m 以上。

(11) 氧气瓶内的氧气不能全部用完，最后要留 0.1～0.2 MPa 的氧气，以便充氧时鉴别气体的性质和吹除瓶阀口的灰尘，以避免混进其他气体。

(12) 氧气瓶在运送时必须戴上瓶帽，并避免相互碰撞。不能与可燃气体的气瓶、油料以及其他可燃物同车运输。在厂内运输要用专用小车，并固定牢固。不得将氧气瓶放在地上滚动。

（二）乙炔瓶的安全操作技术

乙炔瓶内的最高压力是1.5 MPa，由于乙炔是易燃、易爆的危险气体，所以在使用时必须谨慎，除了必须遵守氧气瓶的使用要求外，还必须严格遵守下列各点：

(1) 乙炔瓶使用和存放时，应保持直立，不能横躺卧放，以防丙酮流出引起燃烧爆炸，一旦要使用已卧放的乙炔气瓶，必须先直立20 min，再连接减压器后使用。

(2) 乙炔瓶不应受到剧烈震动，以免瓶内多孔性填料下沉而形成空洞，影响乙炔的储存，引起乙炔瓶爆炸。

(3) 乙炔瓶体温度不能超过40℃，乙炔在丙酮中的溶解度随着温度的升高而降低。

(4) 当乙炔瓶阀冻结时，严禁用明火直接烘烤，必要时只能用40℃热水解冻。

(5) 乙炔瓶内的乙炔不能全部用完，最后要留0.05～0.1 MPa的乙炔气，并将气瓶阀门关紧。

（三）乙炔发生器的安全操作技术

(1) 使用乙炔发生器的操作人员必须熟悉发生器的构造、作用原理及保养规则。

(2) 移动式乙炔发生器应放在空气流通和不振动的地方，离高温、明火10 m以外，并且不能放在高压电线下方。露天使用时，夏天防暴晒，冬天防冻结，如筒内发生冻结时，应用热水解冻，严禁明火烘烤。

(3) 加入电石数量和颗粒度(25～80 mm为宜)必须按规定进行，禁止使用电石粉。

(4) 发生器的水必须每天调换，并保持规定水位。

(5) 储气筒和回火保险器内必须保持一定水位。

(6) 每天工作完毕后，必须进行排渣清洗，保持清洁。

(7) 回火保险器必须每天检查,调换清水。安全阀要经常检查是否在规定压力范围泄压。

(8) 安全膜每月更换一次。

(四) 气瓶定期检查

气瓶在使用过程中必须根据国家《气瓶安全监察规定》要求进行定期技术检验。各类气瓶的检验周期不得超过下列规定:

(1) 盛装腐蚀性气体的气瓶,每2年检验一次。

(2) 盛装一般气体的气瓶,每3年检验一次。

(3) 液化石油气瓶,使用未超20年的,每5年检验一次;超过20年的,每2年检验一次。

(4) 盛装惰性气体的气瓶,每5年检验一次。

(5) 气瓶在使用过程中,发现有严重腐蚀、损伤或对其安全可靠性有怀疑时,应提前进行检验。库存和停用时间超过一个检验周期的气瓶,启用前应进行检验。

第三节 其他热切割的简介

一、碳弧气刨

(一) 碳弧气刨概述

碳弧气刨是使用石墨棒或碳棒与工件间产生的电弧将金属熔化,并用压缩空气将其吹掉,实现在金属表面上加工沟槽的方法,如图5-14所示。

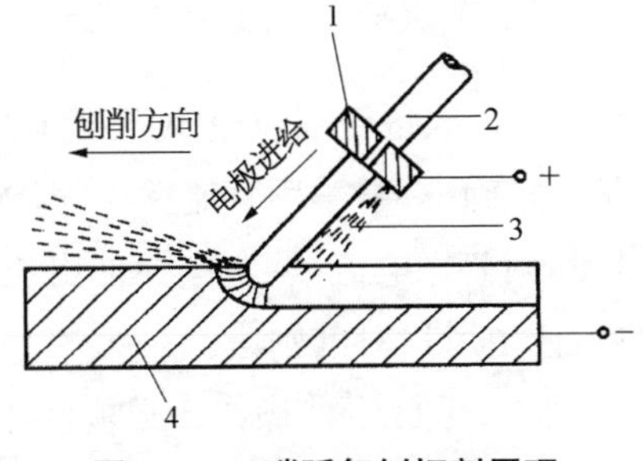

图5-14 碳弧气刨切割原理

1—刨钳;2—电极;3—压缩空气;4—工件

碳弧气刨过程中,压缩空气的主要作用是把碳极电弧高温加热而熔化的金属吹掉,还可以对碳棒电极起冷却作用,这样可以相应地减少碳棒的烧损。但是,压缩空气的流量过大时,将会使被熔化的金属温度降低,而不利于对所要切割的金属进行加工。

碳弧刨割条的外形与普通焊条相同,是利用药皮在电弧高温下产生的喷射气流,吹除熔化金属,达到刨割的目的。工作时只需交、直流弧焊机,不用空气压缩机。操作时其电弧必须达到一定的喷射能力,才能除去熔化金属。

(二) 碳弧气刨的特点

碳弧气刨设备、工具简单,只需要一台直流电焊机、压缩空气和专用的电弧切割机及碳棒。使用方便,操作灵活,对处于窄小空间位置的焊缝,只要轻巧的刨枪能伸进去的地方,就可以进行切割作业。与氧乙炔切割、风铲相比,操作使用安全,降低噪声,劳动强度轻,易实现机械化。

碳弧气刨一般用来加工焊缝坡口,特别适用于开U形坡口;碳弧气刨还用来对焊缝进行清根,也可以清除不合格焊缝中的缺陷,然后进行修复,效率高;清理铸件的毛边、飞边、浇铸冒口及铸件中的缺陷;用碳弧气刨的方法加工多种不能用气割加工的金属,如铸铁、不锈钢、铜、铝等。

(三) 碳弧气刨的操作

(1) 准备切割前操作,要检查电缆及气管是否完好,电源极性是否正确(一般采用直流反接,即碳棒接正极),并根据碳棒直径选择并调节好电流,调节碳棒伸出长度为70~80 mm。调节好出风口,使出风口对准刨槽。

(2) 起弧之前操作。必须打开气阀,先送压缩空气,随后引燃电弧,以免产生夹碳缺陷。在垂直位置切割时,应由上向下切削。

(3) 切割操作。碳棒与刨槽夹角一般为45°左右。夹角大,刨槽深;夹角小,刨槽浅。起弧后应将气刨枪手柄慢慢按下,等切削到一定深度时,再平稳前进。在切割的过程中,碳棒既不能横向摆动也不能前后摆动,否则切出的槽就不整齐光滑。如果一次切槽不够宽,可增大碳棒直径或重复切削。对碳棒移动的要求是准、平、正。准,是深浅准和切槽的路线准。在进行厚钢板的深坡口切削时,宜采用分段多层切削法,即先切一浅槽,然后沿槽再深切。平,是碳棒移动要平稳,若在操作中稍有上下波动,则切槽表面就会凹凸不平。正,是碳棒要端正,要求碳棒中心线应与切槽中心线重合,否则会使切槽的形状不对称。

(4) 排渣方向的操作。由于压缩空气是从电弧后面吹来的,所以在操作时,压缩空气的方向如果偏一点,渣就会偏向槽的一侧,压缩空气吹得正,那么渣都被吹到电弧的前部,而且一直往前,直到切完为止。这样切出来的槽两侧渣最少,可节省很多清理工作。但是这种方法由于前面的准线被渣覆盖住而妨碍操作,所以较难掌握。通常的方法是使压缩空气稍微吹偏一点,把一部分渣翻到槽的外侧,但不能吹向操作位置的一侧,不然,吹起来的铁水会落到身上,严重时还会引起烧伤。若压缩空气集中吹向槽的一侧,则造成熔渣集中在一侧,熔渣多而厚,散热就慢,同时引起黏渣。

(5) 切削尺寸的要求。要获得所需切槽尺寸,除了选择好合理的切削工艺参数外,还必须靠操作去控制。同样直径的碳棒,当采用不同的工作方法或不同的电流和切削速度时,可以切出不同宽度和深度的槽。例如,对 12～20 mm 厚的低碳钢板,用直径 8 mm 的碳棒,最深可切到 7.5 mm,最宽可切到 13 mm。

(6) 收弧操作。碳弧气刨收弧时,不允许熔化的铁水留在切槽里。这是因为在熔化的铁水中,碳和氧都比较多,而且碳弧气刨的熄弧处往往也是后来焊接的收弧坑。而在收弧坑处一般比较容易出现裂缝和气孔。如果让铁水留下来,就会导致焊接时在收弧坑出现缺陷。因此,在气刨完毕时应先断弧,待碳棒冷却后再关闭压缩空气。

(四) 碳弧气刨的安全操作技术

碳弧气刨时,由于镀铜碳棒的烧损,使烟尘中除了含有大量的氧化铁外,还含有1%～1.5%的铜,并且含有碳棒黏结剂——沥青,以至于带有一定的毒性;同时,压缩空气吹渣时还会产生大量的熔融金属及烟尘。因此,除遵守焊条电弧焊的有关规定外,还应注意以下几点:

(1) 碳弧气刨的弧光较强,操作人员应戴深色的护目镜。

(2) 碳弧气刨时大量高温液态金属及氧化物从电弧下被吹出,操作时应尽可能顺风向操作,并注意防止铁水及熔渣烧损工作服及烫伤身体。

(3) 气刨时使用电流较大,应注意防止焊机过载和长时间使用而过热。

(4) 碳弧气刨时烟尘大,操作者应佩戴送风式面罩。

(5) 在容器或狭小部位操作时,作业场地必须采取排烟除尘措施,还应注意场地防火。

(6) 刨削时碳棒伸出长度不得小于20～30 mm。

(7) 碳弧气刨时噪声较大,操作者应戴耳塞。

(8) 未切断电源前,碳弧气刨枪铜头不准与工件接触。

二、氧熔剂切割

(一) 氧熔剂切割概述

氧熔剂切割是在切割氧流中加入纯铁粉或其他熔剂,利用它们的燃烧热和造渣作用实现气割的方法。主要用于切割不锈钢铸件和铸铁件的浇冒口。

氧熔剂是利用粉末火焰切割原理进行切割的。当用一般氧乙炔焰切割不锈钢铸件时,刀口表面会形成一层熔点很高(大于被切割金属材料的熔点)、流动性很差的氧化铬薄膜,而氧乙炔焰的温度又较低，使得切割难以进行。用氧熔剂切割器切割不锈钢时，在进行切割的氧乙炔焰气流内不断地加入粉末状的氧熔剂。氧熔剂在氧乙炔焰中的燃烧，使乙炔焰温度提高，同时又与熔融的不锈钢一起形成熔点较低、流动性较好的熔渣，在氧乙炔焰的冲力推动下熔渣不断地流走，从而使切割顺利进行。

（二）氧熔剂分类

目前常用的有两种：一种是细铁粉（如粉末冶金用的氧化铁粉），为增加冲击氧熔剂力，可混入 30％的细粒石英粉，这种细铁粉制造较困难；另一种由 70％的氧化铁皮加上 30％的石英砂组成。氧化铁皮最好选用轧制低碳钢时脱下的氧化铁皮，块度大小在 0.25～0.5 mm，FeO 质量分数应不低于 50％，并经 300℃、2 h 以上的焙烘处理。当氧熔剂配置好后，应再经 150～200℃干燥处理，然后封存，禁止受潮。

（三）氧熔剂切割设备

氧熔剂切割器主要是在氧乙炔焰切割器基础上分别增设一个盛放氧熔剂的罐体（也称配料器）、压缩空气过滤器和调压器，而且对原氧乙炔焰切割炬的结构做了些改造。如图 5－15 所示为氧熔剂装置系统。为了移动方便，可将该系统安放在小车上。

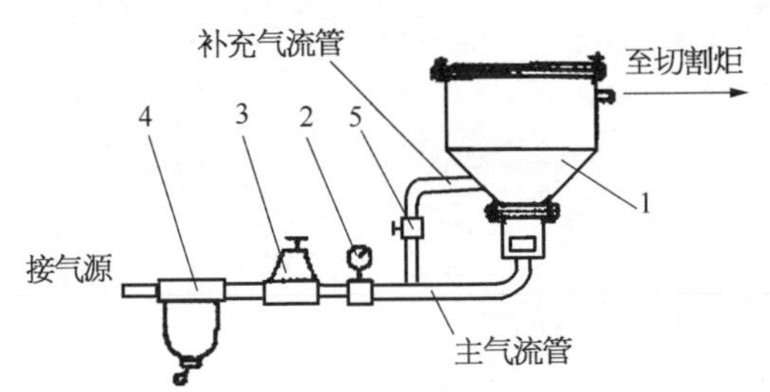

图 5－15　氧熔剂切割系统

1—氧熔剂罐；2—压力表；3—减压阀；4—空气过滤器；5—节气阀

(四) 氧熔剂切割的安全操作技术

(1) 氧熔剂切割不仅能用于切割不锈钢,也能用于切割铸铁件、铜及铜合金铸件。其切割厚度在 60 mm 以上,国外最大达 800 mm。

(2) 整个设备结构简单,操作使用方便。

(3) 有时氧熔剂会在切割炬的嘴芯中烧结成块,堵塞通道,并且氧熔剂使切割炬管道磨损很快。

(4) 在狭窄和通风不良的地沟、坑道、检查井、管段、容器、半封闭地段等处进行气焊,气割工作应在地面上进行调试焊割炬混合气,并点好火,禁止在工作地点调试和点火,焊、割炬都应随人进出。

(5) 由于熔渣飞溅,燃烧的铁粉灰尘污染工作环境,切割现场的劳动条件变差,故应加强通风防尘措施,操作者应戴口罩或防尘面具等,以防危害人体。

(6) 直接在水泥地面上切割金属材料,可能发生爆炸,应有防火花喷射造成烫伤的措施。

(7) 切割工作完毕应及时清理现场,彻底消除火种,经专人检查确认完全消除危险后,方可离开现场。

第六章

建筑焊割作业现场安全用电

随着我国经济的迅猛发展，城市化进程飞速发展，在城市的建设、室内外装修改建、局部环境改造过程中，电焊、气割施工作业越来越普遍。在焊割作业中，人们常用的是电焊、气焊和气割；然而属明火作业的电焊、气焊和气割，具有高温、高压，极容易易燃易爆的危险，在作业现场焊割时会产生大量的火花加灼热的金属火花会到处飞溅，操作不当易发生火灾或爆炸事故。从某教师公寓重大火灾事故这一典型案例来看，许多操作工人对防火的安全意识极其淡薄，面对全国，发生的一些重特大火灾事故原因分析来看，不少重大火灾的罪魁祸首是违章焊割作业。这些火灾事故给我们都造成了极其重大的人员伤亡或财物损失，给社会带来了极其不良的负面影响。尤其作为建筑施工现场的焊接（割）操作者，对施工现场的安全就显得更为重要。

电弧焊是利用电弧把电能转换成熔化焊接过程所需要的热能和机械能。电弧焊接时采用的弧焊机等电气设备及焊钳、焊件均是带电体。电弧焊接时还会产生高温、金属熔渣飞溅、烟尘、金属粉尘、弧光辐射等危险因素。因此，焊割作业时，如不严格遵守安全操作规程，则可能造成火灾、爆炸、触电、中毒、灼伤。焊割现场生产过程中可能造成的事故类型如图 6－1 所示。

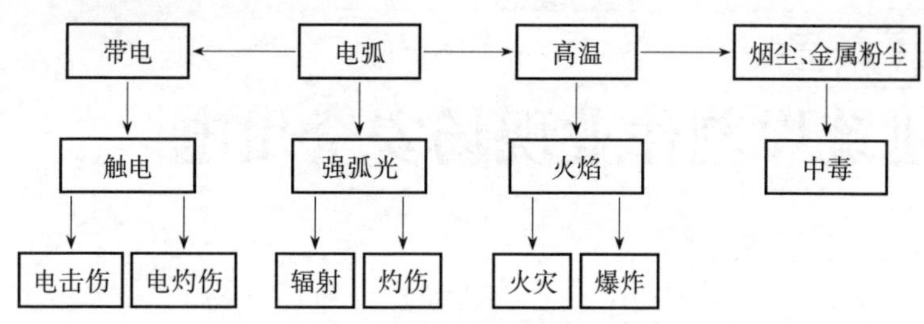

图6-1 焊割现场造成事故的类型

第一节 电流对人体的影响

一、电流对人体的伤害

当人体接触到电气设备或电气线路的带电部分(如电焊机变压器的线圈、焊钳等带电部分)时,就有电流流经人体,人体将会因电流刺激产生一定的生物效应的现象,称之为人体触电,触电电流会影响人体的机体功能,严重时,危及人的生命。

触电事故是由电流的能量造成的,触电是电流对人体的伤害,电流对人体的伤害一般可分为:电击伤、电灼伤、电磁场生理伤害三种形式。

(一)电流对人体的危害的三种形式

1. 电击伤

电击伤是电流通过人体而造成的内部器官(如心脏、神经系统、肺部)在生理上的反应和病变。人受到电击后,可能会出现肌肉抽搐、刺痛、灼热感、痉挛、麻痹、昏迷、心室颤动或停跳、呼吸困难或停止等现象。电流对人体造成死亡绝大部分是电击所致。

2. 电灼伤

电灼伤(电伤)是电流的热效应、化学效应和机械效应对人体外部器官直接造成的局部伤害。电灼伤会在人体的表面留下明显伤痕，如接触灼伤、电弧灼伤、电烙伤和电光性眼炎等。

接触灼伤发生在高压触电事故时，在电流通过人体皮肤的进出口处造成的灼伤，一般进口处比出口处灼伤严重。接触灼伤面积虽较小，但深度可达三度。灼伤处皮肤呈黄褐色，可波及皮下组织、肌肉、神经和血管，甚至使骨骼炭化。由于伤及人体组织深层，伤口难以愈合。

电弧灼伤发生在误操作或人体过分接近高压带电体而产生电弧放电时，这时高温电弧将如同火焰一样把皮肤烧伤，被烧伤的皮肤将发红、起泡、烧焦、坏死。电弧还会使眼睛受到严重损害。

电烙伤发生在人体与带电体有良好接触面的情况下，在皮肤表面将留下和被接触带电体形状相似的肿块痕迹。有时在触电后并不立即出现，而是相隔一段时间后才出现，电烙伤一般不发炎或化脓，但往往造成局部麻木和失去知觉。

电光性眼炎是发生弧光放电时，由红外线、可见光、紫外线对眼睛造成的伤害。对于短暂的照射，紫外线是引发电光性眼炎的主要原因。

3. 电磁场生理伤害

电磁场生理伤害是指高频电磁场的作用下，器官组织及其功能将受到损伤，主要表现为神经系统功能失调，如头晕、头痛、失眠、健忘、多汗、心悸、厌食等症状，有些人还会有脱发、颤抖、弱视、性功能减退、月经失调等异常症状。其次是出现较明显的心血管症状，如心律失常、血压变化、心区疼痛等。如果伤害严重，还可能在短时间内失去知觉。

电磁场对人体伤害的程度，与电磁场强度、电磁波频率、波形、受辐射的时间和部位，以及环境条件、人体状况等因素有关。

电磁场对人体的伤害作用是功能性的，并具有滞后性特点。即伤害是逐渐积累的，脱离接触后症状会逐渐消失。但在高强度电磁场作用下长期工作，一些症状可能持续成痼疾，甚至遗传给后代。

（二）电流对人体危害程度的有关因素

电流对人体的危害程度与通过人体的电流大小、通过人体的持续时间、电流的种类、电流通过人体的部位(途径)以及触电者的身体状况等多种因素有关。

1. 电流强度

通过人体的电流越大,人体的影响也就越强烈,对人体的伤害就越大。按照人体对电流的生理反应强弱和电流对人体的伤害程度,可将电流大致分为感知电流、摆脱电流和致命电流。几十微安的电流刺激,可毫无感觉,而几十毫安的电流通过人体可引起生命危险。

2. 电流通过人体的持续时间

电击时,电流对人体的作用也就是电能转化为其他形式能量对人体的损害,能量大小与时间成正比,时间增加,能量积累增加,一般认为通电时间与电流的乘积在50 mA·s时就有生命危险;时间增加,人体电阻因出汗而下降导致人体电流进一步增加;如果触电时间大于一个心跳周期,则发生心室颤动的机会加大,电击危害加大。因此,通过人体的电流越大,时间超长,电击伤害造成的危害越大。通过人体电流大小和通电时间的长短是电击事故严重程度最基本决定因素。

3. 电流的种类

直流电和交流电均可使人发生触电。相同条件下,直流电比交流电对人体的危害较小。在电击持续时间长于一个心搏周期时,直流电的心室颤动电流比交流电高好几倍。直流电在接通和断开瞬间,平均感知电流约为2 mA。接近300 mA直流电流通过人体时,在接触面的皮肤内感到疼痛,随通过的时间延长,可引起心律失常、电流伤痕、灼伤、头晕,以及失去知觉,但这些症状是可恢复的。如超过300 mA,则会造成失去知觉。达到数安时,只要几秒就可能发生内部烧伤甚至死亡。

交流电的频率不同,对人体的伤害程度也不同。实验表明,50～60 Hz的电流危险性最大。低于20 Hz或高于350 Hz时,危险性相应减小，但高频电流比工频电流容易引起皮肤灼伤。因此，不能忽视使用高频电流的安全问题。

4. 电流通过人体的途径

电流通过人体的途径不同，造成的伤害也不同。电流通过心脏可引起心室颤动，导致心跳停止，使血液循环中断而致死。电流通过中枢神经或有关部位，会引起中枢神经系统强烈失调；通过头部会使人立即昏迷。当电流过大时，则会导致死亡。电流通过脊髓，可能导致肢体瘫痪。

这些伤害中，对心脏的危害性最大，流经心脏的电流越大，伤害越严重。而一般人有心脏稍偏左，因此电流从左手到前胸的路径最危险。其次是右手到前胸。次之是双手到双脚及左手到单(或双)脚等，电流从左脚到右脚可能会使人站立不稳，导致摔伤或坠落。因此这条途径也是相当危险的。

5. 人体的健康状况

不同的个体在同样的条件下触电可能出现不同的后果。一般而言，女性对电流的敏感度比男性高，小孩较成年人易受伤害。体质弱者比健康人易受伤害，特别是心脏病、神经系统疾病的人更容易受到伤害，后果更严重。

二、触电事故的类型

触电是因人体直接或间接接触带电体，导致电流对人体的伤害。触电事故往往突发，极短时间内释放大量能量使人体损伤，危害性极大，死亡率较高。

根据电流通过人体的路径和触及带电体的方式，触电事故分三类：直接接触触电、间接接触触电、与带电体的距离小于安全距离的触电等。

(一) 直接接触触电

人体直接触及或过分靠近电气设备及线路的带电导体而发生

的触电现象称为直接接触触电。单相触电、两相触电、电弧伤害都属于直接接触触电。

1. 单相触电

当人体某一部位触及某一相带电体时,电流流过人体与大地构成回路,这种触电事故称为单相触电。单相触电还可按电网运行方式分为两类:

(1) 变压器低压侧中性点直接接地供电系统中的单相触电,如图 6-2 所示。

图 6-2　中性点直接接地系统的单相触电

(2) 变压器低压侧中性点不接地系统中的单相触电,如图 6-3 所示。

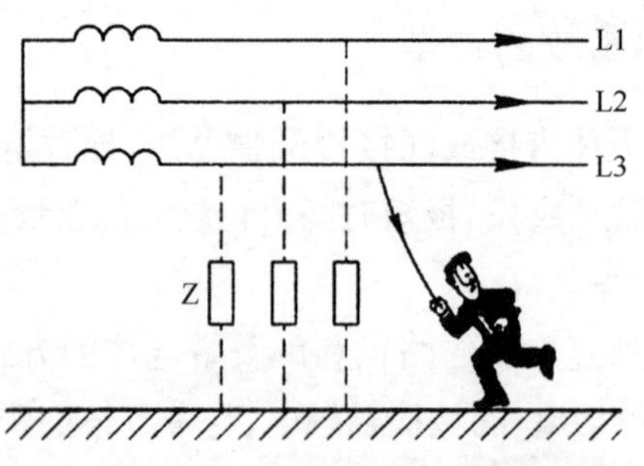

图 6-3　中性点不接地系统的单相触电

这两种电网触电形式中,接地电网的触电危险比不接地电网的危险性大。

2. 两相触电

当人体的两个不同部位同时触及两相带电体时，电流从一相经过人体再流入另一相，形成回路，这种触电事故称两相触电。两相触电时，相与相之间以人体作为负载形成回路，如图 6-4 所示。此时，流过人体的电流大小取决于与电流路径相对应的人体阻抗及供电电网的电压，两相触电的危险性更大，要引起重视。

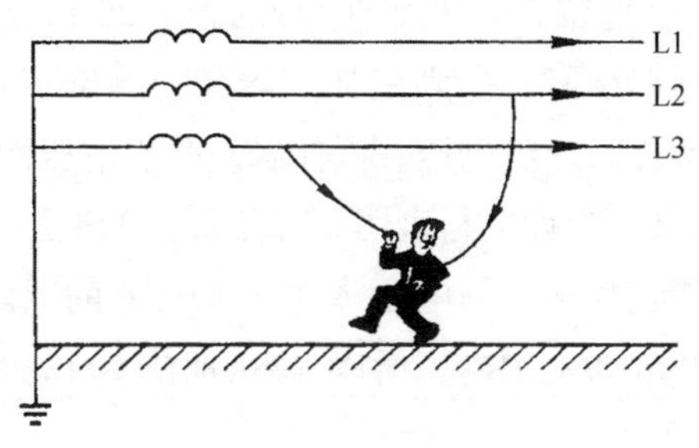

图 6-4　两相触电

为了避免直接接触触电，可采用防护技术措施有加强绝缘、屏护、间距及安全电压等。

3. 电弧伤害

电弧是气体间隙被强电场击穿时电流通过气体的一种现象。之所以将电弧伤害视为直接接触触电，是因为弧隙是被游离的带电气态导体，被电弧"烧"着的人，将同时遭受电击和电伤。在引发电弧的种种情形中，人体过分接近高压带电体所引起的电弧放电以及带负荷拉、合闸刀造成的弧光短路，对人体的危害往往是致命的。电弧不仅使人受电击，而且由于弧焰温度极高(中心温度高达 6 000～10 000℃)，将对人体造成严重烧伤，烧伤部位多见于手部、胳膊、脸部及眼睛。电弧辐射对眼睛的刺伤，后果更为严重。此外，被电弧熔化了的金属颗粒侵蚀皮肤还会使皮肤组织金属化，这种伤疤往往经久不愈。电弧辐射主要产生可见光、红外线、紫外线。红外线是热辐射线，长期受到照射，会使眼睛晶体变化，严重的会导致白内障；紫外线是造成电光性眼炎的主要原因。

(二) 间接接触触电

间接接触触电是指电气设备绝缘损坏发生接地故障时,设备外壳(金属部分)及接地点周围出现对地电压,而引起的人体触电。这类触电可分为跨步电压触电和接触电压触电。

1. 跨步电压触电

在电场作用范围内(以接地点为圆心,20 m 为半径的半球体),人体如双脚分开站立,则施加于两脚的电位不同而存在电位差,此电位差便称为跨步电压。人体触及跨步电压而造成的触电,称跨步电压触电。统计资料表明:约有 68%的电压降在距接地体 1 m 以内的范围中,24%的电压降在 2～10 m 的范围内,8%的电压降在 11～20 m 的范围内。所以,离接地体 20 m 处,对地电压基本为零(图 6－5)。

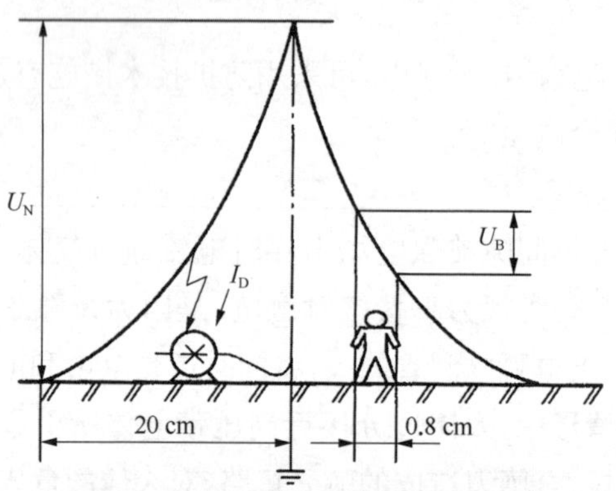

图 6－5 跨步电压触电的双曲线形态

跨步电压触电时,电流仅通过身体下半部及两下肢,基本上不通过人体的重要器官,一般不危及人体生命,但人体感觉相当明显。当跨步电压较高时,流过两下肢电流较大,易导致两下肢肌肉强烈收缩。此时如身体重心不稳(如奔跑等),极易跌倒,而造成电流通过人体的重要器官(心脏等),引起人身死亡。

为了避免跨步电压触电,在检查、检修设备或线路时,作业人员在室内操作不得接近 4 m 以内，在室外操作不得接近 8 m 以内。假设在危险区域内，可采用单脚跳或穿上绝缘鞋，避免触电事故发生。

2. 接触电压触电

当电气设备发生故障时，由于绝缘损坏，使设备漏电，金属外壳带电，操作人员身体某部分触及外壳，就会发生接触电压触电；若设备外壳未接地，在此接触电压下的触电情况与单相触电相同；若设备外壳接地，则接触电压为设备外壳对地电位与人站立点的对地电位之差，如图 6－6 所示。

图 6－6　接触电压触电

接触电压和跨步电压的大小与接地电流的大小、土壤电阻率、设备接地电阻及人体位置等因素有关。当人穿有绝缘的靴鞋时，由于地板和靴鞋的绝缘电阻上有电压降，人体受到的接触电压和跨步电压将明显降低。因此，严禁裸臂赤脚去操作电气设备。

（三）与带电体的距离小于安全距离的触电

当带电体电位较高时，人体与带电体之间的空气间隙小于一定距离时，气体可被击穿，带电体对人体放电，并在人体与带电体之间产生电弧。此时，人体会受到电弧高温的灼伤与电击的损害。因此，为防止此类事故的发生，国家有关标准规定了不同电压等级的最小安全距离来避免电击事故。

第二节　建筑焊割触电事故产生的原因和防范措施

一、建筑焊割作业发生触电事故的原因

建筑焊割用电的特点是电压较高,超过了一般人能承受的安全电压,必须采取防护措施,才能保证安全。

电焊机的空载电压是指焊接输出电流为零时的端电压。国产焊机空载电压一般在55～90 V,等离子切割电源的电压为300～450 V,氢原子焊电压为300 V,电子束焊机电压高达80～150 kV,焊机的空载电压高比低好,但过高的空载电压将危及焊工的安全。国产电机的输入电压为220～380 V。频率为50 Hz的工频交流电,这些都大大超过安全电压。

焊接时的触电事故分为两种情况:一是直接电击,即接触电焊设备正常运行的带电体或靠近高压电网和电气设备所发生的触电事故,如接线柱和焊钳口等;二是间接电击,即触及意外带电体所发生的电击。意外带电体是指正常不带电而由于绝缘损坏或电器设备发生故障而带电的导体。

(一) 焊接时发生直接电击事故的原因

(1) 手或身体的某部位接触到电焊条或焊钳的带电部分,而脚或身体的其他部位对地面又无绝缘,特别是在金属容器内、金属平台、阴雨潮湿的地方或身上大量出汗时,容易发生这种电击事故。

(2) 在接线或调节电焊设备时,手或身体某部位碰到带电的接线柱、极板等带电体而触电。

(3) 在登高焊接时,触及或靠近高压电网路引起的触电事故。

（二）焊接时发生间接触电事故的原因

（1）电焊设备漏电，人体触及带电的壳体而触电。造成初级电压转移触电的原因有三种：焊机潮湿，绝缘老化损坏；长期超负荷运行或短路发热使绝缘损坏；电焊机安装的地点和方法不符合安全要求。

（2）电焊变压器的一次绕组与二次绕组之间绝缘损坏，变压器接线接错，将第二次绕组接到电网上去，或将采用 220 V 的变压器接到 380 V 电源上，手或身体某一部分触及二次回路或裸导体。

（3）触及绝缘损坏的电缆、胶木闸合、破损的开关等。

（4）由于利用厂房的金属结构、管道、轨道、天车吊钩或其他金属物搭接作为焊接回路而发生触电。

二、防范措施

（1）做好焊接切割作业人员的培训，做到持证上岗，杜绝无证人员进行焊接切割作业。

（2）焊接切割设备要有良好的隔离防护装置。伸出箱体外的接线端应用防护罩盖好；有插销孔接头的设备，插销孔的导体应隐蔽在绝缘板平面内。焊件的接地电阻当小于 4 Ω 时，应将焊机二次线圈端的接地线暂时拆除，焊完后再复原。若焊件是电器设备，必须先断电，再进行焊接。

（3）焊接切割设备应设有独立的电器控制箱，箱内应装有熔断器、过载保护开关、漏电保护装置和空载自动断电装置，保护接地的电阻不得超过 4 Ω。保护接零导线应有足够的截面积，其导电容量应是离焊机最近处保险器额定电流的 2.5 倍，或者大于相应的自动开关跳闸电流的 1.2 倍。

（4）焊接切割设备外壳、电器控制箱外壳等应设保护接地或保护接零装置。

（5）改变焊接切割设备接头、更换焊件需改变接二次回路时，转移工作地点、更换熔丝以及焊接切割设备发生故障需检修时,必须在切断电源后方可进行。推拉闸刀开关时,必须戴绝缘手套,同时头部需偏斜,动作应迅速。

(6) 更换焊条或焊丝时,焊工必须使用焊工手套,要求焊工手套应保持干燥、绝缘可靠。对于空载电压和焊接电压较高的焊接操作和在潮湿环境操作时,焊工应使用绝缘橡胶衬垫确保焊工与焊件绝缘。特别是在夏天炎热天气由于身体出汗后衣服潮湿,不得靠在焊件、工作台上。

(7) 在金属容器内或狭小工作场地焊接金属结构时,必须采用专门防护,如采用绝缘橡胶衬垫、穿绝缘鞋、戴绝缘手套,以保障焊工身体与带电体绝缘。

(8) 在光线不足的较暗环境工作,必须使用手提工作行灯,一般环境使用的照明灯电压不超过 36 V。在潮湿、金属容器等危险环境,照明行灯电压不得超过 12 V。

(9) 焊工在操作时不应穿有铁钉的鞋或布鞋。绝缘手套不得短于 300 mm,制作材料应为柔软的皮革或帆布。焊条电弧焊工作服为帆布工作服,氩弧焊工作服为毛料或皮工作服。

(10) 焊接切割设备的安装、检查和修理必须由持证电工来完成,焊工不得自行检查和修理焊接切割设备。

第三节 触电急救

一、申请急救服务

遇到有人触电,事先想办法切断电源,并寻求拨打急救电话120(或 110),求助者应等待接电话者完全接收到信息并示意完毕后才可挂断电话。电话内容包括:

(1) 现场联络人的姓名、电话。

(2) 事故发生的工程名称、工程地点(必要时可说明到达现场的途径)。

(3) 事故发生的过程、种类。

(4) 事故中伤病者人数。

(5) 事故中受伤情况(受伤种类及其严重程度)。

(6) 特殊说明(如需要接近被困伤病者或解除伤病者缠压物等)。

(7) 要求接听者将内容重复一次,确保信息准确无误。

二、心肺复苏开始时间与存活率关系

心跳和呼吸是人体存活的基本生理现象。一旦心跳和呼吸停止,血液就停止了循环,肺内的气体无法进行交换。此时,人体的各个器官的组织细胞因缺乏血液所供给的氧气和营养物质而停止了新陈代谢,走向死亡,人的生命因细胞的死亡也就终止了,这就是平时讲的死亡。但是,心跳和呼吸突然停止后,人体内部的某些器官还存在着微弱的活动,其组织细胞新陈代谢还在进行,这种情况在医学上称为“临床死亡”。处在“临床死亡”状态下的病人,如体内没有重要器官的损伤,只要能及时进行抢救,还有救活的希望。但是,如未能及时抢救,时间一长,体内各组织细胞就会逐渐死亡,此时在医学上称为“生物死亡”。当然,从“临床死亡”到“生物死亡”的时间相当短,特别是脑组织缺氧时间超过 4～8 min,即可造成不可逆的损害,如心脏停搏 1 min 内进行抢救,存活率约为 80%;10 min 以后再进行心肺复苏者,即使成功,神经系统也会存在严重的后遗症。因此,触电现场急救是整个触电急救过程中的一个关键环节。

一般将复苏的全过程分为三期,即:

1. 初期复苏(基本生命支持)

迅速了解触电者的情况,立即对症处理。应用人工呼吸法及体外心脏按压法维持其肺内气体交换及血液循环。

2. 二期复苏(进一步生命支持)

恢复心脏自主搏动及肺自主呼吸,维持良好的血液循环及气体交换。

3. 后期复苏(持续生命支持)

心跳、呼吸恢复后,必须采取措施,防止脑组织缺氧受损的进一步发展,并促使脑功能的恢复。触电者意识恢复清醒,是脑复苏的重要标志,也是复苏工作的成败关键。心肺复苏开始时间与存活关系,可见表6-1。

表6-1 心肺复苏开始时间与存活率关系

初期复苏/min	二期复苏/min	存活率/%
<4	<8	43
<4	<16	10
8～12	<16	0
8～12	>16	0
12	>12	0

从表中可以看出,初期、二期复苏的时间早晚,抢救措施是否有效与脑复苏及最终存活率有很大关系。触电现场急救实际就是初期复苏,所以,这是每一个电工作业人员必须熟练掌握的急救技术。

三、触电事故的现场处理

发生触电事故时现场处理可分为迅速脱离电源和心肺复苏两大部分。

(一) 迅速脱离电源

发生触电事故后,首先要使触电者脱离电源,这是对触电者进行急救最为重要的第一步。使触电者脱离电源一般有以下几种方法:

(1) 切断事故发生场所电源开关或拔下电源插头,即必须做到彻底断电。

(2) 若电源开关离触电事故现场较远时,用绝缘工具切断电源线路,如我们平时用的电工钢丝钳、绝缘棒,或绝缘手套等绝缘物品。但必须切断电源侧线路。

(3) 用绝缘物移去落在触电者身上的带电导线,若触电者衣服是干燥的,救护者可用具有一定绝缘性能的随身物品(如干燥的衣服、围巾)严格包裹手掌,然后去拉拽触电者的衣服,使其脱离电源。电流对人体的作用时间愈长,对生命的威胁愈大。所以,触电急救的关键是首先要使触电者迅速脱离电源。可根据具体情况,选用下述几种方法使触电者脱离电源:

1. 脱离低压电源的方法

脱离低压电源的方法可用"拉""切""挑""拽"和"垫"五字来概括。

(1) "拉",指就近拉开电源开关或瓷插熔断器,并确认电源已被切断。

(2) "切",指用带有绝缘柄的利器切断电源线。当电源开关、瓷插熔断器等电源控制设备距离较远时,可用带有绝缘手柄的电工钢丝钳(俗称老虎钳)或有干燥木柄的斧头、铁锹等利器将电源线切断。切断时应防止带电导线断落触及周围的人体。多芯绞合线应分相切断,以防短路伤人。

(3) "挑",如果导线搭落在触电者身上或身下,这时可用干燥的木棒、竹竿等挑开导线或用干燥的绝缘绳套拉导线或触电者,使之脱离电源。

(4) "拽",救护人可戴上手套或在手上包缠干燥的衣服、围巾、帽子等绝缘物品拖拽触电者,使之脱离电源。如果触电者的衣裤是干燥的,又没有紧缠在身上,救护人可直接用一只手抓住触电者不贴身的衣裤,将触电者拉脱电源。但要注意拖拽时切勿触及触电者的体肤。救护人亦可站在干燥的木板、木桌椅或橡胶垫等绝缘物品上,用一只手把触电者拉脱电源。

(5)“垫”,如果触电者由于痉挛手指紧握导线或导线缠绕在身上,救护人可先用干燥的木板塞进触电者身下使其与地绝缘来隔断电源,然后再采取其他办法把电源切断。

上述方法仅适用于220/380 V低压线路触电者。

2. 脱离高压电源的方法

由于电压等级高,一般绝缘物品不能保证救护人的安全,而且高压电源开关距离现场较远,不便拉闸。因此,使触电者脱离高压电源的方法与脱离低压电源的方法有所不同,通常的做法是:

(1) 立即电话通知有关供电部门拉闸停电。

(2) 如电源开关离触电现场不是很远,则可戴上绝缘手套,穿上绝缘鞋(靴),拉开高压断路器,或用绝缘棒拉开高压跌落熔断器以切断电源。

(3) 如果触电者触及断落在地上的带电高压导线,且尚未确证线路无电之前,救护人不可进入断线落地点8～10 m的范围内,以防止跨步电压触电。进入该范围的救护人员应穿上绝缘鞋(靴)或临时双脚并拢跳跃地接近触电者。触电者脱离带电导线后应迅速将其带至8～10 m以外立即开始触电急救。只有在确实证明线路已经无电,才可在触电者离开触电导线后就地急救。

(二) 使触电者脱离电源时应注意的事项

(1) 救护人不得采用金属或导电的物体以及其他潮湿的物品作为救护工具。

(2) 未采取切断电源措施前,救护人不得直接触及触电者的皮肤和潮湿的衣服。

(3) 在拉拽触电者脱离电源的过程中,救护人宜用单手操作,这样对救护人比较安全。

(4) 当触电者位于高位时,应采取措施预防触电者在脱离电源后坠地摔伤。

(5) 夜间发生触电事故时,应考虑切断电源后的临时照明问题,以利救护。

四、判断神志及开放气道

触电后心跳、呼吸均会停止,触电者会丧失意识、神志不清。此时,肌肉处于松弛状态,引起舌后坠,导致气道阻塞,故必须立即开放气道。

(一) 判断触电者意识

(1) 抢救人员可轻轻摇动触电者或轻拍触电者肩部,并大声呼其姓名。也可大声问“你怎么啦?”但摇动幅度不能过大,避免造成外伤。

(2) 如无反应,可用强刺激方法来观察。

整个判断时间应控制在 5～10 s,以免耽误抢救时间。

(二) 呼救

一旦确定触电者丧失意识,即表示情况严重,大多数情况是心跳、呼吸已停止。为能持久、正确有效地进行心肺复苏术,必须立即呼救,招呼周围人员前来协助抢救。同时应向当地急救医疗部门求援(拨打 120 急救电话)。

(三) 保持复苏体位

对触电者进行心肺复苏术时,触电者必须处于仰卧位,即头、颈、躯干平直无扭曲,双手放于躯干两侧,仰卧于硬地上。发生事故时,不管触电者处于何种姿势,均必须转为上述的标准体位(此体位又称“复苏体位”),如需改变体位,在翻转触电者必须平稳,使其全身各部位成一整体转动(头、颈、躯干、臀部同时转动)。特别要保护颈部。可以一手托住颈部,另一手扶着肩部,使触电者平稳转至仰卧位。

触电者处于复苏体位后,应立即将其紧身上衣和裤带放松。

如在判断意识过程中发现触电者有心跳和呼吸,但处于昏迷状态,此时其气道极易被吸入的黏液、呕吐物和舌根所堵塞,故需立即将其处于侧卧的“昏迷体位”。此体位既可避免上述气道堵塞的危险,也有利于黏液之类的分泌物从口腔中流出。此体位也称“恢复体位”。

(四) 开放气道

触电后,心脏常停止跳动,触电者意识丧失,下颌、颈和舌等肌肉松弛,导致舌根及会厌塌向咽后壁而阻塞气道。当吸气时,气道内呈现负压,舌和会厌起到单向活瓣的作用,加重气道阻塞,导致缺氧,故必须立即开放气道,维持正常通气。

舌肌附着于下颌骨,能使肌肉紧张的动作如头部后仰、下颌骨向前上方提高,舌根部即可离开咽后壁,气道便通畅,若肌肉无张力,头部后仰亦无法畅通气道,需同时使下颌骨上提才能开放气道。心搏停止 15 s 后,肌张力便可消失,此时需头部后仰同时上提下颌骨方可将气道打开,如图 6－7 所示。

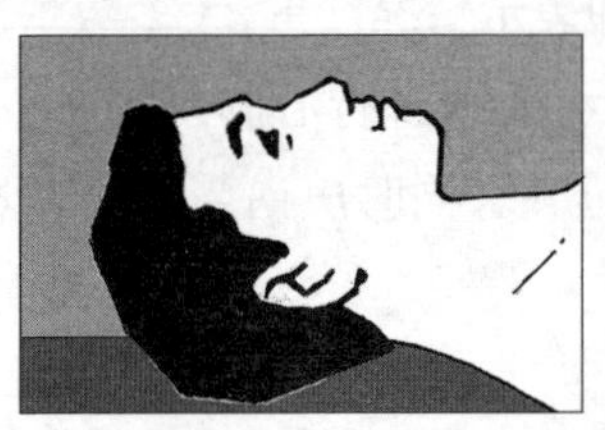
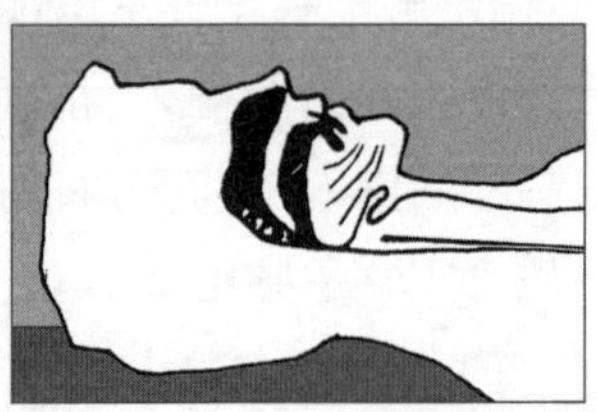

未开放气道

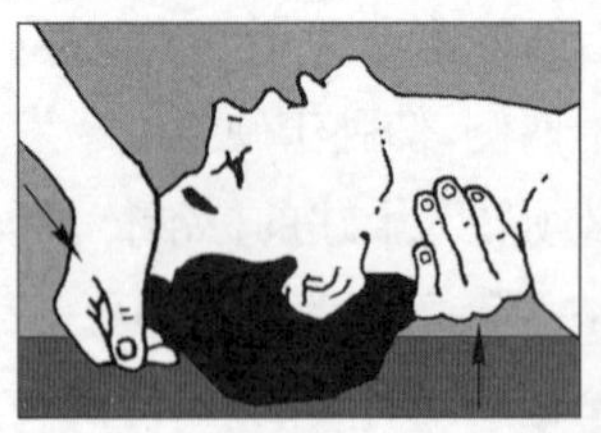
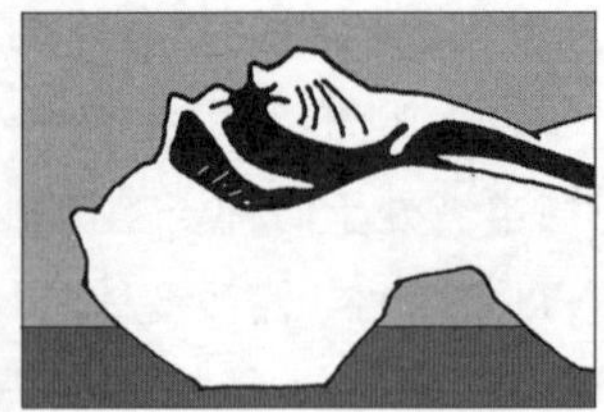

开放气道

图 6－7 开放气道示意图

常用开放气道的方法有以下几种：

(1) 仰头抬颏法。仰头抬颏法是一种比较简单安全的方法，能有效地开放气道，抢救者位于触电者一侧身旁，将一手手掌放于前额用力下压，使头部后仰。另一手的中指、食指并列并在一起用两手指的指尖放在靠近颏部的下颌骨下方，将颏部向前抬起，使头更后仰。大拇指、食指和中指可帮助口唇的开启与关闭。指尖用力时，不能压迫颏下软组织深处，否则会因气管受压而阻塞气道。一般做人工呼吸时，嘴唇不必完全闭合，但在进行口对鼻人工呼吸时，放在颏部的两手指可加大力量，待嘴唇紧闭，以利气体能完全进入肺内。

此法比仰头抬项法更能有效地开放气道，长时间操作不易疲劳。

(2) 仰头抬项法。抢救者位于触电者一侧的肩膀，一手的掌根放于触电者颈部往上托，用另一手的掌部放于其前额部并往下压，使其头部后仰，开放气道。此法简单，但颈部有外伤时不能采用。

(3) 双手提颌法。抢救者位于触电者头顶部的正前方，一边一手握住触电者的下颌角并向上提升(抢救者双肘应支撑于触电者仰躺的平面上)，同时使其头稍后仰而下额骨向前移位。如此时触电者嘴唇紧闭，则需用拇指将其下唇打开。进行口对口人工呼吸时，抢救者需用颊部紧贴触电者鼻孔将其闭塞，此法对疑有颈部外伤的触电者尤为适宜。

在开放气道时，如触电者口腔内有呕吐物或异物，应立即予以清除，此时，可将触电者小心向左(或向右)转成侧卧位即“昏迷体位”。用手将异物或呕吐物清除，此体位仅方便清除口腔异物，清除完毕仍需恢复至复苏体位。

(五) 判断呼吸

在呼吸道开放的条件下，抢救者脸部侧向触电者胸部，耳朵贴近触电者的嘴和鼻孔，通过“视、听、感觉”来判断有否呼吸存在，即耳朵听触电者呼吸时，有否气体流动的声音，脸部感觉有否气体流动的吹拂感,看触电者的胸部或腹部有否随呼吸同步的“呼吸运动”。整个检查时间不得大于5 s。

如在开放气道后,发现触电者有自主呼吸存在,则应持续保持气道开放畅通状态。

在判断无呼吸存在时,则立即进行人工呼吸。抢救者可用放在前额手的拇指和食指轻轻捏住触电者的鼻孔,深吸一口气,用口唇包住触电者的嘴,形成一个密封的气道。然后将气体吹入触电者口腔,经气道入肺。如此时可明显观察到“呼吸动作”则可进行第二次吹气,两次吹气的时间应控制在2～3 s完成。

如果吹气时,肠腔未随着吹气而抬起,也未听到或感到触电者肺部被动排气,则必须立即重复开放气道动作。必要时要采用“双手提颌法”。如果还不行,则可以确定触电者气道内异物阻塞所致,需立即设法解除。需指出的是,触电者由于气道未开放,不能进行通气,此后进行的心脏按压也将完全无效。

(六) 判断心跳

心脏在人体中起到血泵的作用,使血液不休止地在血管中循环流动,并使动脉血管产生搏动。所以只要检测动脉血管有否搏动,便可知有否心跳存在。颈动脉是中心动脉,在周围动脉搏动不明显时,仍能触及颈动脉的搏动,加上其位置表浅易触摸,所以常作为有无心跳的依据。判断脉搏的步骤如下:

(1) 在气道开放的情况下,做两次口对口人工呼吸(连续吹气2次)后进行。

(2) 一手置于触电者前额,使头保持后仰状态,另一手在靠近抢救者一侧进行触摸颈动脉,感觉颈动脉是否有搏动。

(3) 触摸时可用食、中指指尖先触摸到位于正中的气管,然后慢慢滑向颈外侧,移动2～3 cm,在气管旁的软组织处触摸颈动脉。

(4) 触摸时不能用力过大,以免颈动脉受压后影响头部的血液供应。

(5) 电击后,有时心跳可不规则、微弱和较慢。因此在测试时需细心,通常需持续 5～10 s,以免对尚有脉搏的触电者进行体外按压,导致不应有的并发症。

(6) 一旦发现颈动脉搏动消失,需立即进行体外心脏按压。图 6－8 为检测颈动脉有否搏动。

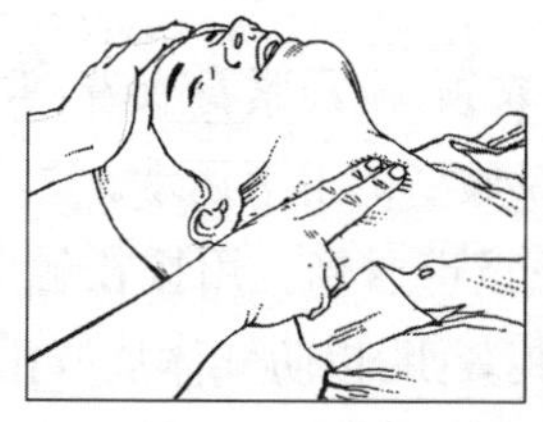
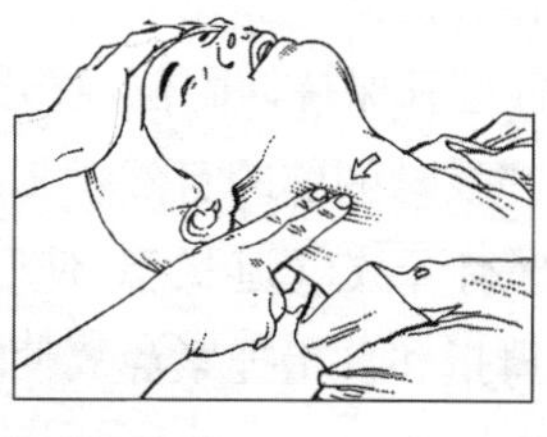

图 6－8　检测颈动脉

当心跳、呼吸停止后,脑细胞马上就会缺氧,此时瞳孔可明显扩大。如果发现触电者瞳孔明显扩大,说明情况严重,应立即进行心肺复苏术。图 6－9 为瞳孔放大图。

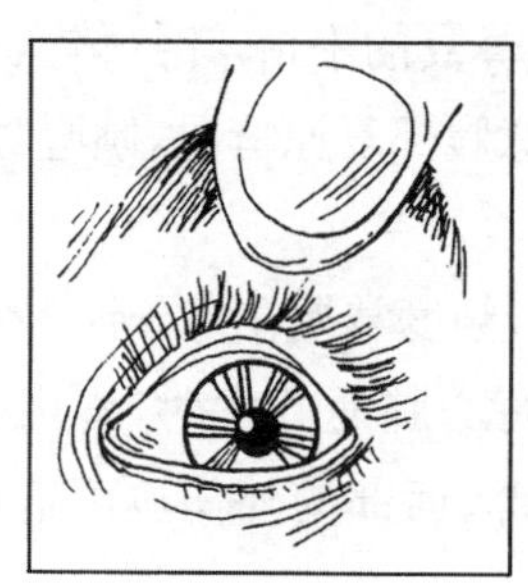
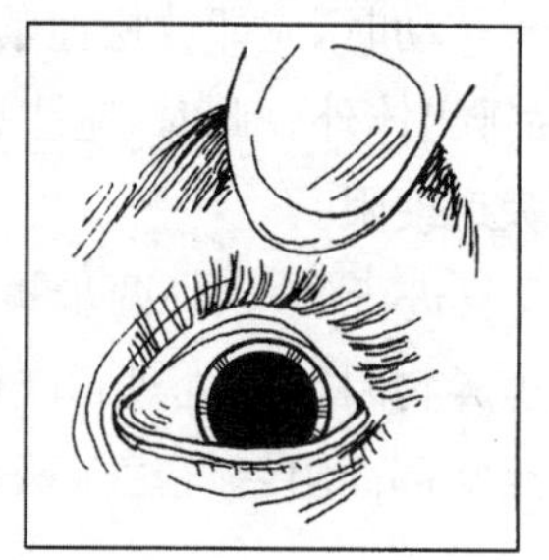

图 6－9　瞳孔放大

五、现场急救操作

现场救护就是在现场用人工的方法来维持人体内的血液循环和肺内的气体交换,通常是采用人工呼吸法和体外心脏按压法来达到复苏目的。

(一) 口对口人工呼吸法

人工呼吸的目的是用人工的方法来替代肺脏的自主呼吸活动,使空气有节律地进入和排出肺脏,以供给体内足够的氧气,充分排出二氧化碳,维持正常的气体交换。口对口人工呼吸法是最简单有效的现场人工呼吸法。

其操作方法如下:

(1) 触电者保持仰卧位,解开衣领,松开紧身衣着,放松裤带,避免影响呼吸时胸廓的自然扩张及腹壁的上下运动。

(2) 保持开放气道状态,使呼吸道通畅。用按在触电者前额手上的大拇指和食指捏紧鼻翼使其紧闭,以防气体从鼻孔逸出。

(3) 抢救者做一深吸气后,用双唇包绕封住触电者嘴外部,形成不透气的密闭状态,然后全力吹气,持续 1～1.5 s。此时进气量为 800～1 200 ml。进气适当的体征是看到胸部或腹部隆起。若进气量过大和吹入气流过速,反而可使气体进入胃内引起胃膨胀。

(4) 吹气完毕后,抢救者头稍作侧转,再做深吸气,吸入新鲜空气。在头转动时,应即放松捏紧鼻翼的手指,让气体从触电者肺部经鼻、嘴排出体外。此时,应注意腹部复原情况,倾听呼气声,观察有无呼吸道梗阻。

(5) 反复进行(3)、(4)两步骤,频度掌握在每分钟 12～16 次。

对气道异物阻塞的处理:进行心肺复苏术时,胃内容物受压可以反流至咽部而阻塞气道。头部、面部的外伤也可造成血凝块而阻塞上呼吸道。

当发现触电者气道有异物阻塞时,必须立即清除异物,以保证气道通畅。复苏时去除异物的常用方法有背部拍击法、腹部或胸部手拳冲击法和手指取异物三种。在现场急救时可灵活应用。

(二) 体外心脏按压

心脏停止跳动的触电者必须立即进行体外心脏按压,以争取生存的机会。体外心脏按压是连续有节律地按压胸骨下半部，由于胸骨下陷直接压迫心脏，使血液搏出，提供心、肺、脑和其他重要器官的血液供应。

1. 体外心脏按压操作步骤

(1) 触电者必须仰卧于硬板上或地上。因为按压时用力较大，否则即使最好的操作到达脑组织的血流也会大为减少。如果头部比心脏位置稍高，都可导致脑部血流量明显减少。

(2) 抢救者位于触电者一侧的肩部，按压手掌的掌根应放置于按压的正确位置。

(3) 抢救者两手掌相叠，两手手指抬起，使手指脱离胸壁，两肘关节伸直，双肩位于双手的正上方，然后依靠上半身的体重和臂部、肩部肌肉的力量，垂直于触电者脊柱方向按压。图 6－10 为按压的标准姿势。

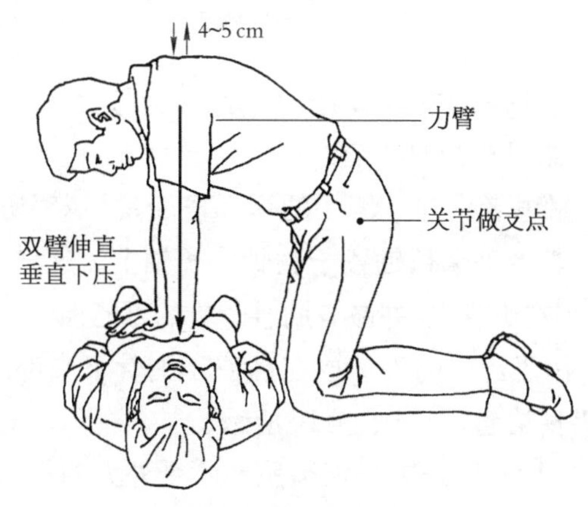

图 6－10　体外心脏按压

(4) 对正常身材的成人，按压时，胸骨应下陷 4～5 cm，应因人而异。充分压迫心脏，使心脏血液搏出。

(5) 停止按压，使胸部恢复正常形态，心脏内形成负压，让血液回流回心脏。停止用力时，双手不能离开胸壁，以保持下一次按压时的正确位置。

(6) 每分钟需按压80～100次。

2. 体外按压时注意事项

(1) “压区”位置确定需正确,否则易使肋骨骨折。其定位方法如下:

① 抢救者用离触电者腿部最近手的中指及食指合并后,设触电者一侧的肋弓下缘移至肋骨与胸骨接合处之“切迹”,如图6-11所示。

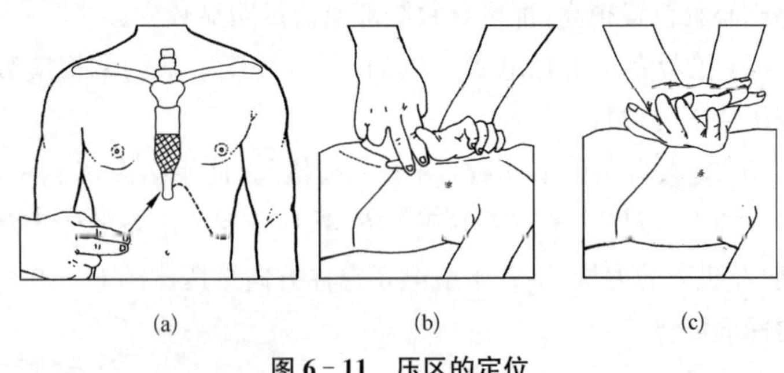

图6-11 压区的定位

② 再用此手掌的中指固定于胸骨“切迹”处,食指紧靠中指作为定位标志,如图6-11b所示。

③ 将靠触电者头部一侧手的手掌根部紧靠着“切迹”处中指旁的食指,抢救者手掌长轴置于胸骨之长轴上。这样可保持按压的主要力量用在胸骨上,并减少肋骨骨折的可能性。

④ 将原用于定位的手掌放在已位于胸骨下半部的另一手的手背上,两手指抬起,如图6-11c所示。

(2) 在按压休止期内,务必使胸廓不受外力的作用,使其能恢复原状,以利血液回流。

(3) 按压时,掌根必须位于“压区”内,用力须有节奏感。按压时间与放松时间应大致相等。

(三) 单人操作复苏术

当触电者心跳、呼吸均停时,现场仅有一抢救者,此时需同时进行口对口人工呼吸和体外心脏按压。其操作步骤如下:

(1) 开放气道后,连续吹气两次。

(2) 立即进行体外心脏按压 15 次(频率为 80～100 次/分)。

(3) 以后,就连续吹气两次,每做 15 次心脏按压后,反复交替进行。同时每隔 5 min 应检查一次心肺复苏效果,每次检查时心肺复苏术不得中断 5 s 以上,单人心肺复苏术易学、易记,能有效地维持血液循环和气体交换,因此现场作业人员均应学会单人心肺复苏术。图 6－12 为单人心肺复苏术。

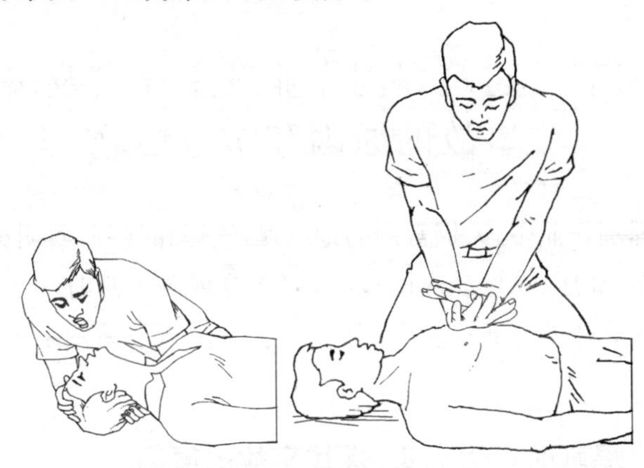

图 6－12　单人心肺复苏术

现场抢救往往时间很长且不能中断。在经过长时间的抢救后,触电者的面色好转,口唇潮红,瞳孔缩小,四肢出现活动,心跳和呼吸逐渐恢复正常时,可暂停数秒钟进行观察。如果心跳、呼吸不能维持,必须继续抢救。

终止心肺复苏工作是一项医学决定,只能由有关医务人员对触电者的脑功能和心血管状态做出正确诊断后才能决定。其他任何人不能随便做出停止心肺复苏工作的决定,因此抢救者一定要坚持到医务人员到现场接替抢救工作为止。

(四) 局部外伤处理

人体遭受电击后,在电流进入、流出处常可见到电灼伤的伤口。特别是高压(1 000 V以上)电击时,电极间电弧的温度可达1 000～4 000℃,可造成接触处广泛严重的电烧伤,且常伤及骨骼,故处理较复杂。现场抢救时,应用消毒纱布或急救包将伤口包扎好,在紧急时甚至可用干净的布或纸类物品进行包扎,但应注意尽量减少污染,以利以后的治疗。

其他外伤和骨折等,可参照外伤急救的情况做相应处理。

第四节 建筑焊割作业发生火灾及爆炸事故的原因和防范措施

在焊割作业中,人们常用的是电焊、气焊和气割,属明火作业,具有高温、高压、易燃易爆的危险,而作业现场焊割时会产生大量的火花和灼热的金属火花会到处飞溅,操作不当易发生火灾或爆炸事故。

一、焊割时产生火灾、爆炸事故的原因

(1) 焊割作业附近有易燃、易爆物品或气体,焊接前未清理。焊接时,被飞溅的火花、熔融金属与高温熔渣的颗粒引燃焊接处附近的易燃物或可燃气体而造成火灾。

(2) 焊工在离地面2 m以上的地点进行焊接与切割操作时,对火花、熔滴和熔渣飞溅所及范围的易燃易爆物品未清理干净,特别在风大时,尤为严重。

(3) 操作过程中乱扔焊条头,作业后未认真检查是否留有火种。

(4) 焊接电缆线或电弧焊机本身的绝缘破坏而发生短路后引起火灾。

(5) 焊接未清洗过的油罐、油桶,带有气压的锅炉储气筒及带压附件,会造成火灾、爆炸事故。

二、焊割时防止火灾、爆炸事故的安全措施

(1) 焊接处 10 m 以内不得有可燃、易燃物，工作地点通道宽度应大于 1 m。

(2) 现场作业时，应注意作业环境的地沟、下水道内有无可燃液体和可燃气体，以及是否有可能泄漏到地沟和下水道内可燃、易爆物质，以免由于飞溅的火花、熔滴及熔渣引起火灾、爆炸事故。

(3) 焊工在离地面 2 m 以上的地点进行焊接与切割操作时，禁止乱扔焊条头，对作业下方应进行隔离。作业完毕时应认真细致地检查，确认无火灾隐患后方可离开现场。

(4) 严禁焊接带压的管道、容器及设备。

(5) 焊接作业处应把乙炔瓶和氧气瓶安置在 10 m 以外。

(6) 储放易燃易爆物的容器未经清洗严禁焊接。

(7) 焊接管道、容器时，必须把孔盖、阀门打开。

(8) 焊接设备等(电源线、焊接电缆线、焊钳)绝缘应保持完好。一般橡胶绝缘线最高允许温度为 60℃。

(9) 严禁将易燃易爆管道做焊接回路使用。

(10) 使用二氧化碳气瓶及氩气等气瓶时，应遵守国家质量监督检验检疫总局 2014 年 9 月 5 日颁布的《气瓶安全技术监察规程》。

(11) 在油线室、喷油室、油库、中心乙炔站、氧气站内严禁电弧焊工作。

(12) 化工设备的保温层，有的是采用沥青胶合木、玻璃纤维、泡沫塑料等易燃物品。焊接前应将距操作处 1.5 m 范围内的保温层拆除干净，并用遮挡板隔离以防飞溅火花落到易燃保温层上。

(13) 电弧焊工作结束后要立即拉闸断电，并认真检查，特别是对有易燃易爆物或填有可燃物隔热层的场所，一定要彻底检查，将火星熄灭。并待焊件冷却并确认没有焦味和烟气后，方可离开工作场所。因着火并不都是在焊接后立即发生的，有可能要经过

一段时间才燃烧,切不可大意。

(14) 作业场所应备有足够的消防器材。

三、火灾、爆炸事故的紧急处理方法

(1) 应判明火灾、爆炸的部位及引起火灾和爆炸的物质特性,迅速拨打火警电话119报火警。

(2) 在消防队员未到达之前,现场人员应根据起火或爆炸物质的特点,采取有效的方法控制事故的蔓延,如切断电源,撤离事故现场的液化气瓶、氧气瓶、乙炔瓶等受热易爆设备、物质,正确使用灭火器材。

(3) 在事故紧急处理时,必须由专人负责,统一指挥,防止造成混乱。

(4) 灭火时应采取防中毒、倒塌、坠落伤人等措施。

(5) 为了便于查明起火原因,灭火过程中要尽可能地注意观察起火部位、蔓延方向等,灭火后应保护好现场。

(6) 发生火灾或爆炸事故,必须向当地公安消防部门报警,根据"三不放过"的要求,认真查清事故原因,严肃处理事故责任者。

第七章
建筑焊割现场作业及防火技术

第一节 焊割现场安全作业的基本知识

一、焊割作业前的准备工作

（一）弄清情况，保持联系

焊割现场，焊工在动火前必须弄清楚设备的结构及设备内储存物品的性能，明确检修要求和安全注意事项，对于需要动火的部位（凡利用电弧和火焰进行焊接或切割作业的，均为动火），除了在动火证上详细说明外，还应同有关人员在现场交底，防止弄错。特别是在复杂的管道结构上或在边生产边检修的情况下，更应注意。在参加大修之前，还要细心听取现场指挥人员的情况介绍，随时保持联系，了解现场变化情况和其他工种相互协作等事项。

（二）观察环境，加强防范

明确任务后，要进一步观察环境，估计可能出现的不安全因素，加强防范，如果需动火的设备处于禁火区内，必须按禁火区的动火管理规定申请动火证。操作人员按动火证上规定的部位、时间动火，不准许超越规定的范围和时间，发现问题应停止操作，研究处理。

二、焊割作业前的检查和安全措施

(一) 检查污染物

凡被化学物质或油脂污染的设备须清洗后动用明火,如果是易燃易爆或者有毒的污染物,更应彻底清洗,焊割作业中的防火防爆措施主要是控制可燃物,应经有关部门检查,并填写动火证后,才可动火。

一般在动火前采用一嗅、二看、三测爆的检查方法。

一嗅,就是嗅气味。危险物品大部分有气味,这要求对实际工作经验加以总结。遇到有气味的物品,应重新清洗。

二看,就是查看清洁程度如何,特别是塑料,如四氟乙烯等,这类物品必须清除干净,因为塑料不但易燃,而且遇高温会裂解产生剧毒气体。

三测爆,就是在容器内部抽取试样用测爆仪测定爆炸极限,大型容器的抽样应从上、中、下容易积聚的部位进行,确认没有危险,方可动火作业。

应该指出,"一嗅、二看、三测爆"是常用的检查方法,虽然不是最完善的检查方法,但比起盲目动火,安全性更好些。

(二) 严防三种类型的爆炸

(1) 严禁带压设备动用明火,带压设备动火前一定要先解除压力(卸压),并且焊割前必须敞开所有孔盖,未卸压的设备严禁动火,常压而密闭的设备也不许动火。

(2) 设备零件内部被污染了,从外面不易检查到爆炸物,虽然数量不多,但遇到焊割火焰而发生爆炸的威力却不小,因此必须清洗无把握的设备,未清洗前不应随便动火。

(3) 混合气体或粉尘的爆炸,即动火时遇到了易燃气体(如乙炔、煤气等)与空气的混合物,或遇到可燃粉尘(如铝尘、锌尘)和空气的混合物，在爆炸极限之间，也会发生爆炸。

上述三种类型爆炸的发生均在瞬息间，且有很大的破坏力。

（三）一般动火的安全措施

(1) 拆迁。在易燃易爆物质的场所，应尽量将工件拆下来搬移到安全地带动火较妥。

(2) 隔离。隔离就是把需要动火的设备和其他易燃易爆的物质及设备隔离开。

(3) 置换。置换就是把惰性气体［氮气（N_2）、二氧化碳（CO_2）］或水注入有可燃气体的设备和管道中，把里面的可燃气体置换出来。所谓“扫阀”，也就是以惰性气体驱除管道中的可燃气体的一种安全措施。

(4) 清洗。用热水、蒸汽或酸液、碱液及溶剂清洗设备的污染物。对于无法溶解或溶化的污染物，另采取措施清除。

(5) 移去危险品，将可以引火的物质移到安全处。

(6) 敞开设备、卸压通风，开启全部人孔阀门。

(7) 加强通风。在有易燃易爆气体或有毒气体的室内焊接，应加强室内通风，在焊割时可能放出有毒有害气体和烟尘，要采取局部排气。焊接作业局部通风可分为送风和排气两种，通风技术措施能改善劳动条件，能消除焊接烟尘。

(8) 准备灭火器材。按要求选取灭火器，并应了解灭火器的使用性能。

(9) 为防止意外事故发生，焊工应做到焊割“十不烧”。有下列情况之一的，焊工有权拒绝焊割，各级领导都应支持，不违章作业：

① 无焊工操作证，又没有正式焊工在场指导，不能焊割。

② 凡属一、二、三级动火范围的作业，未经审批，不得擅自焊割。

③ 不了解作业现场及周围的情况，不能盲目焊割。

④ 不了解焊割内部是否安全,不能盲目焊割。

⑤ 盛装过易燃易爆、有毒物质的各种容器,未经彻底清洗,不能焊割。

⑥ 用可燃材料做保温层的部位及设备,未采取可靠的安全措施,不能焊割。

⑦ 有压力或密封的容器、管道,不能焊割。

⑧ 附近堆有易燃易爆物品,在未彻底清理或采取有效的安全措施前,不能焊割。

⑨ 作业部位与外部位相接触,在未弄清对外部位有否影响,或明知危险而未采取有效的安全措施,不能焊割。

⑩ 作业场所附近有与明火相抵触的工种,不能焊割。

三、建筑焊割的安全作业

(一) 登高焊割作业安全措施

焊工在离地面2 m以上的地点进行焊接与切割操作时,即称为登高焊割作业。

登高焊割作业必须采取安全措施防止发生高处坠落、火灾、电击伤和物体打击等工伤事故。

登高焊割作业的安全措施主要有:

(1) 在登高接近高压线或裸导线排,或距离低压线小于2.5 m时,必须停电并经检查确无触电危险后,方准操作。电源切断后,应在电闸上挂“有人工作,严禁合闸”的警告牌。高空焊割近旁应设有监护人,遇有危险征象时立即拉闸,并进行抢救。在登高作业时不得使用带有高频振荡器的焊机,以防万一触电,失足摔落。

(2) 凡登高进行焊割操作和进入登高作业区域,必须戴好安全帽,使用标准的防火安全带,使用前应仔细检查,并将安全带紧固牢靠。安全绳长度不可超过2 m,不得使用耐热性差的材料(如尼龙等材料)。登高应穿胶底鞋。

(3) 登高作业时,应使用符合安全要求的梯子。梯脚需包橡皮防滑,与地面夹角不应大于 60°,上下端均应放置牢靠。使用人字梯时应将单梯用限跨铁勾挂住,使其夹角在 40°±5°为宜。不准两人在一个梯子上(或人字梯的同一侧)同时作业,不得在梯子顶挡工作。登高作业的脚手板应事先经过检查,不得使用有腐蚀或机械损伤的木板或铁木混合板。脚手板单人道宽度不得小于 0.6 m,双人道宽度不得小于 1.2 m,上下坡度不得大于 1∶3,板面要钉防滑条和装扶手。

(4) 登高作业时的焊条、工具和小零件等必须装在牢固无洞的工具袋内,工作过程中和工作结束后,应随时将作业点周围的一切物件清理干净,防止坠落伤人。焊条头不得随意往下扔,否则不仅砸伤、烫伤地面人员,甚至会造成火灾事故。

(5) 登高焊割作业时,为防止火花或飞溅引起燃烧和爆炸事故,应把动火点下部的易燃易爆物移至安全地点。对确实无法移动的可燃物品要采取可靠的防护措施,例如用石棉板覆盖遮严,在允许的情况下,喷水淋湿以增强耐火性能。高处焊割作业火星飞得远,散落面大,应注意风力风向,对下风方向的安全距离应根据实际情况增大,以确保安全。焊割结束后必须仔细检查是否留下火种,确认安全后才能离开现场。例如某化工厂一座新建车间,房顶在进行电弧焊,地面上在铺沥青,并堆有油毡等,电弧焊火星落下引燃油毡,造成火灾,烧毁了整个车间建筑物。

(6) 登高焊割时,焊工应将焊钳及焊接电缆线或切割用的割炬及橡皮管等扎紧在固定地方,严禁缠绕在身上或搭在背上操作。

(7) 氧气瓶、乙炔瓶、电弧焊机等焊接设备器具应尽量留在地面。

(8) 登高人员必须经过健康检查合格。患有高血压、心脏病、精神病、癫痫病等疾病及酒后人员,一律不准登高作业。

(9) 6 级以上的大风、雨天、下雪和雾天等禁止登高焊割作业。

(10) 其他事项参看电弧焊、气焊与气割的安全操作技术。

（二）进入设备内部动火的安全措施

（1）进入设备内部前，先要弄清设备内部的情况。

（2）对该设备和外界联系的部位，要进行隔离和切断，如电源和附带在设备上的水管、料管、蒸汽管、压力管等均要切断并挂告示牌。如有污染物的设备应按前述要求进行清洗后才能进入内部焊割。

（3）进入容器内部焊割要实行监护制。派专人进行监护。监护人不能随便离开现场，并与容器内部的人员经常取得联系。

（4）设备内部要通风良好，这不仅要清除内部的有害气体，而且要向内部送入新鲜空气。但是，严禁使用氧气作为通风气源。在未进行良好的通风之前禁止人员进入。

（5）氧乙炔焊割炬要随人进出，不得任意放在容器内。

（6）在内部作业时，做好绝缘防护工作，防止触电等事故。

（7）做好个人防护，减少烟尘对人体的侵害，目前多采用静电口罩，粉尘与有害气体进入人体，最主要的途径是呼吸道，铅蒸气会导致血和神经中毒等。

四、高层建筑施工安全及动火管理

（1）已建成的建筑物楼梯不得封堵。施工脚手架内的作业层应畅通，并搭设至少两处与主体建筑内相衔接的通道口。

（2）建筑施工脚手架外挂的密目式安全网，必须符合阻燃标准要求，严禁使用不阻燃的密目安全网。

（3）超过 30 m 的高层建筑施工，应当设置加压水泵和消防水源管道，管道的大管直径不得小于 50 mm，每层应设出水管口，并配备一定长度的消防水管。

（4）高层焊接作业，要根据作业高度、风力、风力传递的次数，判断出火灾危险区域。并将区域内的易燃易爆物品移到安全地方，无法移动的要采取切实的防护措施。

(5) 大雾天气和6级风时应当停止焊接作业。

(6) 高层焊接作业应当办理动火证，动火处应当配备灭火器，并设专人监护，一旦发现险情，立刻停止作业，采取措施，及时扑灭火源。

(7) 高层建筑施工临时用电线路应使用绝缘良好的橡胶电缆，严禁将线路绑在脚手架上。施工用电机具和照明灯具的电气连接处应当绝缘良好，确保用电安全。

(8) 高层建筑应设防火警示标志。楼层内不得堆放易燃可燃物品。在易燃处施工的人员不得吸烟和随便焚烧废弃物。

五、焊割作业后的安全检查

(1) 仔细检查漏焊、假焊，并立即补焊。

(2) 对加热的结构部分，必须待完全冷却后，才能进料或进气。因为焊后炽热处遇到易燃物质也能引起燃烧或爆炸。若炽热部分因快冷使金属强度降低，可能使设备受压能力减低而引起爆炸。

(3) 检查火种。对作业区周围及邻近房屋进行检查，凡是经过加热、烘烤，发生烟雾或蒸汽处，应彻底检查确保安全。

(4) 最后彻底清理现场，在确认安全、可靠下才能离开现场。

第二节　禁火区的动火管理

(1) 为防止火灾、爆炸事故的发生，确保人民生命财产的安全，各企业单位应根据本企业的具体情况，制定有关动火管理制度。

(2) 企业各级领导应在各自职责范围内，严格贯彻执行动火管理制度。

(3) 企业安全消防部门应认真督促检查动火管理制度的

执行。

(4) 企业必须根据生产特性、原料、产品危险程度及仓库车间布局,划定禁火区域(如易燃易爆生产车间、工段、仓库、管道等)。在禁火区内需要动火,必须办理动火申请手续,采取有效防范措施,经过审核批准,才能动火。

(5) 企业在禁火区域内动火,一般实行三级审批制。

① 在危险性不大的场所、部门动火,由申请动火车间、部门领导批准,在消防部门登记,即可动火。

② 在危险性较大、重点要害部门动火,由申请动火车间或部门领导批准,有关技术人员介绍情况,消防、安全部门现场审核同意后,进行动火。

③ 特别危险区域、重点要害部门和影响较大的场所动火,由需要动火的车间或部门领导提出申请,采取有效防范措施,并由安全、消防保卫部门审核提出意见,经企业领导批准后,才能动火。

(6) 申请动火的车间或部门在申请动火前,必须负责组织和落实对要动火的设备、管线、场地、仓库及周围环境,采取必要的安全措施,才能提出申请。

(7) 动火前必须详细核对动火批准范围,在动火时动火执行人必须严格遵守安全操作规程,检查动火工具,确保其符合安全要求,未经申请动火,没有动火证,超越动火范围或超过规定的动火时间,动火执行人应拒绝动火。动火时发现情况变化或不符合安全要求,有权暂停动火,及时报告领导研究处理。

(8) 企业领导批准的动火,要由安全、消防部门派现场监护人;车间或部门领导批准的动火(包括经安全消防部门审核同意的),由车间或部门指派现场监护人。监护人员在动火期间不得离开动火现场,监护人应由责任强、熟悉安全生产的人担任。动火完毕后,应及时清理现场。

(9) 一般检修动火,动火时间一次都不得超过 1 d,特殊情况可适当延长。隔日动火的,申请部门一定要复查,较长时间的动火

(如基建、大修等),施工主管部门应办理动火计划书(确定动火范围、时间及措施),按有关规定,分级审批。

(10) 动火安全措施,应由申请动火的车间或部门负责完成,如需施工部门解决,施工部门有责任配合。

(11) 动火地点如对邻近车间、其他部门有影响的应由申请动火车间或部门负责人与这些车间或部门联系,做好相应的配合工作,确保安全。关系大的应在动火证上会签意见。

第三节 建筑焊割作业常用的灭火器材及使用方法

一、灭火的基本方法

燃烧具有三个特征,即化学反应、放热和发光。物质受热升温而无须明火作用就能自行着火的现象称为自燃。物质的自燃点越低,发生火灾的危险性越大。根据物质燃烧原理,燃烧必须同时具备可燃物、助燃物和着火源(凡是能够引起可燃物燃烧的一切热能都叫着火源,有明火作用持续而稳定的燃烧称着火)。三个条件,缺一不可,而一切灭火措施都是为了破坏已经产生的燃烧条件,或使燃烧反应中的游离基消失而终止燃烧。闪点是指易燃(可燃)液体表面产生闪燃的最低温度,闪点可以作为评定液体火灾危险性的主要依据。

灭火的基本方法有 4 种,即降低燃烧物的温度——冷却灭火法、隔离与火源相近的可燃物——隔离灭火法、减少空气中的含氧量——窒息灭火法、消除燃烧中的游离基——抑制灭火法。

(一) 冷却灭火法

冷却灭火法就是将灭火剂直接喷洒在燃烧着的物体上,将可燃物的温度降低到燃点以下,从而使燃烧终止。这是扑救火灾最常用的方法。冷却的方法主要是采取喷水或喷射二氧化碳等其他灭火剂,将燃烧物的温度降到燃点以下,灭火剂在灭火过程中不参与燃烧过程中的化学反应,属于物理灭火法,一切可燃物着火后不易扑灭的环境是在富氧状态环境下。

在火场上,除用冷却法直接扑灭火灾外,在必要的情况下,可用水冷却尚未燃烧的物质,防止达到燃点而起火。还可用水冷却建筑构件、生产装置或容器设备等,以防止它们受热结构变形,扩大灾害损失。

(二) 隔离灭火法

隔离灭火法就是将燃烧物体与附近的可燃物质隔离或疏散开,使燃烧停止。这种方法适用于扑救各种固体、液体和气体火灾。不完全燃烧的产物能使人灼伤或造成新的火源,甚至能与空气形成混合爆炸物。

采取隔离灭火法的具体措施有:将火源附近的可燃、易燃、易爆和助燃物质,从燃烧区内转移到安全地点;关闭阀门,阻止气体、液体流入燃烧区;排除生产装置、设备容器内的可燃气体或液体;设法阻拦流散的易燃、可燃液体或扩散的可燃气体;拆除与火源相毗连的易燃建筑结构,造成防止火势蔓延的空间地带;以及用水流封闭或用爆炸等方法扑救油气井喷火灾;采用泥土、黄沙筑堤等方法,阻止流淌的可燃液体流向燃烧点。

(三) 窒息灭火法

窒息灭火法就是阻止空气流入燃烧区,或用不燃物质冲淡空气,使燃烧物质断绝氧气的助燃而熄灭。这种灭火方法适用扑救一些封闭式的空间和生产设备装置的火灾。

在火场上运用窒息的方法扑灭火灾时,可采用石棉布、浸湿的棉被、湿帆布等不燃或难燃材料,覆盖燃烧物或封闭孔洞;用水蒸气、惰性气体(如二氧化碳、氮气等)充入燃烧区域内;利用建筑物上原有的门、窗以及生产设备上的部件,封闭燃烧区,阻止新鲜空气进入。此外在无法采取其他扑救方法而条件又允许的情况下,可采用水或泡沫淹没(灌注)的方法进行扑救。

采取窒息灭火的方法扑救火灾,必须注意以下几个问题:

(1) 燃烧的部位较小,容易堵塞封闭,在燃烧区域内没有氧化剂时,才能采用这种方法。

(2) 采用用水淹没(灌注)方法灭火时,必须考虑到火场物质被水浸泡后能否产生不良后果。

(3) 采取窒息方法灭火后,必须在确认火已熄灭时,方可打开孔洞进行检查,严防因过早地打开封闭的房间或生产装置的设备孔洞等,而使新鲜空气流入,造成复燃或爆炸。

(4) 采取惰性气体灭火时,一定要将大量的惰性气体充入燃烧区,以迅速降低空气中氧的含量,窒息灭火。

(四) 抑制灭火法

抑制灭火法是将化学灭火剂喷入燃烧区使之参与燃烧的化学反应,从而使燃烧反应停止。采用这种方法可使用的灭火剂有干粉和卤代烷灭火剂及替代产品。灭火时,一定要将足够数量的灭火剂准确地喷在燃烧区内,使灭火剂参与和阻断燃烧反应,否则将起不到抑制燃烧反应的作用,达不到灭火的目的。同时还要采取必要的冷却降温措施,以防止复燃。

采用哪种灭火方法实施灭火,应根据燃烧物质的性质、燃烧特点和火场的具体情况,以及消防技术装备的性能进行选择。有些火灾,往往需要同时使用几种灭火方法。这就要注意掌握灭火时机,搞好协同配合,充分发挥各种灭火剂的效能,迅速有效地扑灭火灾。

二、建筑焊割作业一般灭火措施

(1) 焊割作业地点应备有足够数量的灭火器、清水及黄沙等消防器材。

(2) 如发现焊割设备有漏气现象,应立即停止工作并检查、消除漏气。当气体导管漏气着火时,首先应将焊割炬的火焰熄灭,并立即关闭阀门,用灭火器、湿布、石棉布等扑灭燃烧气体。

(3) 乙炔气瓶口着火时,设法立即关闭瓶阀,停止气体流出,火即熄灭。

(4) 当电石桶或乙炔发生器内电石发生燃烧时,应设法停止供水并与水隔离,再用干粉灭火器等灭火,禁止用水灭火。8 kg 干粉灭火器的射程为 4.5 m。

(5) 乙炔气燃烧可用二氧化碳、干粉灭火器扑灭,乙炔瓶内丙酮流出燃烧可用泡沫、干粉、二氧化碳灭火器等扑灭,手提式二氧化碳灭火器灭火的有效射程为 2 m。如气瓶库发生火灾或邻近发生火灾威胁气瓶库时,应采取安全措施,将气瓶移到安全场所。

(6) 一般可燃物着火,可用酸碱灭火器或清水,油类着火用泡沫、二氧化碳或干粉灭火器扑灭。

(7) 电焊机着火首先拉闸断电,然后再灭火,在未断电前不能用水或泡沫灭火器灭火,只能用二氧化碳、干粉灭火器灭火(因为水和泡沫灭火液体能导电,容易触电伤人)。

(8) 发生火警或爆炸事故,必须立即向当地公安消防部门报警,根据"三不放过"的要求认真查清事故原因,严肃处理事故责任者,直至追究刑事责任。

焊割作业发生火灾采用的灭火器材见表 7-1。

表 7-1 焊割作业发生火灾采用的灭火器材

火灾的种类	采用的灭火器材
电　气	二氧化碳、干粉、干沙
电　石	干粉、干沙
乙炔气	二氧化碳、干粉、干沙

三、灭火的基本原则

迅速有效地扑灭火灾，最大限度地减少人员伤亡和经济损失，是灭火的基本目的。因此在灭火时必须做到“先控制、后消灭”“救人重于救火”“先重点、后一般”等原则。

第四节 焊割作业事故的紧急处理方法

在建筑焊割作业如果发生火灾、爆炸事故时，应采取以下方法进行紧急处理：

(1) 应判明火灾、爆炸的部位和引起火灾和爆炸的物质特性，迅速拨打火警电话 119 报警。

(2) 在消防队员未到达前，现场人员应根据火灾或爆炸物质的特点，采取有效的方法控制事故的蔓延，如切断电源，撤离事故现场氧气瓶、乙炔瓶等受热易爆炸设备，正确使用灭火器材。

(3) 在事故紧急处理时必须由专人负责，统一指挥，防止造成混乱。

(4) 灭火时，应采取防中毒、倒塌、坠落伤人等措施。

(5) 为了便于查明起火原因，灭火过程中要尽量可能地注意观察起火部位、蔓延方向等，灭火后应保护好现场。

(6) 当气体导管漏气着火时，首先应将焊割炬的火焰熄灭，并立即关闭阀门，切断可燃气体源，用灭火器、湿布、石棉布等扑灭燃烧火焰。

(7) 乙炔瓶口着火时，设法立即关闭瓶阀，防止气体流出，火即熄灭。

(8) 当电石桶或乙炔发生器内电石发生燃烧时，应停止供水或与水脱离，再用干粉灭火器灭火，禁止用水灭火。

(9) 乙炔瓶着火可用二氧化碳、干粉灭火器扑灭。乙炔瓶内丙酮流出燃烧,可用泡沫、干粉、二氧化碳灭火器扑灭。如果气瓶库发生火灾或邻近发生火灾威胁气瓶库时,应采取安全措施,把气瓶转移到安全场所。

(10) 一般可燃物着火可用酸碱灭火器或清水灭火,油类着火用泡沫、二氧化碳或干粉灭火器扑灭。

(11) 焊机着火首先拉闸断电,然后再灭火。在未切断电源前不能用水或泡沫灭火器,只能用二氧化碳、干粉灭火器。因为水和泡沫灭火器液体能够导电,容易发生触电伤人。

(12) 氧气瓶阀门着火,只要操作者将阀门关闭,断绝氧气,火会自行熄灭。

(13) 发生火警或爆炸事故,必须立即向当地公安部门报警,根据“三不放过”的要求,认真查清事故原因,严肃处理事故责任者。

第八章
建筑焊割常见事故原因分析、预防及事故案例

第一节 建筑焊割现场常见事故原因分析、预防

一、焊割作业常见事故的原因分析

(1) 无证上岗。许多建筑施工单位特别是个体劳务企业为省钱、省时,追求更多的利润,往往雇用一些没有经过培训、考核的焊割作业人员。他们多半属于进城务工人员,绝大多数未经岗前培训,缺乏消防安全常识,盲目蛮干,违反操作规程,以致酿成事故。

(2) 作业人员缺乏安全常识。建筑焊割时产生的高温、高热且有大量的火花喷出和灼热的铁屑飞溅,尤其是在基建工地、临时场所及非专用房间内进行电焊时,飞散的火星如落在可燃物上很容易引发火灾;金属构件经过电焊后温度很高,即使经过一段时间,仍有可能引燃周围的可燃物,若焊后不待冷却就随便存放,也会引起可燃物燃烧;电焊时产生的高热能通过金属构件传导到另一端,可引起金属构件另一端的可燃物发生燃烧;电焊机的接地回线由于连接处有较大电阻,能产生电阻热,或在引弧时由于冲击电流的作用会产生火花,也可能引燃可燃物。

(3) 忽视安全生产。一些个体劳务企业安全意识淡薄,不愿在特种作业安全防护上投入人力、资金,甚至漠视国家有关法律、

法规,有章不循,不听从提醒,不服从管理,违章作业。他们将降低成本同建立健全劳动生产安全规范对立起来,片面地强调利润,忽视了安全的投入,不能正确理解后者是实现前者的前提条件和根本保障,前者是后者的必然结果的内在关系。在一些重大火灾事故中,焊工就是在作业时思想上麻痹大意,防范意识淡薄,在事故隐患已有预兆时没有引起足够的重视,未采取任何防范措施,才最终导致事故的发生。

二、建筑焊割作业时防止事故的安全措施

(1) 加强源头管理,确保焊割作业人员持证上岗。加强对建筑施工作业人员的教育和管理,增强其工作责任感,严格对焊割设备和作业的管理。焊割作业人员必须经过专门培训考核方可持证上岗,并严格遵守操作规程。对焊割工还应经常进行有关焊割作业安全生产规程知识的宣传,在经常进行焊割作业的场所应张贴防火须知及有关防火规章制度。各建设、施工单位应加强对焊割作业人员持证情况的检查,在施工前要让施工人员出具相关证件,对检查中发现无证上岗的人员,要坚决取消其从事电、气焊作业资格,不能有侥幸心理,确保焊割作业人员持证上岗。

(2) 明确安全责任,增强建筑施工作业人员的防火意识。建立重点工种岗位责任制,使从事建筑焊割作业人员都有明确的职责,并建立起合理、有效、文明的安全生产和工作秩序,并与奖惩制度挂钩,有奖有惩,消除无人负责的现象。建设、施工单位在签订施工合同时,要加入防火工作条款,对由于施工中违反安全操作规程发生火灾等事故的,应事先明确责任,发生问题后严肃追究,从而使施工单位和人员在思想上重视消防安全,自觉地做好各项防火工作。

(3) 强化宣传教育,提高作业人员的安全生产意识。首先,加强对作业人员的岗前学习和培训。明确规定以下五种情况不得作

业：在有火灾、爆炸危险场所内，不得进行焊割作业；在积存可燃气体、可燃蒸气的管沟、深坑和下水道内及其附近，在消除危险因素之前不能进行电焊作业；在空心间壁墙、充填有可燃物隔热层的场所、简易建筑、简易仓库、有可燃建筑构件的闷顶内和可燃易燃物质堆垛附近，不得进行电焊作业；对焊件的内部结构、性质、存积物等未了解清楚之前，及对金属容器内残存的易燃液体未处理前，不得进行电焊作业；制作、加工和储存易燃易爆危险品的房间内，储存易燃易爆物品的贮罐和容器，带电设备，刚涂过油漆的建筑构件或设备在没有采取相应的安全措施时，不得进行电焊作业。其次，通过对火灾事故案例的宣传报道，增强作业人员的防火意识，变被动为主动，自觉地做好防火工作，通过对作业人员进行灭火技能演示，使他们掌握一定的防火灭火常识，会报警，会正确地使用灭火器材，会正确地扑救初起火灾。再次，加强对建筑焊割作业人员的日常管理。要定期加强对建筑焊割作业人员的技术培训和消防知识学习，并制定切实可行的培训、训练和考核计划，研究和掌握焊接工种人员的心理状态和不良行为，帮助他们克服吸烟、酗酒、上班串岗、闲聊等不良习惯，不断改善工作环境和条件，减少事故发生的概率。

(4) 加强现场监管，消除事故隐患。在现场施工中，严格动火管理制度，严格落实焊割作业中的安全防范措施。要在电焊机外壳设有可靠的保护接零；为电焊机设置单独的电源开关；电焊机安放在通风良好、干燥、无腐蚀介质、远离高温高湿和多粉尘的地方，露天使用时应设防雨棚；施工焊地点潮湿时，焊工应站在干燥的绝缘板或胶垫上作业，配合人员应穿绝缘鞋或站在绝缘板上；高空焊接或切割时，必须系好安全带，焊接周围和下方应采取防火措施，并应设专人监护；作业时要保证电焊作业现场周围 10 m 内没有堆放易爆物品，飞溅的熔珠火花不会掉入下层可燃物中，引燃可燃物。现场监护人员对检查中发现的火灾隐患应及时消除、严加防范，以确保施工作业现场的消防安全。

第二节　事 故 案 例

案例1：电焊作业引起特别重大火灾事故

1. 事故经过

2010年11月15日，上海市静安区某公寓大楼发生特别重大火灾事故，造成58人死亡，71人受伤，直接经济损失1.58亿元。事故调查组查明，该起特别重大火灾事故是一起因企业违规造成的责任事故。

2. 事故原因

事故的直接原因：在该公寓大楼节能综合改造项目施工过程中，施工人员违规在10层电梯前室北窗外进行电焊作业，电焊溅落的金属熔融物引燃下方9层位置脚手架防护平台上堆积的聚氨酯保温材料碎块、碎屑引发火灾。

事故的间接原因：一是建设单位、投标企业、招标代理机构相互串通、虚假招标和转包、违法分包；二是工程项目施工组织管理混乱；三是设计企业、监理机构工作失职；四是市、区两级建设主管部门对工程项目监督管理缺失；五是静安区公安消防机构对工程项目监督检查不到位；六是静安区政府对工程项目组织实施工作领导不力。

3. 预防措施

严格遵守焊割作业操作规程，做好焊割前的清理工作；加强建筑施工现场特种作业持证上岗管理；严格规范建筑业招投标管理；加强市、区两级的监督管理。

案例2：粉尘爆炸事故

1. 事故经过

2014年8月2日，江苏省昆山市某金属制品有限公司抛光车间发生粉尘爆炸的特别重大事故，造成75人死亡，185人受伤。

2. 事故原因

(1) 根据事故暴露出来的问题和初步掌握的情况，企业厂房没有按二类危险品场所进行设计和建设，违规双层设计建设生产车间，且建筑间距不够。

(2) 生产工艺路线过紧过密，2 000 m^2的车间内布置了29条生产线、300多个工位。

(3) 除尘设备没有按规定为每个岗位设计独立的吸尘装置，除尘能力不足。

(4) 车间内所有电器设备没有按防爆要求配置。

(5) 安全生产制度和措施不完善、不落实，没有按规定每班按时清理管道积尘，造成粉尘聚集超标；没有对工人进行安全培训，没有按规定配备阻燃、防静电劳保用品；违反劳动法规，超时组织作业。

(6) 当地政府的有关领导责任和相关部门的监管责任落实不力。

(7) 问题和隐患长期没有解决，粉尘浓度超标，遇到火源发生爆炸，是一起重大责任事故。事故的责任主体是该金属制品公司，主要责任人是企业法人代表、董事长等相关负责人。

3. 预防措施

严格按二类危险品场所进行设计和建设；生产工艺路线合理布置；粉尘聚集岗位设置独立的吸尘装置；电器设备按防爆要求配置；落实、完善安全生产制度和措施；加强员工的安全生产培训；加强责任监管力度。

案例3：电焊机外壳带电触电事故

1. 事故经过

某建筑施工现场焊工王某和张某进行钢筋点焊作业，发现电焊机一段引线圈已断，电工只找了一段软线交张某让他自己更换。张某换线时，发现接线板螺栓松动，便使用扳手拧紧后(此时王某不在现场)，就离开了现场，王某返回后不了解情况，便开始点焊，只焊了一下就大叫一声倒地，终因抢救无效死亡。

2. 事故原因

(1) 因接线板烧损,线圈与电焊机外壳相碰,而引发短路。

(2) 电焊机外壳未做保护接零。

(3) 电焊工未按规定穿绝缘鞋,戴绝缘手套。

3. 预防措施

(1) 电焊机的维修应由专业电工进行。

(2) 焊接设备应做保护接零。

(3) 电焊工作业时应按规定穿绝缘鞋,戴绝缘手套。

案例4: 焊接切割时焊渣引燃火灾

1. 事故经过

某建筑施工企业对承包一大礼堂大修时,气割工上屋顶进行钢屋架拆除切割作业,由于熔渣落下,引燃下面存放的废料、油毛毡等物引起火灾,待别人发觉时火势已猛,烧毁了整个礼堂。

2. 事故原因

(1) 违反高空焊割作业防火安全措施规定。

(2) 未做焊割前的防范工作,未观察环境。

(3) 属责任事故。

3. 预防措施

(1) 严格遵守高空焊割作业操作规程。

(2) 做好焊割前的准备工作。

案例5: 焊补空汽油桶爆炸

1. 事故经过

某企业制冷车间一个有裂缝的空汽油桶需焊补,焊工班提出未采取措施直接焊补有危险,但制冷车间说这个空桶是干的,无危险。结果在未采取任何安全措施的情况下,且又没有开启端面上小盖,就进行焊补。操作的情况是一位焊工半蹲在地面进行气焊,另一位工人用手扶着汽油桶。刚开始气焊时汽油桶就爆炸,两端封头飞出,桶体被炸飞,正在操作的气焊工被炸死。

2. 事故原因

(1) 违反焊工"十不烧"规定。

(2) 密封的容器不能切割。

(3) 未开启小孔盖。

3. 预防措施

(1) 严格遵守焊工"十不烧"规定。

(2) 严禁焊补切割未开孔洞的密封容器。

(3) 严禁焊补切割未经安全处置的燃料容器和管道。

案例 6：高空焊接作业坠落

1. 事故经过

某建筑单位基建工地因电焊工请假，影响了施工，基建科副科长朱某着急，就自己顶替焊工焊接，他攀上屋架顶，在既未挂安全带，又无助手帮助的情况下，也不戴面罩，左手扶着钢筋，右手抓焊钳，闭着眼睛施焊。但他毕竟不是焊工，终因焊接质量差，焊缝支持不住他的体重，而从 10 m 高处坠落，当场死亡。

2. 事故原因

(1) 基建科副科长不是专业焊工。

(2) 作业现场无监护人。

(3) 高空作业未挂安全带，也无其他安全设施。

3. 预防措施

(1) 不是焊工不能从事焊割作业。

(2) 登高作业要设监护人。

(3) 登高作业一定要用标准的防火安全带、架设安全网等安全设施。

案例 7：氧气胶管冲落，将水暖工眼球击裂失明

1. 事故经过

某厂气割工甲与水暖工乙进行上、下水管大修工作。乙开启

减压器上的氧气阀门,氧气突然冲击,将接在减压器出气嘴上的氧气胶管冲落,正好打在乙的左眼上,将其眼球击裂导致失明。

2. 事故原因

(1) 瓶内氧气压力较高,开启阀门过大,使氧气猛烈冲击。

(2) 氧气胶管与减压器的连接部位未扎牢。

(3) 水暖工乙不懂气割安全操作规程。

3. 预防措施

(1) 非焊工不得操作气割设备及工具。

(2) 开启氧气阀门不要过猛、过大;操作者应站在气体出口方向的侧面。

(3) 减压器出气嘴上的氧气胶管应插紧扎牢。

案例 8: 焊工擅自接通焊机电源,遭电击

1. 事故经过

某建筑工地有位焊工到室外临时施工点焊接,焊机接线时因无电源闸盒,便自己将电缆每股导线头部的胶皮去掉,分别接在露天的电网线上,由于错接零线在火线上,当他调节焊接电流用手触及外壳时,即遭电击身亡。

2. 事故原因

由于焊工不熟悉有关电气安全知识,将零线和火线错接,导致焊机外壳带电,酿成触电死亡事故。

3. 预防措施

焊接设备接线必须由电工进行,焊工不得擅自进行。

案例 9: 要换焊条时手触焊钳口,遭电击

1. 事故经过

某船厂一位电焊工正在船舱内焊接,因舱内温度高加之通风不良,身上大量出汗将工作服和皮手套湿透。在更换焊条时触及焊钳口因痉挛后仰跌倒,焊钳落在颈部未能摆脱,造成电击。事故

发生后经抢救无效而死亡。

2. 事故原因

(1) 焊机的空载电压较高超过了安全电压。

(2) 船舱内温度高,焊工大量出汗,人体电阻降低,触电危险性增大。

(3) 触电后未能及时发现,电流通过人体的持续时间较长,使心脏、肺部等重要器官受到严重破坏,抢救无效。

3. 预防措施

(1) 船舱内焊接时,要设通风装置,使空气对流。

(2) 舱内工作时要设监护人,随时注意焊工动态,遇到危险征兆时,立即拉闸进行抢救。

案例 10: 焊工未按要求穿戴防护用品,触电身亡

1. 事故经过

上海某机械厂结构车间,用数台焊机对产品机座进行焊接,当一名焊工右手合电闸、左手扶焊机时的一瞬间,随即大叫一声,倒在地上,经送医抢救无效死亡。

2. 事故原因

(1) 电焊机机壳带电。

(2) 焊工未戴绝缘手套及穿绝缘鞋。

(3) 焊机接地失灵。

3. 预防措施

(1) 工作前应检查设备绝缘层有无破损,接地是否良好。

(2) 焊工应穿戴好个人防护用品。

(3) 推、拉电源闸刀时,要戴绝缘手套,动作要快,站在侧面。

附录一

中华人民共和国国家标准《焊接与切割安全》(GB 9448—1999)

前　　言

本标准是根据美国标准 ANSI/AWS Z49.1《焊接与切割安全》对 GB 9448—1988《焊接与切割安全》进行修订的，在技术要素上与之等效；在具体技术内容方面有如下变动：

——本标准以我国标准作为引用依据。由于标准体系的不同，在引用相关标准技术内容的部分，做了不同程度上的调整，文字叙述上亦有相应的改动；

——ANSI/AWS Z49.1《焊接与切割安全》中个别内容重复、难以操作的部分结合我国的实际国情均做了适当删改；

——根据我国的实际情况，保留了 ANSI/AWS Z49.1《焊接与切割安全》中没有，但在原标准中存在，而且证明确实有效合理的技术内容；

——本标准主要适用于一般的焊接、切割操作，故删除了原标准中与操作基本无关的内容及特殊的安全要求，如：登高作业、汇流排系统中的设计、安装细节等；

——根据技术内容的编排需要，本标准增加了附录部分。

本标准自实施之日起，同时代替 GB 9448—1988。

本标准的附录 A、附录 B 和附录 C 均为提示的附录。

本标准由国家机械工业局提出。

本标准由焊接标准化技术委员会归口。

本标准主要负责起草单位：哈尔滨焊接研究所。

本标准主要起草人：朴东光、张伶。

第一分篇 通 用 规 则

1 范围

本标准规定了在实施焊接、切割操作过程中避免人身伤害及财产损失所必须遵循的基本原则。

本标准为安全地实施焊接、切割操作提供了依据。

2 引用标准

下列标准所包含的条文，通过在本标准中引用而构成为本标准的条文。本标准出版时，所示版本均为有效。所有标准都会被修订，使用本标准的各方应探讨使用下列标准最新版本的可能性。

GBJ 87—1985 工业企业噪声控制设计规范

GB/T 2550—1992 焊接及切割用橡胶软管 氧气橡胶软管

GB/T 2551—1992 焊接及切割用橡胶软管 乙炔橡胶软管

GB/T 3609.1—1994 焊接眼、面防护具

GB/T 4064—1983 电气设备安全设计导则

GB/T 5107—1985 焊接和切割用软管头

GB 7144—1985 气瓶颜色标记

GB/T 11651—2008 个人防护装备选用规则

GB 15578—1995 电阻焊机的安全要求

GB 15579—2008 弧焊设备安全要求 第一部分：焊接电源

GB 15701—1995 焊接防护服

GB 16194—1996　车间空气中电焊烟尘卫生标准

JB/T 5101—1991　气割机用割炬

JB/T 6968—1993　便携式微型焊炬

JB/T 6969—1993　射吸式焊炬

JB/T 6970—1993　射吸式割炬

JB 7496—1994　焊接、切割及类似工艺用气瓶减压器安全规范

JB/T 7947—1999　等压式焊炬、割炬

3　总则

3.1　设备及操作

3.1.1　设备条件

所有运行使用中的焊接、切割设备必须处于正常的工作状态，存在安全隐患(如：安全性或可靠性不足)时，必须停止使用并由维修人员修理。

3.1.2　操作

所有的焊接与切割设备必须按制造厂提供的操作说明书或规程使用，并且还必须符合本标准要求。

3.2　责任

管理者、监督者和操作者对焊接及切割的安全实施负有各自的责任。

3.2.1　管理者

管理者必须对实施焊接及切割操作的人员及监督人员进行必要的安全培训。培训内容包括：设备的安全操作、工艺的安全执行及应急措施等。

管理者有责任将焊接、切割可能引起的危害及后果以适当的方式(如：安全培训教育、口头或书面说明、警告标识等)通告给实施操作的人员。

管理者必须标明允许进行焊接、切割的区域，并建立必要的安全措施。

管理者必须明确在每个区域内单独的焊接及切割操作规则，并确保每个有关人员对所涉及的危害有清醒的认识并且了解相应的预防措施。

管理者必须保证只使用经过认可并检查合格的设备(诸如焊割机具、调节器、调压阀、焊机、焊钳及人员防护装置)。

3.2.2 现场管理及安全监督人员

焊接或切割现场应设置现场管理和安全监督人员。这些监督人员必须对设备的安全管理及工艺的安全执行负责。在实施监督职责的同时，他们还可担负其他职责，如：现场管理、技术指导、操作协作等。

监督者必须保证：

——各类防护用品得到合理使用；

——在现场适当地配置防火及灭火设备；

——指派火灾警戒人员；

——所要求的热作业规程得到遵循。

在不需要火灾警戒人员的场合，监督者必须要在热工作业完成后做最终检查并组织消灭可能存在的火灾隐患。

3.2.3 操作者

操作者必须具备对特种作业人员所要求的基本条件，并懂得将要实施操作时可能产生的危害以及适用于控制危害条件的程序。操作者必须安全地使用设备，使之不会对生命及财产构成危害。

操作者只有在规定的安全条件得到满足，并得到现场管理及监督者准许的前提下，才可实施焊接或切割操作。在获得准许的条件没有变化时，操作者可以连续地实施焊接或切割。

4 人员及工作区域的防护

4.1 工作区域的防护

4.1.1 设备

焊接设备、焊机、切割机具、钢瓶、电缆及其他器具必须放置稳妥并保持良好的秩序,使之不会对附近的作业或过往人员构成妨碍。

4.1.2　警告标志

焊接和切割区域必须予以明确标明,并且应有必要的警告标志。

4.1.3　防护屏板

为了防止作业人员对邻近区域的其他人员受到焊接及切割电弧的辐射及飞溅伤害,应用不可燃或耐火屏板(或屏罩)加以隔离保护。

4.1.4　焊接隔间

在准许操作的地方、焊接场所,必要时可用不可燃屏板或屏罩隔开形成焊接隔间。

4.2　人身防护

在依据CB/T 11651选择防护用品的同时,还应做如下考虑:

4.2.1　眼睛及面部防护

作业人员在观察电弧时,必须使用带有滤光镜的头罩或手持面罩,或佩戴安全镜、护目镜或其他合适的眼镜。辅助人员亦应佩戴类似的眼保护装置。

面罩及护目镜必须符合GB/T 3609.1的要求。

对于大面积观察(诸如培训、展示、演示及一些自动焊操作),可以使用一个大面积的滤光窗、幕而不必使用单个的面罩、手提罩或护目镜。窗或幕材料必须对观察者提供安全的保护效果,使其免受弧光、碎渣飞溅的伤害。

镜片遮光号可参照附表1选择。

附表1　护目镜遮光号的选择指南

焊接方法	焊条尺寸/mm	电弧电流/A	最低遮光号	推荐遮光号[①]
手工电弧焊	＜2.5	＜60	7	
	2.5～4	60～160	8	10
	4～6.4	160～250	10	12
	＞6.4	250～550	11	14

（续表）

焊接方法	焊条尺寸/mm	电弧电流/A	最低遮光号	推荐遮光号
气体保护电弧焊及药芯焊丝电弧焊		＜60 60～160 160～250 250～500	7 10 10 10	 11 12 14
钨极气体保护电弧焊		＜50 50～100 150～500	8 8 10	10 12 14
空气碳弧切割		＜500 500～1 000	10 11	12 14
等离子弧焊接		＜20 20～100 100～400 400～800	6 8 10 11	6～8 10 12 14
等离子弧切割	②	＜300 300～400 400～800	8 9 10	9 12 14
焊炬硬钎焊				3 或 4
焊炬软钎焊				2
碳弧焊				14
气焊	板厚(mm)			
	＜3 3～13 ＞13			4 或 5 5 或 6 6 或 8
气割	板厚(mm)			
	＜25 25～150 ＞150			3 或 4 4 或 5 5 或 6

注：① 根据经验，开始使用太暗的镜片难以看清焊接区，因而建议使用可看清焊接区域的适宜镜片，但遮光号不要低于下限值。在氧燃气焊接或切割时焊炬产生亮黄光的地方，希望使用滤光镜以吸收操作视野范围内的黄线或紫外线。

② 这些数值适用于实际电弧清晰可见的地方，经验表明，当电弧被工件所遮蔽时，可以使用轻度的滤光镜。

所有焊工和切割工必须佩戴耐火的防护手套,相关标准参见附录C(提示的附录)。

4.2.2 身体保护

4.2.2.1 防护服

防护服应根据具体的焊接和切割操作特点选择,防护服必须符合GB 15701的要求,并可以提供足够的保护面积。

4.2.2.2 手套

4.2.2.3 围裙

当身体前部需要对火花和辐射做附加保护时,必须使用经久耐火的皮制或其他材质的围裙。

4.2.2.4 护腿

需要对腿做附加保护时,必须使用耐火的护腿或其他等效的用具。

4.2.2.5 披肩、斗篷及套袖

在进行仰焊、切割或其他操作过程中,必要时必须佩戴皮制或其他耐火材质的套袖或披肩罩,也可在头罩下佩带耐火质地的斗篷以防头部灼伤。

4.2.2.6 其他防护服

当噪声无法控制在GBJ 87规定的允许声级范围内时,必须采用保护装置(诸如耳套、耳塞或用其他适当的方式保护)。

4.3 呼吸保护设备

利用通风手段无法将作业区域内的空气污染降至允许限值或这类控制手段无法实施时,必须使用呼吸保护装置,如长管面具、防毒面具等(相关标准参见附录C)。

5 通风

5.1 充分通风

为了保证作业人员在无害的呼吸氛围内工作,所有焊接、切割、钎焊及有关的操作必须要在足够的通风条件下(包括自然通风或机械通风)进行。

5.2 防止烟气流

必须采取措施避免作业人员直接呼吸到焊接操作所产生的烟气流。

5.3 通风的实施

为了确保车间空气中焊接烟尘的污染程度低于 GB 16194 的规定值,可根据需要采用各种通风手段(如:自然通风、机械通风等)。

6 消防措施

6.1 防火职责

必须明确焊接操作人员、监督人员及管理人员的防火职责,并建立切实可行的安全防火管理制度。

6.2 指定的操作区域

焊接及切割应在为减少火灾隐患而设计、建造(或特殊指定)的区域内进行。因特殊原因需要在非指定的区域内进行焊接或切割操作时,必须经检查、核准。

6.3 放有易燃物区域的热作业条件

焊接或切割作业只能在无火灾隐患的条件下实施。

6.3.1 转移工件

有条件时,首先要将工件移至指定的安全区进行焊接。

6.3.2 转移火源

工件不可移时,应将火灾隐患周围所有可移动物移至安全位置。

6.3.3 工件及火源无法转移

工件及火源无法转移时,要采取措施限制火源以免发生火灾,如:

a) 易燃地板要清扫干净,并以洒水、铺盖湿沙、金属薄板或类似物品的方法加以保护。

b) 地板上的所有开口或裂缝应覆盖或封好,或者采取其他措施以防地板下面的易燃物与可能由开口处落下的火花接触。对墙壁上的裂缝或开口、敞开或损坏的门、窗亦要采取类似的措施。

6.4 灭火

6.4.1 灭火器及喷水器

在进行焊接及切割操作的地方必须配置足够的灭火设备。其配置取决于现场易燃物品的性质和数量,可以是水池、沙箱、水龙带、消防栓或手提灭火器。在有喷水器的地方,在焊接或切割过程中,喷水器必须处于可使用状态。如果焊接地点距自动喷水头很近,可根据需要用不可燃的薄材或潮湿的棉布将喷头临时遮蔽。而且这种临时遮蔽要便于迅速拆除。

6.4.2 火灾警戒人员的设置

在下列焊接或切割的作业点及可能引发火灾的地点,应设置火灾警戒人员:

a) 靠近易燃物之处　建筑结构或材料中的易燃物距作业点10 m以内。

b) 开口　在墙壁或地板有开口的10 m。半径范围内(包括墙壁或地板内的隐蔽空间)放有外露的易燃物。

c) 金属墙壁　靠近金属间壁、墙壁、天花板、屋顶等处另一侧易受传热或辐射而引起的易燃物。

d) 船上作业　在油箱、甲板、顶架和舱壁进行船上作业时,焊接时透过的火花、热传导可能导致隔壁舱室起火。

6.4.3 火灾警戒职责

火灾警戒人员必须经必要的消防训练,并熟知消防紧急处理程序。

火灾警戒人员的职责是监视作业区域内的火灾情况;在焊接或切割完成后检查并消灭可能存在的残火。

火灾警戒人员可以同时承担其他职责,但不得对其火灾警戒任务有干扰。

6.5 装有易燃物容器的焊接或切割

当焊接或切割装有易燃物的容器时,必须采取特殊的安全措施并经严格检查批准方可作业，否则严禁开始工作。

7 封闭空间内的安全要求

在封闭空间内作业时要求采取特殊的措施。

注：封闭空间是指一种相对狭窄或受限制的空间，诸如箱体、锅炉、容器、舱室等。“封闭”意味着由于结构、尺寸、形状而导致恶劣的通风条件。

7.1 封闭空间内的通风

除了正常的通风要求之外，封闭空间内的通风还要求防止可燃混合气的聚集及大气中富氧。

7.1.1 人员的进入

封闭空间内在进行良好的通风之前禁止人员进入。如要进入，必须佩戴合适的供气呼吸设备并由戴有类似设备的他人监护。

必要时在进入之前，对封闭空间要进行毒气、可燃气、有害气、氧量等的测试，确认无害后方可进入。

7.1.2 邻近的人员

封闭空间内适宜的通风不仅必须确保焊工或切割工自身的安全，还要确保区域内所有人员的安全。

7.1.3 使用的空气

通风所使用的空气，其数量和质量必须保证封闭空间的有害物质污染浓度低于规定值。

供给呼吸器或呼吸设备的压缩空气必须满足正常的呼吸要求。

呼吸器的压缩空气管必须是专用管线，不得与其他管路相连接。

除了空气之外，氧气、其他气体或混合气不得用于通风。

在对生命和健康有直接危害的区域内实施焊接、切割或相关工艺作业时，必须采用强制通风、供气呼吸设备或其他合适的方式。

7.2　使用设备的安置

7.2.1　气瓶及焊接电源

在封闭空间内实施焊接及切割时,气瓶及焊接电源必须放置在封闭空间的外面。

7.2.2　通风管

用于焊接、切割或相关工艺局部抽气通风的管道必须由不可燃材料制成。这些管道必须根据需要进行定期检查以保证其功能稳定,其内表面不得有可燃残留物。

7.3　相邻区域

在封闭空间邻近处实施焊接或切割而使得封闭空间内存在危险时,必须使人们知道封闭空间内的危险后果,在缺乏必要的保护措施条件下严禁进入这样的封闭空间。

7.4　紧急信号

当作业人员从人孔或其他开口处进入封闭空间时,必须具备向外部人员提供救援信号的手段。

7.5　封闭空间的监护人员

在封闭空间内作业时,如存在着严重危害生命安全的气体,封闭空间外面必须设置监护人员。

监护人员必须具有在紧急状态下迅速救出或保护里面作业人员的救护措施,具备实施救援行动的能力。他们必须随时监护里面作业人员的状态并与他们保持联络,备好救护设备。

8　公共展览及演示

在公共场所进行焊接、切割操作的展览、演示时,除了保障操作者的人身安全之外,还必须保证观众免受弧光、火花、电击、辐射等伤害。

9　警告标志

在焊接及切割作业所产生的烟尘、气体、弧光、火花、电击、热、辐射及噪声可能导致危害的地方,应通过使用适当的警告标志使人们对这些危害有清楚的了解。

第二分篇 专 用 规 则

10 氧燃气焊接及切割安全

10.1 一般要求

10.1.1 与乙炔相接触的部件

所有与乙炔相接触的部件(包括：仪表、管路、附件等)不得由铜、银以及铜(或银)含量超过70%的合金制成。

10.1.2 氧气与可燃物的隔离

氧气瓶、气瓶阀、接头、减压器、软管及设备必须与油、润滑脂及其他可燃物或爆炸物相隔离。严禁用沾有油污的手,或带有油迹的手套去触碰氧气瓶或氧气设备。

10.1.3 密封性试验

检验气路连接处密封性时,严禁使用明火。

10.1.4 氧气的禁止使用

严禁用氧气代替压缩空气使用。氧气严禁用于气动工具、油预热炉、启动内燃机、吹通管路、衣服及工件的除尘、为通风而加压或类似的应用,氧气喷流严禁喷至带油的表面、带油脂的衣服或进入燃油或其他储罐内。

10.1.5 氧气设备

用于氧气的气瓶、设备、管线或仪器严禁用于其他气体。

10.1.6 气体混合的附件

未经许可,禁止装设可能使空气或氧气与可燃气体在燃烧前(不包括燃烧室或焊炬内)相混合的装置或附件。

10.2 焊炬及割炬

只有符合有关标准(如：JB/T 5101、JB/T 6968、JB/T 6969、

JB/T 6970 和 JB/T 7947 等)的焊炬和割炬才允许使用。

使用焊炬、割炬时,必须遵守制造商关于焊、割炬点火、调节及熄火的程序规定。点火之前,操作者应检查焊、割炬的气路是否通畅、射吸能力、气密性等。

点火时应使用摩擦打火机、固定的点火器或其他适宜的火种,焊、割炬不得指向人员或可燃物。

10.3 软管及软管接头

用于焊接与切割输送气体的软管,如氧气软管和乙炔软管,其结构、尺寸、工作压力、机械性能、颜色必须符合 GB/T 2550、GB/T 2551的要求。软管接头则必须满足 GB/T 5107 的要求。

禁止使用泄漏、烧坏、磨损、老化或有其他缺陷的软管。

10.4 减压器

只有经过检验合格的减压器才允许使用。减压器的使用必须严格遵守 JB 7496 的有关规定。

减压器只能用于设计规定的气体及压力。

减压器的连接螺纹及接头必须保证减压器安在气瓶阀或软管上之后连接良好,无任何泄漏。

减压器在气瓶上应安装合理、牢固,采用螺纹连接时,应拧足五个螺扣以上;采用专门的夹具压紧时,装卡应平整牢固。

从气瓶上拆卸减压器之前,必须将气瓶阀关闭并将减压器内的剩余气体释放干净。

同时使用两种气体进行焊接或切割时,不同气瓶减压器的出口端均应装上各自的单向阀,以防止气流相互倒灌。

当减压器需要修理时,维修工作必须由经劳动、计量部门考核认可的专业人员完成。

10.5 气瓶

所有用于焊接与切割的气瓶都必须按有关标准及规程[参见附录 A(提示的附录)]制造、管理、维护并使用。

使用中的气瓶必须进行定期检查,使用期满或送检未合格的气瓶禁止继续使用。

10.5.1　气瓶的充气

气瓶的充气必须按规定程序由专业部门承担，其他人不得向气瓶内充气。除气体供应者以外，其他人不得在一个气瓶内混合气体或从一个气瓶向另一个气瓶倒气。

10.5.2　气瓶的标志

为了便于识别气瓶内的气体成分，气瓶必须按 GB 7144 规定做明显标志。其标识必须清晰、不易去除。标识模糊不清的气瓶禁止使用。

10.5.3　气瓶的储存

气瓶必须储存在不会遭受物理损坏或使气瓶内储存物的温度超过 40℃的地方。

气瓶必须储放在远离电梯、楼梯或过道，不会被经过或倾倒的物体碰翻或损坏的指定地点。在储存时，气瓶必须稳固以免翻倒。

气瓶在储存时必须与可燃物、易燃液体隔离，并且远离容易引燃的材料(诸如木材、纸张、包装材料、油脂等)至少 6 m 以上，或用至少 1.6 m 高的不可燃隔板隔离。

10.5.4　气瓶在现场的安放、搬运及使用

气瓶在使用时必须稳固竖立或装在专用车(架)或固定装置上。

气瓶不得置于受阳光暴晒、热源辐射及可能受到电击的地方，气瓶必须距离实际焊接或切割作业点足够远(一般为 5 m 以上)，以免接触火花、热渣或火焰，否则必须提供耐火屏障。

气瓶不得置于可能使其本身成为电路一部分的区域。避免与电动机车轨道、无轨电车电线等接触，气瓶必须远离散热器、管路系统、电路排线等，及可能供接地(如电焊机)的物体。禁止用电极敲击气瓶，在气瓶上引弧。

搬运气瓶时，应注意：

——关紧气瓶阀，而且不得提拉气瓶上的阀门保护帽；

——用吊车、起重机运送气瓶时,应使用吊架或合适的台架,不得使用吊钩、钢索或电磁吸盘;

——避免可能损伤瓶体、瓶阀或安全装置的剧烈碰撞。

气瓶不得作为滚动支架或支撑重物的托架。

气瓶应配置手轮或专用扳手启闭瓶阀。气瓶在使用后不得放空,必须留有不小于98～196 kPa表压的余气。

当气瓶冻住时,不得在阀门或阀门保护帽下面用撬杠撬动气瓶松动。应使用40℃以下的温水解冻。

10.5.5 气瓶的开启

10.5.5.1 气瓶阀的清理

将减压器接到气瓶阀门之前,阀门出口处首先必须用无油污的清洁布擦拭干净,然后快速打开阀门并立即关闭以便清除阀门上的灰尘或可能进入减压器的脏物。

清理阀门时操作者应站在排出口的侧面,不得站在其前面,不得在其他焊接作业点,存在着火花、火焰(或可能引燃)的地点附近清理气瓶阀。

10.5.5.2 开启氧气瓶的特殊程序

减压器安在氧气瓶上之后,必须进行以下操作:

a) 首先调节螺杆并打开顺流管路,排放减压器的气体。

b) 其次,调节螺杆并缓慢打开气瓶阀,以便在打开阀门前使减压器气瓶压力表的指针始终慢慢地向上移动。打开气瓶阀时,应站在瓶阀气体排出方向的侧面而不要站在其前面。

c) 当压力表指针达到最高值后,阀门必须完全打开以防气体沿阀杆泄漏。

10.5.5.3 乙炔气瓶的开启

开启乙炔气瓶的瓶阀时应缓慢,严禁开至超过1圈半,一般只开至3/4圈以内以便在紧急情况下迅速关闭气瓶。

10.5.5.4 使用的工具

配有手轮的气瓶阀门不得用榔头或扳手开启。

未配有手轮的气瓶，使用过程中必须在阀柄上备有把手、手柄或专用扳手，以便在紧急情况下可以迅速关闭气路。在多个气瓶组装使用时，至少需备有一把这样的扳手以备急用。

10.5.6　其他

气瓶在使用时，其上端禁止放置物品，以免损坏安全装置或妨碍阀门的迅速关闭。使用结束后，气瓶阀必须关紧。

10.5.7　气瓶的故障处理

10.5.7.1　泄漏

如果发现燃气气瓶的瓶阀周围有泄漏，应关闭气瓶阀拧紧密封螺帽。

当气瓶泄漏无法阻止时，应将燃气瓶移至室外，远离所有起火源，并做相应的警告通知。缓缓打开气瓶阀，逐渐释放内存的气体。

有缺陷的气瓶或瓶阀应做适宜标识，并送专业部门修理，经检验合格后方可重新使用。

10.5.7.2　火灾

气瓶泄漏导致的起火可通过关闭瓶阀，采用水、湿布、灭火器等手段予以熄灭。

在气瓶起火无法通过上述手段熄灭的情况下，必须将该区域做疏散，并用大量水流浇湿气瓶，使其保持冷却。

10.6　汇流排的安装与操作

在气体用量集中的场合可以采用汇流排供气。汇流排的设计、安装必须符合有关标准规程的要求，汇流排系统必须合理地设置回火保险器、气阀、逆止阀、减压器、滤清器、事故排放管等。安装在汇流排系统的这些部件均应经过单件或组合件的检验认可，并证明符合汇流排系统的安全要求。

气瓶汇流排的安装必须在对其结构和使用熟悉的人员监督下进行。

乙炔气瓶和液化气气瓶必须在直立位置上汇流。与汇流排连接并供气的气瓶，其瓶内的压力应基本相等。

11 电弧焊接与切割安全

11.1 一般要求

11.1.1 弧焊设备

根据工作情况选择弧焊设备时,必须要考虑到焊接的各方面安全因素。进行电弧焊接与切割时所使用的设备必须符合相应的焊接设备标准规定,参见附录B(提示的附示),还必须满足GB 15579的安全要求。

11.1.2 操作者

被指定操作弧焊与切割设备的人员必须在这些设备的维护及操作方面经适宜的培训及考核,其工作能力应得到必要的认可。

11.1.3 操作程序

每台(套)弧焊设备的操作程序应完备。

11.2 弧焊设备的安装

弧焊设备的安装必须在符合GB/T 4064规定的基础上,满足下列要求。

11.2.1 设备的工作环境与其技术说明书规定相符,安放在通风、干燥、无碰撞或无剧烈震动、无高温、无易燃品存在的地方。

11.2.2 在特殊环境条件下(如:室外的雨雪中;温度、湿度、气压超出正常范围或具有腐蚀、爆炸危险的环境),必须对设备采取特殊的防护措施以保证其正常的工作性能。

11.2.3 当特殊工艺需要高于规定的空载电压值时,必须对设备提供相应的绝缘方法(如:采用空载自动断电保护装置)或其他措施。

11.2.4 弧焊设备外露的带电部分必须设置完好的保护,以防人员或金属物体(如:货车、起重机吊钩等)与之相接触。

11.3 接地

焊机必须以正确的方法接地(或接零)。接地(或接零)装置必须连接良好,永久性的接地(或接零)应做定期检查。

禁止使用氧气、乙炔等易燃易爆气体管道作为接地装置。

在有接地(或接零)装置的焊件上进行弧焊操作,或焊接与大地密切连接的焊件(如:管道、房屋的金属支架等)时,应特别注意避免焊机和工件的双重接地。

11.4 焊接回路

11.4.1 构成焊接回路的焊接电缆必须适合于焊接的实际操作条件。

11.4.2 构成焊接回路的电缆外皮必须完整、绝缘良好(绝缘电阻大于 1 MΩ)。用于高频、高压振荡器设备的电缆,必须具有相应的绝缘性能。

11.4.3 焊机的电缆应使用整根导线,尽量不带连接接头。需要接长导线时,接头处要连接牢固、绝缘良好。

11.4.4 构成焊接回路的电缆禁止搭在气瓶等易燃物品上,禁止与油脂等易燃物质接触。在经过通道、马路时,必须采取保护措施(如:使用保护套)。

11.4.5 能导电的物体(如:管道、轨道、金属支架、暖气设备等)不得用作焊接回路的永久部分。但在建造、延长或维修时可以考虑作为临时使用,其前提是必须经检查确认所有接头处的电气连接良好,任何部位不会出现火花或过热。此外,必须采取特殊措施以防事故的发生。锁链、钢丝绳、起重机、卷扬机或升降机不得用来传输焊接电流。

11.5 操作

11.5.1 安全操作规程

指定操作或维修弧焊设备的作业人员必须了解、掌握并遵守有关设备安全操作规程及作业标准。此外,还必须熟知本标准的有关安全要求(诸如:人员防护、通风、防火等内容)。

11.5.2 连线的检查

完成焊机的接线之后,在开始操作设备之前必须检查一下每个安装的接头以确认其连接良好,其内容包括:

——线路连接正确合理,接地必须符合规定要求;

——磁性工件夹爪在其接触面上不得有附着的金属颗粒及飞溅物;

——盘卷的焊接电缆在使用之前应展开以免过热及绝缘损坏;

——需要交替使用不同长度电缆时应配备绝缘接头,以确保不需要时无用的长度可被断开。

11.5.3　泄漏

不得有影响焊工安全的任何冷却水、保护气或机油的泄漏。

11.5.4　工作中止

当焊接工作中止时(如:工间休息),必须关闭设备或焊机的输出端或者切断电源。

11.5.5　移动焊机

需要移动焊机,必须首先切断其输入端的电源。

11.5.6　不使用的设备

金属焊条和碳极在不用时必须从焊钳上取下以消除人员或导电物体的触电危险,焊钳在不使用时必须置于与人员、导电体、易燃物体或压缩空气瓶接触不到的地方。半自动焊机的焊枪在不使用时亦必须妥善放置以免使枪体开关意外启动。

11.5.7　电击

在有电气危险的条件下进行电弧焊接或切割时,操作人员必须注意遵守下述原则:

11.5.7.1　带电金属部件

禁止焊条或焊钳上带电金属部件与身体相接触。

11.5.7.2　绝缘

焊工必须用干燥的绝缘材料保护自己免除与工件或地面可能产生的电接触。在座位或俯位工作时,必须采用绝缘方法防止与导电体的大面积接触。

11.5.7.3　手套

要求使用状态良好的、足够干燥的手套。

11.5.7.4　焊钳和焊枪

焊钳必须具备良好的绝缘性能和隔热性能，并且维修正常。

如果枪体漏水或渗水会严重威胁焊工安全时，禁止使用水冷式焊枪。

11.5.7.5　水浸

焊钳不得在水中浸透冷却。

11.5.7.6　更换电极

更换电极或喷嘴时，必须关闭焊机的输出端。

11.5.7.7　其他禁止的行为

焊工不得将焊接电缆缠绕在身上。

11.6　维护

所有的弧焊设备必须随时维护，保持在安全的工作状态，当设备存在缺陷或安全危害时必须中止使用，直到其安全性得到保证为止。修理必须由认可的人员进行。

11.6.1　焊接设备

焊接设备必须保持良好的机械及电气状态。整流器必须保持清洁。

11.6.1.1　检查

为了避免可能影响通风、绝缘的灰尘和纤维物积聚，对焊机应经常检查、清理，电气绕组的通风口也要做类似的检查和清理，发电机的燃料系统应进行检查，防止可能引起生锈的漏水和积水。旋转和活动部件应保持适当的维护和润滑。

11.6.1.2　露天设备

为了防止恶劣气候的影响，露天使用的焊接设备应予以保护，保护罩不得妨碍其散热通风。

11.6.1.3　修改

当需要对设备做修改时，应确保设备的修改或补充不会因设备电气或机械额定值的变化而降低其安全性能。

11.6.2　潮湿的焊接设备

已经受潮的焊接设备在使用前必须彻底干燥并经适当试验。设备不使用时应贮存在清洁干燥的地方。

11.6.3　焊接电缆

焊接电缆必须经常进行检查。损坏的电缆必须及时更换或修复。更换或修复后的电缆必须具备合适的强度、绝缘性能、导电性能和密封性能。电缆的长度可根据实际需要连接,其连接方法必须具备合适的绝缘性能。

11.6.4　压缩气体

在弧焊作业中,用于保护的压缩气体应参照第10章的相应条款管理和使用。

12　电阻焊安全

12.1　一般要求

12.1.1　电阻焊设备

根据工作情况选择电阻焊设备时,必须考虑焊接各方面的安全因素。电阻焊所使用的设备必须符合相应的焊接设备标准(参见附录B)规定及GB 15578标准的安全要求。

12.1.2　操作者

被指定操作电阻焊设备的人员必须在相关设备的维护及操作方面经适宜的培训及考核,其工作能力应得到必要的认可。

12.1.3　操作程序

每台(套)电阻焊设备的操作程序应完备。

12.2　电阻焊设备的安装

电阻焊设备的安装必须在专业技术人员的监督指导下进行,并符合GB/T 4064标准规定。

12.3　保护装置

12.3.1　启动控制装置

所有电阻焊设备上的启动控制装置(诸如:按钮、脚踏开关、回缩弹簧及手提枪体上的双道开关等)必须妥善安置或保护,以免误启动。

12.3.2 固定式设备的保护措施

12.3.2.1 有关部件

所有与电阻焊设备有关的链、齿轮、操作连杆及皮带都必须按规定要求妥善保护。

12.3.2.2 单点及多点焊机

在单点或多点焊机操作过程中,当操作者的手需要经过操作区域而可能受到伤害时,必须有效地采用下述某种措施进行保护。这些措施包括(但不局限于):

a) 机械保护式挡板、挡块;

b) 双手控制方法;

c) 弹键;

d) 限位传感装置;

e) 任何当操作者的手处于操作点下面时防止压头动作的类似装置或机构。

12.3.3 便携式设备的保护措施

12.3.3.1 支撑系统

所有悬挂的便携焊枪设备(不包括焊枪组件)应配备支撑系统。这种支撑系统必须具备失效保护性能,即当个别支撑部件损坏时,仍可支撑全部载荷。

12.3.3.2 活动夹头

活动夹头的结构必须保证操作者在作业时,其手指不存在被剪切的危险,否则必须提供保护措施。如果无法取得合适的保护方式,可以使用双柄,即每只手柄上带有安在适当位置上的一或两个操作开关。这些手柄及操作开关及剪切点或冲压点保持足够的距离,以便消除手在控制过程中进入剪切点或冲压点的可能。

12.4 电气安全

12.4.1 电压

所有固定式或便携式电阻焊设备的外部焊接控制电路必须工

作在规定的电压条件下。

12.4.2　电容

高压贮能电阻焊的电阻焊设备及其控制面板必须配置合适的绝缘及完整的外壳保护，外壳的所有拉门必须配有合适的联锁装置。这种联锁装置应保证：当拉门打开时可有效地断开电源并使所有电容短路。

除此之外，还可考虑安装某种手动开关或合适的限位装置作为确保所有电容完全放电的补充安全措施。

12.4.3　扣锁和联锁

12.4.3.1　拉门

电阻焊机的所有拉门、检修面板及靠近地面的控制面板必须保护锁定或联锁状态以防止无关人员接近设备的带电部分。

12.4.3.2　远距离设置的控制面板

置于高台或单独房间内的控制面板必须锁定、联锁住或者是用挡板保护并予以标明，当设备停止使用时，面板应关闭。

12.4.4　火花保护

必须提供合适的保护措施防止飞溅的火花产生危险，如：安装屏板、佩带防护眼镜。由于电阻焊操作不同，每种方法必须做单独考虑。

使用闪光焊设备时，必须提供由耐火材料制成的闪光屏蔽并应采取适当的防火措施。

12.4.5　急停按钮

在具备下述特点的电阻焊设备上，应考虑设置一个或多个安全急停按钮：

a) 需要 3 s 或 3 s 以上时间完成一个停止动作。

b) 撤除保护时，具有危险的机械动作。

急停按钮的安装和使用不得对人员产生附加的危害。

12.4.6　接地

电阻焊机的接地要求必须符合 GB 15578 标准的有关规定。

12.5　维修

电阻焊设备必须由专人做定期检查和维护，任何影响设备安全性的故障必须及时报告给安全监督人员。

13　电子束焊接安全

13.1　一般要求

13.1.1　电子束焊接设备

根据工作情况选择电子束焊接设备时，必须考虑焊接的各方面安全因素。

13.1.2　操作者

被指定操作电子束焊接设备的人员必须在相关设备的维护及操作方面经适宜的培训及考核，其工作能力应得到必要的认可。

13.1.3　操作程序

每台(套)电子束焊接设备的操作程序应完备。

13.2　潜在的危害

电子束焊接引发的下述危害必须予以防护。

13.2.1　电击

设备上必须放置合适的警告标志。

电子束设备上的所有门、使用面板必须适当固定以免突然或意外启动。所有高压导体必须完整地用固定好的接地导电障碍物包围。运行电子束枪及高压电源之前，必须使用接地探头。

13.2.2　烟气

对低真空及非真空工艺，必须提供正面通风抽气和过滤。高真空电子束焊接过程中，清理真空腔室里面时必须特别注意保持溶剂及清洗液的蒸气浓度低于有害程度。

焊接任何不熟悉的材料或使用任何不熟悉的清洗液之前，必须确认是否存在危险。

13.2.3　X射线

为了消除或减少X射线至无害程度，对电子束设备要进行适当保护。对辐射保护的任何改动必须由设备制造厂或专业技术人员完成。修改完成后必须由制造厂或专业技术人员做辐射检查。

13.2.4　眩光

用于观察窗上的涂铅玻璃必须提供足够的射线防护效果。为了减低眩光使之达到舒适的观察效果,必须选择合适的滤镜片。

13.2.5　真空

电子束焊接人员必须了解和掌握使用真空系统工作所要求的安全事项。

附录二 建设工程施工安全技术操作规程(建筑焊割作业)

一、电焊工

(1) 施工现场电焊(割)作业应履行三级动火申请审批手续，作业前，应根据申请审批要求，清理施焊现场 10 m 内的易燃易爆物品，并采取规定的防护措施。作业人员必须按规定穿戴劳动防护用品。

(2) 现场使用的电焊机，应设有防雨、防潮、防晒的机棚。

(3) 电焊机电源线路及专用开关箱的设置，应符合电焊机安全使用的要求，并必须安装二次载降压保护装置和防触电保护装置。电焊机开关箱及电源线路接线和线路故障排除必须由专业电工进行。

(4) 雨天不得在露天电焊。在潮湿地带作业时，作业人员应站在铺有绝缘物品的地方，并应穿绝缘鞋。

(5) 电焊机导线应有良好的绝缘，不得将电焊机导线放在高温物体附近。电焊机导线和焊接地线不得搭在易燃、易爆和带有热源的物品上，接地线不得接在管道、机床设备和建筑物金属构架或轨道上。

(6) 电焊机导线长度不宜大于 30 m，当需要加长导线时，应增加导线的截面。当导线通过轨道时，必须架高或穿入防护管内埋设在地下；当通过轨道时，必须从轨道下面穿过。当导线绝缘层受损或断股时，应立即更换。

(7) 电焊钳应有良好的绝缘和隔热能力。电焊钳握柄必须绝缘良好,握柄与导线连接应牢靠,接触良好,连接处应采用绝缘布包好,并不得外露。

(8) 严禁在运行中的压力管道、装有易燃易爆物的容器和承载受力构件上进行焊接。

(9) 在容器内施焊时,必须采取以下措施:

① 容器必须可靠接地,焊工与焊件间应绝缘。

② 容器上必须有进、出风口并设置通风设备。严禁向容器内输入氧气。

③ 容器内的照明电压不得超过 12 V。

④ 焊接时必须有人在场监护。

⑤ 严禁在已喷涂过油漆和塑料的容器内焊接。

(10) 高处焊接或切割时,应有可靠的作业平台,否则必须挂好安全带。焊割场所周围和下方应采取规定的防火措施并应有专人监护。

(11) 多台焊机在一起集中施焊时,焊接平台或焊件必须接地,并应有隔光板。焊接铜、铝、锌等有色金属时,必须在良好的地方进行,焊接人员应戴防毒面罩或呼吸滤清器。

(12) 更换场地移动焊把时,应切断电源。作业人员不得用胳膊夹持电焊钳。禁止手持焊把爬梯、登高。

(13) 清除焊渣,应戴防护眼镜或面罩,头部应避开敲击焊渣飞溅方向。

(14) 工作结束,应切断焊机电源,锁好开关箱,并检查作业及周围场所,确认无引起火灾危险后,方可离开。

二、气焊(割)工

(1) 施工现场气焊(割)作业,应遵守本规程第一(1)条的规定。

(2) 电石的储存地点必须干燥,通风良好,室内不得有明火或敷设水管、水箱。电石桶应密封，桶上必须标明“电石桶”和“严禁用水灭火”等字样，如电石有轻微受潮时，应轻轻取出电石，不得倾倒。

(3) 电石起火时必须用干砂或二氧化碳灭火器。不得用泡沫、四氯化碳灭火器或水灭火。电石粒末应在露天销毁。

(4) 气焊严禁使用未安装减压气的氧气瓶进行作业。

(5) 氧气瓶、氧气表及焊割工具上，严禁沾染油脂。

(6) 氧气瓶应有防震胶圈，旋紧安全帽，避免碰撞和剧烈震动，并防止暴晒。冻结应用热水加热，不准用火烤。

(7) 乙炔气瓶不得平放，瓶体温度不得超过 40℃，夏季使用应防止瓶体暴晒，冬季解冻应用温水。乙炔瓶内剩余工作压力于环境温度的关系应符合附表 2 的规定。

附表 2　乙炔瓶内剩余工作压力于环境温度的关系

环境温度(℃)	0	0～15	15～25	20～40
剩余工作压力(MPa)	0.05	0.1	0.2	0.3

(8) 气割、切割现场 10 m 范围内，不准堆放氧气瓶、乙炔瓶(乙炔发生器)、木材等易燃物品。氧气瓶与乙炔发生器的间距不得小于 10 m，与乙炔瓶的间距不得小于 5 m。

(9) 高处焊接或切割应遵守本规程第一(10)条的规定。

(10) 严禁在运行中的压力管道、装有易燃易爆物品的容器和受力构件上进行焊接和切割。

(11) 焊接铜、铝等有色金属时，必须在通风良好的地方进行，焊接人员应戴防毒面罩或呼吸滤清器。

(12) 乙炔发生器必须设有防回火的安全装置，保险链、球式浮筒必须有防爆球。

(13) 乙炔发生器不得放置在电线的正下方，不得横放，检验是否漏气要用肥皂水；夜间添加电石，严禁使用明火。

(14) 点火时,焊枪口不准对人;正在燃烧的焊枪严禁放在工件或地面上。带有乙炔或氧气时,严禁放在金属容器内,以防气体逸出,发生燃烧事故。

(15) 不得手持连接胶管的焊枪爬梯登高。

(16) 工作完毕,应将氧气瓶、乙炔瓶的气阀关好,并拧上安全罩。乙炔浮筒提出时,头部应避免浮筒上升方向,拔出后要卧放,严禁扣放在地上,并检查作业及周围场所,确认无引起火灾危险,方准离开。

附录三

建筑焊割作业安全技术考核大纲

一、安全技术理论

1. 安全生产基本知识

(1) 了解建筑安全生产法律、法规和规章制度。

(2) 熟悉有关特种作业人员的管理制度。

(3) 掌握从业人员的权利、义务和法律责任。

(4) 熟悉高处作业安全知识。

(5) 掌握安全防护用品的使用。

(6) 熟悉安全标志的基本知识。

(7) 熟悉施工现场消防知识。

(8) 了解现场急救知识。

(9) 熟悉施工现场安全用电基本知识。

2. 专业基础知识

(1) 了解一般电工基础知识。

(2) 了解金属材料的基本知识。

(3) 熟悉金属焊接基础知识。

① 焊接基本原理。

② 焊接方法的分类。

③ 各种焊接方法的基本原理及用途。

④ 焊接特点。

3. 专业技术理论

(1) 了解对弧焊电源的基本要求、弧焊机型号的编制方法，根据弧焊机的主要技术指标掌握安全使用方法。

(2) 熟悉弧焊机常见故障及排除方法。

(3) 掌握对弧焊工具的要求及安全使用。

(4) 掌握和熟悉焊条电弧焊、氩弧焊、二氧化碳气体保护焊等的安全操作技术。

(5) 熟悉气焊与气割用气体的性质。

(6) 了解气瓶的构造及掌握各种气瓶的安全使用规则。

(7) 掌握气瓶的鉴别方法和连接形式。

(8) 了解回火的原因及回火防止器和减压器的作用。

(9) 掌握减压器、焊炬、割炬的安全使用规则。

(10) 了解焊、割炬的射吸原理,掌握胶管的技术标准规定。

(11) 熟悉建筑焊(割)工防火措施。

(12) 熟悉电弧焊时发生触电事故的原因。

(13) 掌握防止发生触电事故及电弧灼伤的安全措施,学会触电、烧伤的现场急救。

(14) 掌握电弧焊时造成火灾爆炸事故的原因及预防措施。

(15) 理解焊割作业前的准备工作及检查方法。

(16) 掌握动火前的安全措施,掌握焊割"十不烧"。

(17) 掌握登高作业的安全措施。

(18) 熟悉设备内部动火的安全措施。

(19) 熟悉燃烧的条件及燃烧的产物所造成的危害。

(20) 了解燃烧和爆炸的种类、熟悉防火的基本原理和基本措施。

(21) 熟悉禁火区的动火管理、掌握三级审批制。

(22) 熟悉灭火的基本方法。

(23) 掌握焊割作业中的一般灭火措施,懂得常用灭火器的种类、适用范围及使用方法。

二、安全操作技能

(1) 掌握电弧焊设置的基本操作技术。

（2）掌握气焊、气割设置的基本操作技术。

（3）掌握电弧焊及气焊、气割的各类设备、工具、防护用品的识别能力。

（4）掌握施工现场电弧焊及气焊、气割隐患查找及设备故障的排除技能。

（5）掌握利用模拟人进行触电急救操作技能。

（6）掌握焊割作业的防火操作技能。

附录四
建筑焊割作业安全操作技能考核标准

一、建筑施工现场电弧焊部分

1. 考核设备和器具

(1) 设备：常用焊条电弧焊逆变式弧焊机、交流弧焊机、整流式弧焊机、二氧化碳气体保护焊机、氩弧焊机等。

(2) 工具：焊钳、角向砂轮磨光机、焊条筒等。

(3) 材料：各类钢材、焊材。

(4) 个人安全防护用品。

2. 考核方法

(1) 选用代表性的设备、工具、材料、安全防护用品及标识，根据图示分类汇总在电脑随机生成的考核内容上加以识别答题。

(2) 选用代表性的设备、工具、材料、安全防护用品，根据视频操作及图示文字说明在电脑随机生成的考核内容上加以隐患查找及故障排除。

(3) 按照建筑施工现场要求，进行焊条电弧焊的基本操作考核。

(4) 考核时间：20 min。具体可根据实际考核情况调整。

(5) 考核评分标准：满分 40 分。考核评分标准见附表 3。各项目所扣分数总和不得超过该项应得分值。

附表 3　考核评分标准

序号	扣　分　标　准	应得分值
1	电弧焊部分识别，错误一处扣 1 分	5
2	电弧焊部分隐患查找及故障排除，错误一处扣 5 分	10
3	焊条电弧焊基本操作没有遵守安全操作规程，防护用品使用→送电→开机→关机，引弧→焊接→熄弧。错误一处扣 2 分	15
4	焊条电弧焊的基本操作考核，观察焊缝外表成形	10

二、建筑施工现场气焊、气割部分

1. 焊割考核设备和器具

(1) 设备：常用氧气瓶、乙炔瓶、氩气瓶、二氧化碳气瓶、液化石油气瓶等。

(2) 工具：各类减压器、焊割炬、气管等。

(3) 材料：各类钢材、焊材。

(4) 个人安全防护用品。

2. 考核方法

(1) 选用代表性的设备、工具、材料、安全防护用品及标识，根据图示分类在电脑随机生成的考核内容上加以识别答题。

(2) 选用代表性的设备、工具、材料、安全防护用品，根据视频操作及图示文字说明在电脑随机生成的考核内容上加以隐患查找及故障排除。

(3) 按照建筑施工现场要求，进行气焊、气割的基本操作考核。

(4) 考核时间：30 min。具体可根据实际考核情况调整。

(5) 考核评分标准：满分 40 分。考核评分标准见附表 4。各项目所扣分数总和不得超过该项应得分值。

附表4　考核评分标准

序号	扣　分　标　准	应得分值
1	气焊、气割部分识别,错误一处扣1分	5
2	气焊、气割部分隐患查找及故障排除,错误一处扣5分	10
3	气焊、气割基本操作没有遵守安全操作规程,防护用品使用→装表→送气→点火→气割(气焊)→熄火。错误一处扣2分	15
4	气焊、气割的基本操作考核,观察焊割缝外形	10

三、利用模拟人进行触电急救操作

1. 考核器具

(1) 心肺复苏模拟人1套。

(2) 消毒纱布、面巾、一次性吹气膜和计时器等。

2. 考核方法(可采用机考答题)

设定心肺复苏模拟人呼吸、心跳停止,工作频率设定为100次/min或120次/min,设定操作时间250 s。由考生在规定时间内完成以下操作:

(1) 将模拟人气道放开,人工口对口正确吹气2次。

(2) 按单人国际抢救标准比例30∶2一个循环进行胸外按压与人工呼吸,即正确胸外按压30次,正确人工呼吸口吹气2次,连续操作完成5个循环。

(3) 考核时间:5 min。具体可根据实际考核情况调整。

(4) 考核评分标准:满分10分。在规定时间内完成规定动作,仪表显示“急救成功”的,得10分;动作正确,仪表未显示“急救成功”的,得6分;动作错误的,不得分。

四、焊割作业的防火技术

1. 考核设备和器具

(1) 配备常用泡沫灭火器、干粉灭火器、二氧化碳灭火器等。

(2) 准备铅皮桶 2 只,备着火源。

2. 考核方法(可采用机考答题)

(1) 利用铅皮桶内着火源起火或图示着火的种类,让学员选用正确的灭火器,边演示操作并加以口述的形式进行操作考核。

(2) 考核时间: 5 min。具体可根据实际考核情况调整。

(3) 考核评分标准: 满分 10 分。根据火源种类,选用的灭火器正确,演示动作规范,口述正确,得 10 分;选用的灭火器正确,演示动作不规范,口述不正确,得 6 分;选用的灭火器错误,不得分。

五、考核评分标准

考核评分标准如下所示。

序号	扣 分 标 准	应得分值
1	综合应用(含四部分内容)计算机考试,单选共 5 题,每题 3 分	15
2	综合应用(含四部分内容)计算机考试,多选共 10 题,每题 3.5 分	35
3	电焊基本操作遵守安全操作规程;防护用品使用符合规定;焊缝外形符合要求。错误一处扣 2 分	25
4	气焊、气割的,观察焊割缝外形,气焊、气割基本操作遵守安全操作规程;防护用品符合规定;安全技术使用→装表→送气→点火→气割(气焊)→熄火熟练。错误一处扣 2 分	25

参考文献

[1] 住房和城乡建设部工程质量安全监管司.建筑电工[M].北京：中国建筑工业出版社,2009.

[2] 上海市建设行业特种作业培训教材编写组.建筑焊割工[M].北京：中国建筑工业出版社,2010.

[3] 上海市安全生产科学研究所.焊接与切割作业安全技术[M].上海：上海科学技术出版社,2009.

[4] 上海市焊接协会.现代焊接生产手册[M].上海：上海科学技术出版社,2006.

[5] 劳动和社会保障部教材办公室.金属材料与热处理[M].4版.北京：中国劳动社会保障出版社,2001.

[6] 陈祝年.焊接工程师手册[M].2版.北京：机械工业出版社,2010.